高职高专国家示范性院校课改教材

单片机应用技术基础

（C 语言）

(第二版)

彭　芬　主编

西安电子科技大学出版社

内 容 简 介

本书通过 14 个工作任务的引领，主要介绍单片机硬件系统、单片机开发软件系统、并行 I/O 口应用与 C 语言基础、定时与中断系统、显示和键盘接口技术、串行口通信技术及综合应用等内容。本书紧密结合高职高专的特点，内容尽量贴近电子行业的职业岗位要求，采用工作任务引导教与学，同时介绍了许多与单片机应用有关的小知识、小提示等，注重技能训练，具有较强的实用性和可读性。

本书可作为高职高专院校电子信息类和机电类专业的单片机课程教材，也可作为社会从业人员的业务参考书及培训用书。

图书在版编目(CIP)数据

单片机应用技术基础：C 语言 / 彭芬主编. 2 版. —西安：西安电子科技大学出版社，2021.8

ISBN 978-7-5606-6177-3

Ⅰ. ①单… Ⅱ. ①彭… Ⅲ. ①单片微型计算机—C 语言—程序设计
Ⅳ. ①TP368.1 ②TP312

中国版本图书馆 CIP 数据核字(2021)第 151126 号

策划编辑 邵汉平
责任编辑 邵汉平
出版发行 西安电子科技大学出版社（西安市太白南路 2 号）
电　　话 (029)88202421 88201467　　邮　　编 710071
网　　址 www.xduph.com　　电子邮箱 xdupfxb001@163.com
经　　销 新华书店
印刷单位 咸阳华盛印务有限责任公司
版　　次 2021 年 8 月第 2 版　2021 年 8 月第 1 次印刷
开　　本 787 毫米×1092 毫米 1/16 印张 13.5
字　　数 316 千字
印　　数 1～3000 册
定　　价 32.00 元
ISBN 978 – 7 – 5606 – 6177 – 3 / TP

XDUP 6479002-1

前 言

初次接触单片机的高职院校学生普遍感到单片机难学。作者根据自己多年单片机教学的经验积累，同时吸取其他高职院校教学改革的成果和经验，以 MCS-51 系列单片机为主线，突出单片机的实践性和应用性，编写了本书。本书具有以下几个特点：

1. 采用 C 语言编程，更符合实际应用潮流

传统的单片机教学都采用汇编语言进行程序设计。使用汇编语言编程能有效地控制单片机，但要求编程者能够很好地掌握单片机内部的硬件资源，尤其是对存储器的结构非常熟悉，能够安排好各种存储器资源，所以不好学，不容易上手，而且编程的工作量特别大，同时使用汇编语言也不利于系统升级或应用软件移植。

使用 C 语言对单片机进行软件编程，不必详细了解单片机的具体内部结构。Keil C51 开发软件完全支持标准 C 语言指令，并且在标准 C 语言基础之上作了扩展，增加了很多用来优化 8051 指令结构的扩展指令，能自动安排存储器资源。与汇编语言相比，C 语言在功能、结构性、可读性、可维护性上有明显的优势，因而易学易用。

在实际工作中，单片机应用系统的开发基本上不采用汇编语言编程，而是采用 C 语言编程。

2. 内容选取适度，结构模块化

在选取内容时，本书没有像传统单片机教材一样大而全，而是只选取了单片机硬件系统、单片机开发软件系统、C51 基础、定时与中断系统、显示与键盘接口技术、串行口通信技术等单片机技术中必须掌握的典型内容，这样有助于读者消除畏惧心理，提高学习兴趣。本书采用模块化结构，按照知识内容分为七个模块，一个模块对应一个相应的知识点，重点突出，主题鲜明。

3. 精心选择工作任务，以工作任务引导教与学

针对每个模块具体能力要求的培养目标，精心选择对应的工作任务。通过 14 个工作任务的引领，由任务入手引入相关知识和理论，将知识点融入其中，由浅入深，层层展开，体现“做中学、学中练”的教学思想。

4. 适应发展，加入了电子仿真软件的介绍

单片机是实用性很强的课程，不能只是看书，一定要动手实践。这个过程不能着急，可以由易到难循序渐进。随着电子技术的发展，单片机的开发工具有了长足进步，使单片机及其外围电路的软硬件和调试都能在计算机虚拟环境下完成。如果不能买开发板，可以下载一个仿真软件，利用软件画出原理图，再进行仿真。因此本书特地加入了 Proteus 电子仿真软件部分内容。

本书由武汉职业技术学院彭芬担任主编，武汉职业技术学院熊晓倩和杨雁冰参与了本书的编写，其中彭芬编写了模块 1、模块 4、模块 6、模块 7 和附录 A，熊晓倩编写了模块 2、模块 5 和附录 B，杨雁冰编写了模块 3。彭芬对本书的编写思想与大纲进行了总体策划，并对全书进行了统稿。

由于作者水平有限，加之单片机技术发展迅速，书中疏漏和不妥之处在所难免，恳请广大读者批评指正。

编　者

2021 年 3 月

目　录

模块 1　单片机硬件系统

任务 1　点亮最简单的单片机系统

1. 任务目的

通过利用单片机来控制 LED 发光二极管闪烁的电路制作，了解单片机和单片机最小系统，掌握简单单片机应用系统的硬件电路搭建方法，了解单片机应用系统开发流程。

2. 任务要求

能够独立完成实现 LED 发光二极管闪烁控制的简单单片机应用系统硬件电路的制作，能尝试把给定程序下载到单片机中去，观察实现效果。

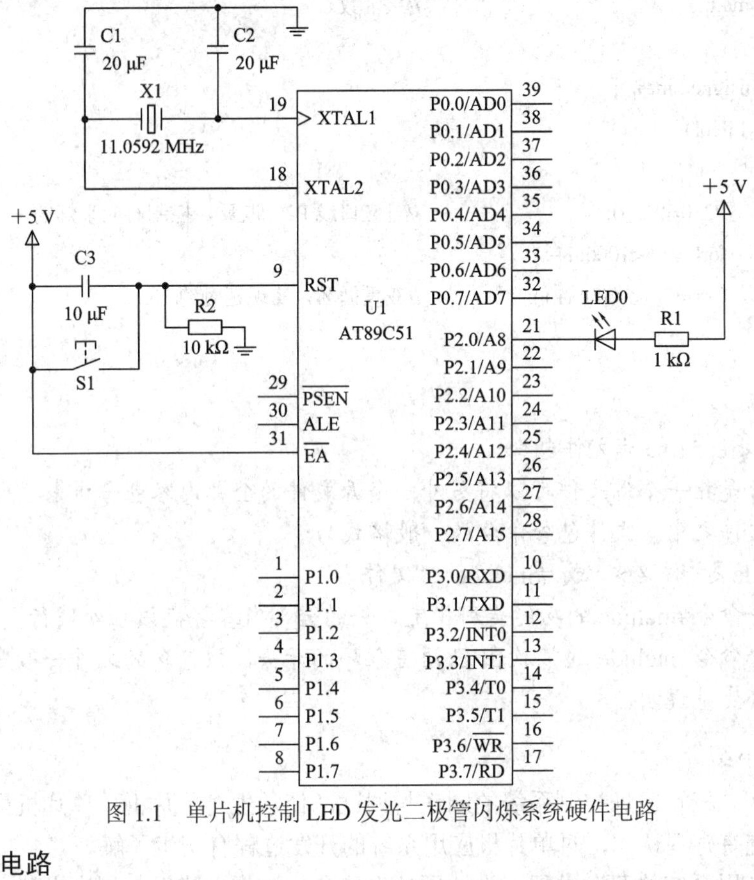

图 1.1　单片机控制 LED 发光二极管闪烁系统硬件电路

3. 硬件电路

一个最简单的单片机系统的开发也需要电路设计、单片机器件选择和程序编写 3 个步骤。对于单片机系统，最简单的功能就是控制输出电平的高低。本任务中将单片机系统接上一个发光二极管，用二极管的亮灭表示设计的单片机系统是否正常工作。

单片机控制LED发光二极管闪烁系统的硬件电路如图1.1所示，主要包括单片机、时钟电路、复位电路、电源电路以及一个发光二极管的输出显示电路。其中单片机选用AT89C51芯片；复位电路由按键S1和10 kΩ电阻R2以及10 μF电解电容C3组成；时钟电路由一个11.0592 MHz晶振和两个20 μF瓷片电容C1、C2组成；89C51的V_{CC}引脚和$\overline{EA}$引脚接+5 V电源，V_{SS}引脚接地，构成电源电路；单片机并行口P2口的P2.0引脚与发光二极管连接构成输出显示电路。

小提示：和发光二极管相连的电阻，不接是不行的，这个电阻起限流作用。一般发光二极管的额定电压为1.5～1.8 V，工作电流为5～10 mA。选用5 V电源供电时，限流电阻值在500～1000 Ω左右。本例中我们选用了1 kΩ的电阻。当然再大点或小点都可以，结果就是发光二极管会偏暗点或偏亮点。

4. 程序设计

```
#include <reg51.h>                    //包含51单片机的寄存器符号定义头文件reg51.h
sbit   P2_0=P2^0;                     //定义P2.0口位名称
void main()                           //主函数
{
    unsigned int i, j;
    while(1)
    {
        P2_0=!P2_0;                   //对应口线P2.0取反，控制对应小灯的亮灭
        for(i=0; i<1000; i++)
        for(j=0; j<1000; j++);        //双重循环，实现延时约1 s
    }
```

小知识：

#include <reg51.h>为文件包含。

文件包含是指一个源文件可以将另外一个源文件的全部内容包含进来，即将另外的文件包含到本文件之中。文件包含命令的一般格式为：

#include <文件名>　或 #include　“文件名”

文件包含命令#include的功能是用指定文件的全部内容替换该预处理行。

文件包含命令#include通常放在C语言程序的开头，被包含的文件一般是一些公用的宏定义和外部变量说明。

5. 任务小结

通过发光二极管闪烁控制系统的制作与调试，使学生对单片机、单片机最小系统和单片机应用系统有直观认识，对单片机应用系统的开发过程有初步了解。

单片机应用系统的开发过程：设计硬件电路图、制作电路板、程序设计、软件调试、程序下载、软硬件联调、产品测试。

1.1　单片机简介

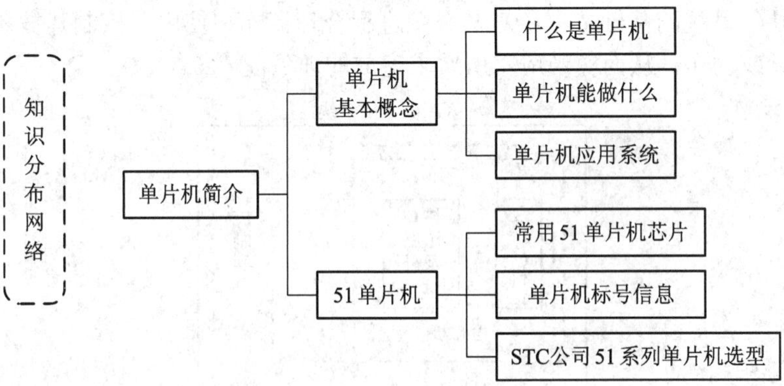

1.1.1　单片机基本概念

1. 什么是单片机

单片机是在一块硅片上集成了微处理器(CPU)、存储器以及各种输入/输出接口的芯片，如图1.2所示，它具有了计算机的属性，因而被称为单片微型计算机，简称单片机。由于它的结构和指令功能是按照工业控制要求设计的，故又称为微控制器。通俗地说，单片机就是一块集成芯片，只是它具有一些特殊的功能，这些功能的实现要靠使用者自己编程来完成。单片机具有结构简单、体积小、价格低、控制功能强、可靠性高等优点。

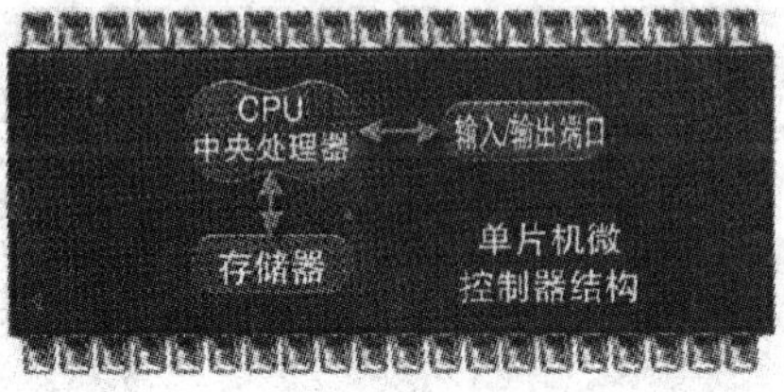

图1.2　单片机结构

2. 单片机能做什么

单片机是一种可通过编程控制的微控制器，单片机芯片自身不能单独应用于某个项目或产品上，必须靠外围数字器件或模拟器件的配合才可发挥自身的强大功能。在学习单片机时，不能仅仅学习单片机芯片本身，还要逐步学习相关外围芯片知识及外围电路设计和调试。

单片机属于控制类的数字集成芯片，目前已在很多领域广泛应用。如：

(1) 消费类电子产品，如洗衣机、电冰箱、空调、电视机、微波炉、IC卡、汽车电子设备等。

(2) 智能仪器仪表，如数字示波器、数字信号源、数字万用表、数字流量计等。

(3) 工业自动化，如各种工业测控系统、数据采集系统、自适应控制系统等。

(4) 通信方面，如手机、调制解调器、电信局的程控交换机等。

(5) 军工领域的应用，如飞机、军舰、坦克、导弹、智能武器等。

以上应用中的电子器件内部都用到了单片机，而且大多数电器内部的主控芯片就是用单片机来控制实现的，可以说，凡是与控制或简单计算有关的电子设备都可以用单片机来实现。

3. 单片机应用系统组成

单片机应用系统由软件系统和硬件系统两部分组成，如图 1.3 所示，二者相互依赖，缺一不可。单片机硬件系统是以单片机芯片为核心，配以相关的外围设备及接口电路构成的；软件在硬件系统的基础之上，对其资源进行合理调配和使用，控制其按照一定的要求完成各种运算或动作，从而实现应用所要求完成的任务。

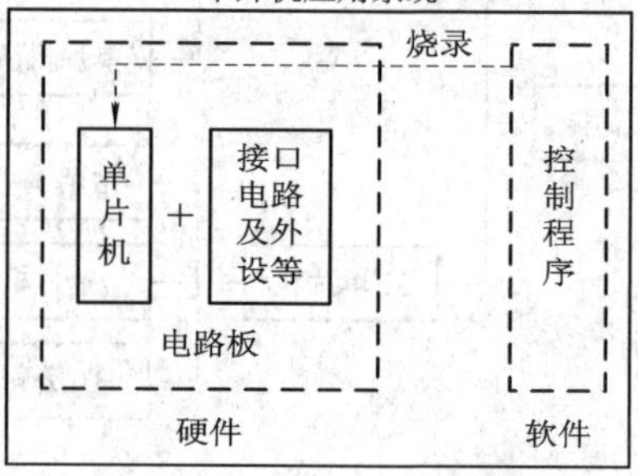

图 1.3　单片机应用系统组成

1.1.2　51 单片机

目前市面上 MCS-51 系列 8 位单片机的使用仍然广泛，本书以 8051 为例进行讲解。

1. 常用 51 单片机芯片

“8051”源自 Intel 公司的 MCS-51 系列芯片，但目前所采用的 8051 并不限于 Intel 公司所生产的芯片，而是以 51 为内核扩展出的单片机，并且以其他厂商所发行的兼容芯片为主，如表 1.1 所示是不同国家的芯片厂商生产的以 51 为内核的 51 单片机产品。

表 1.1　51 单片机芯片厂商产品

公司	产品
Intel	i87C54、i87C58、i87L54、i87L58、i87C51FB 等
AT(Atmel)	AT89C51、AT89C52、AT89C53、AT89C55、AT89LV52、AT89S51 等
STC	STC89C51RC、STC89C52RC、STC89C53RC、STC89LE51RC 等
Winbond(华邦)	W78C54、W78C58、W78E54、W78E58 等
Philips(飞利浦)	P80C54、P80C58、P87C54、P87C58、P87C524 等
Siemens(西门子)	C501-1R、C501-1E、C513A-H、C503-1R 等

由于厂商及芯片型号太多，不能一一列举，以上所提到的都是 51 内核扩展出来的单片机芯片，也就是说只要学会其中一种的操作，其他型号的单片机就可以轻松学会了。

图 1.4　单片机 STC89C51RC40C-PDIP 实物

2. 单片机标号信息

如图 1.4 所示为一芯片实物图，芯片上的标号为 STC89C51RC40C-PDIP，下面以此为例来说明单片机芯片上的标号信息。

STC：前缀，表示芯片为 STC 公司生产的产品，其他前缀还有如 AT、i 等。

8：表示该芯片为 8051 内核芯片。

9：表示内部含 Flash E^{2}PROM 存储器，还有如 80C51 中的“0”表示内部含有 Mask ROM(掩膜 ROM)，87C51 中的“7”表示内部含有 EPROM 存储器(紫外线可擦除 ROM)。

C：表示该芯片为 CMOS 产品，还有如 89LV52 和 89LE58 中的“LV”和“LE”都表示该芯片为低电压产品(通常为 3.3 V 电压供电)，89S52 中的“S”表示该芯片含有可串行下载功能的 Flash 存储器，即具有 ISP 可在线编程功能。

5：固定不变。

1：表示该芯片内部程序存储器存储空间的大小，1 为 4 KB，2 为 8 KB，3 为 12 KB，即该数乘以 4 KB 就是该芯片内部的程序存储器存储空间的大小。程序存储器存储空间大小决定了一个芯片所能装入执行代码的多少。

小提示：一般来说，程序存储器空间越大，芯片价格也就越高，所以在选择芯片时要根据自己硬件设备实现功能所需代码的大小来选择价格合适的芯片。

RC：表示 STC 单片机内部数据存储器(RAM 随机存储器)为 512 B。

40：表示芯片外部晶振频率最高可接入 40 MHz。对于 AT 单片机，该数值一般为 24，表示外部晶振频率最高为 24 MHz。

C：表示产品级别，表示芯片使用温度范围。C 表示商业级，温度范围为 0℃～+70℃。

PDIP：表示产品封装型号为双列直插式。

其他厂商的产品标号大同小异，若有不清楚的地方，可自行上网查询。

3. STC 公司 51 系列单片机选型

STC 公司 51 系列单片机选型如表 1.2 所示。

表 1.2　STC 公司 51 系列单片机选型表

型号	最高时钟频率 Hz		Flash 程序存储器	RAM 数据存储器	ISP	串口 UART	中断源	优先级	定时器	向下兼容 Atmel
	5 V	3 V								
STC89C51RC	0～80M		4K	512	√	1ch+	8	4	3	
STC89C52RC	0～80M		8K	512	√	1ch+	8	4	3	
STC89C53RC	0～80M		12K	512	√	1ch+	8	4	3	AT89C55
STC89C54RD+	0～80M		16K	1280	√	1ch+	8	4	3	AT89C55
STC89C58RD+	0～80M		32K	1280	√	1ch+	8	4	3	AT89C51RC
STC89C516RD+	0～80M		64K	1280	√	1ch+	8	4	3	AT89C51RD2
STC89LE51RC		0～80M	4K	512	√	1ch+	8	4	3	AT89LV51
STC89LE52RC		0～80M	8K	512	√	1ch+	8	4	3	AT89LV52
STC89LE53RC		0～80M	12K	512	√	1ch+	8	4	3	AT89LV55
STC89LE54RD+		0～80M	16K	1280	√	1ch+	8	4	3	AT89LV55
STC89LE58RD+		0～80M	32K	1280	√	1ch+	8	4	3	AT89LV51RC
STC89LE516RD+		0～80M	63K	1280	√	1ch+	8	4	3	AT89LV51RD2

1.2 MCS-51 单片机的内部结构

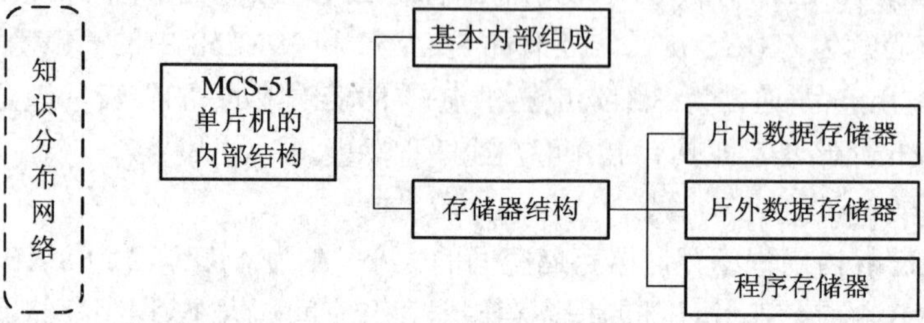

8051 是 MCS-51 系列的 8 位单片机芯片。8 位指的是单片机内部数据总线或寄存器一次处理数据的位数，目前大多数应用中所采用的单片机以 8 位为主。8051 单片机发展至今，虽有很多厂家各自开发不同的兼容芯片，但只是程序存储器结构有些不同，其基本结构没有大的改变。这里以标准 8051 为例介绍其内部基本组成和存储器结构。

1.2.1 8051 单片机的内部基本组成

标准 8051 的内部基本结构如图 1.5 所示。

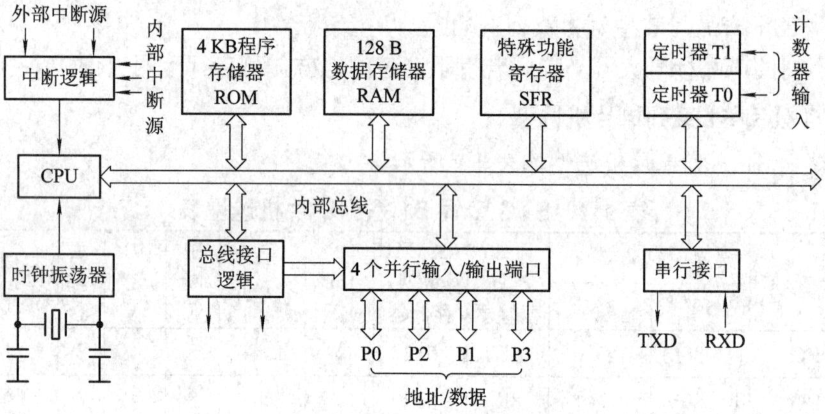

图 1.5 标准 8051 单片机的基本内部结构简化框图

1. 中央处理器(CPU)

CPU 是单片机芯片中最复杂、最核心的智能部件，完成运算和控制功能，它分为运算器和控制器两部分。运算器主要实现算术运算以及控制程序计数器 PC、8 位累加器 ACC、寄存器 B、程序状态字寄存器 PSW 等，能完成字节和位的运算，字节运算以可进行 8 位算术运算和逻辑运算的单元 ALU 为核心，位运算以可进行位运算的布尔处理机为核心。控制器是单片机的神经中枢，包括程序计数器 PC、指令寄存器 IR、指令译码器 ID 等部件，主要实现程序译码以及完成输入/输出逻辑等。8051 的 CPU 为 8 位的 CPU，且内含一个一位 CPU，不仅可处理字节数据，还可以进行位数据的处理。

2. 存储器

(1) 程序存储器 ROM。

8051 内部有 4 KB 只读程序存储器，用来存放程序以及原始数据。

(2) 数据存储器 RAM。

8051 内部有 256 B 的数据存储器 RAM，其中高 128 B 离散地分布着 21 个特殊功能寄存器，低 128 B 供用户暂存中间数据，通常所说的内部数据存储器就是指低 128 B。

3. I/O 口

8051 内部有 4 个 8 位并行 I/O 端口(P0、P1、P2、P3)，可以实现数据的并行输入/输出。

4. 中断系统

8051 共有 5 个中断源，其中有两个用于外部中断，两个用于定时/计数器中断，一个用于串行口中断，它们可设置为高级和低级两个优先级别。

5. 定时/计数器

8051 内部有两个 16 位的定时/计数器 T0 和 T1。

6. 串行口

8051 内部含有 1 个全双工串行口，以实现单片机和其他设备之间的串行数据传送。

7. 时钟振荡电路

8051 内部有时钟电路，但石英晶体和微调电容需外接。时钟电路为单片机提供时钟脉冲序列。

1.2.2　8051 单片机的存储器结构

8051 在物理结构上有四个存储空间：片内程序存储器，片外程序存储器以及片内数据存储器和片外数据存储器。但从用户角度上有三个存储空间：片内外统一编址的 64 KB 程序存储器地址空间、256 B 的片内数据存储器地址空间(其中高 128 B 离散地分布着 21 个特殊功能寄存器，低 128 B 供用户暂存中间数据)、最大扩展 64 KB 的片外数据存储器。

1. 程序存储器

单片机的工作是按照事先编制好的程序按一定顺序执行的，程序存储器(ROM)就是用来存放程序的。8051 单片机程序存储器的结构如图 1.6 所示，其内部 4 KB 的 ROM，片外可以扩展，实行片内外统一编址，组成 64 KB 的程序存储器区，采用 16 位程序计数器 PC 作为地址指针，其地址范围为 0000H～FFFFH。

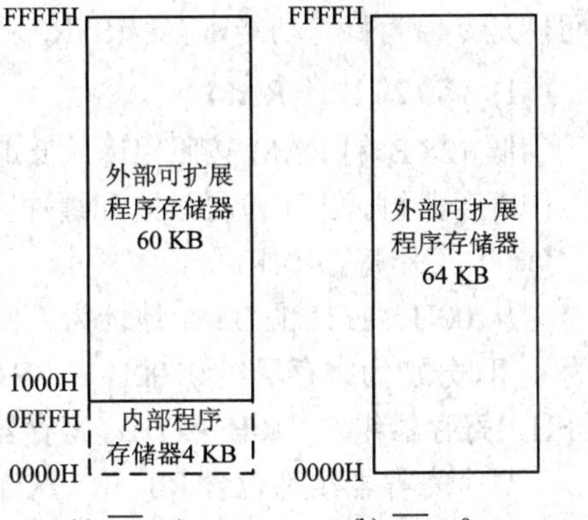

图 1.6　8051 单片机程序存储器的结构

单片机运行时，CPU 将自动从程序存储器读取所要执行的指令码。8051 可以选择使用内部程序存储器或外部程序存储器，用 $\overline{EA}$ 来控制片内 ROM 和片外 ROM 寻址，如图 1.6(a)所示，当 $\overline{EA}$ = 1 时，CPU 将使用内部程序存储器即前 4 KB 地址(0000H～0FFFH 地址范围)，若程序超过 4 KB(即在 1000H～FFFFH 地址范围)，则 CPU 会自动从外部程序存储器里读取超过部分的程序代码；如图 1.6(b)所示，当 $\overline{EA}$ = 0 时，CPU 将自动从外部程序存储器读取所要执行的指令码，此时内部程序存储器形同虚设。

小提示： 对初学者而言，内部的 4 KB 程序存储器已经绰绰有余，无需外接外部程序存储器。

对于 8051 系列单片机而言，程序存储器的某些地址单元被保留，用于特定的程序入口地址，用户程序是不能占用这些地址单元的。如表 1.3 所示，其中一组特殊地址单元是 0000H～0002H 单元，单片机系统复位后，PC＝0000H，单片机从 0000H 单元开始执行；另一组特殊地址单元是 0003H～002AH，这 40 个单元被分为 5 部分，作为单片机 5 个中断源的中断服务程序入口地址区。

表 1.3　系统保留地址

存储单元	保 留 目 的
0000H～0002H	复位后初始化引导程序
0003H～000AH	外部中断 0 中断地址
000BH～0012H	定时器 0 溢出中断地址
0013H～001AH	外部中断 1 中断地址
001BH～0022H	定时器 1 溢出中断地址
0023H～002AH	串行口中断地址

小提示： 在单片机 C 语言程序设计中，用户可以不必知道其真实地址，因而不必担心，读者只需了解程序存储器的结构即可。如中断入口地址在具体编程时会用相应中断序号与之相对应(具体内容将在模块 4 中详述)，而不是直接用这些地址，编译程序就会在编译过程中按照规定自行安排程序的存放地址。

2. 片内数据存储器

8051 单片机的片内数据存储器(RAM)为 256 B，其结构如图 1.7 所示。这 256 B 单元的地址空间分为两部分，低 128 B(00H～7FH)空间供用户使用，是真正的通用型 RAM 区；而高 128 B(80H～FFH)空间，是专门为特殊功能寄存器(SFR)保留的。

1) 低 128 B 的 RAM

低 128 B 的 RAM 按照用途从低地址到高地址划分为工作寄存器组区、可位寻址区和缓冲区。

(1) 工作寄存器组区。

从 00H～1FH 的 32 个地址为工作寄存器组区，共分为 4 组，分别为寄存器组 0：00H～07H，寄存器组 1：08H～0FH，寄存器组 2：10H～17H，寄存器组 3：18H～1FH。

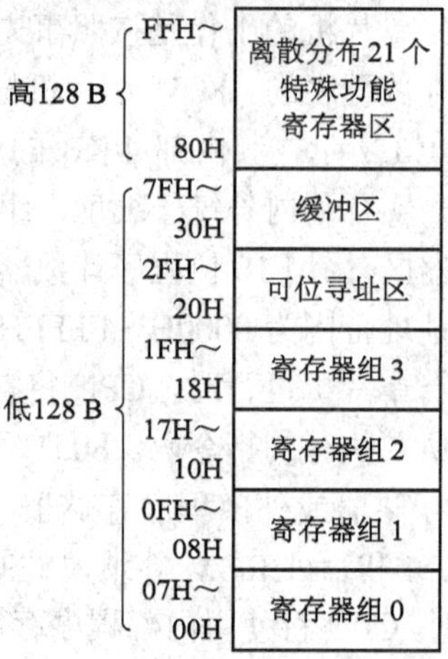

图 1.7　8051 片内数据存储器结构

每个寄存器组都包含 R0～R7 这样 8 个寄存器，而任意一个时刻只能使用其中一个寄存器组。寄存器组的切换由程序状态字寄存器(PSW)中的 RS1 和 RS0 来决定，具体内容将在其后特殊功能寄存器中详述。用户通过软件编程修改 PSW 中的 RS1 和 RS0 两位的状态，就可以任意选择一个工作寄存器工作，这使得 8051 单片机具有快速现场保护功能，对于提高程序的效率和响应中断的速度是很有利的。若程序不需要 4 个工作寄存器组，那么剩下的工作寄存器组所对应的单元也可以作为一般的数据缓冲区使用。

小提示：在单片机 C 语言程序设计中，一般不会直接使用工作寄存器 R0～R7。但在 C 语言与汇编语言的混合编程中，工作寄存器组是汇编子程序和 C 语言函数之间重要的参数传递工具。

(2) 可位寻址区。

从 20H～2FH 的 16 个字节存储区为可位寻址区，每个字节有 8 位，共有 128 位，每一个位都有一个对应的位地址。8051 单片机通常访问存储器以字节为单位，“可位寻址”是指可以指定访问某一个位。位寻址区主要为执行位操作指令时提供位地址定义，其位地址定义如表 1.4 所示。

表 1.4　位寻址区的位地址定义

单元地址	位 地 址
2FH	7FH 7EH 7DH 7CH 7BH 7AH 79H 78H
2EH	77H 76H 75DH 74H 73H 72H 71H 70H
…	…
21H	0FH 0EH 0DH 0CH 0BH 0AH 09H 08H
20H	07H 06H 05DH 04H 03H 02H 01H 00H

(3) 缓冲区。

从 30H～7FH 的 80 个字节地址为缓冲区，可以提供一般数据访问或用作堆栈区。由于 CPU 复位后，堆栈指针 SP 指向 07H 位置，为了确保数据安全与程序的正确执行，最好把堆栈指针改至本区。

2) 高 128 B 的 RAM

高 128 B 的 RAM 中离散地分布着 21 个 SFR，如表 1.5 所示，每一个 SFR 都有字节地址，并定义了符号名，也有一部分 SFR 不仅具有字节地址，还具有位地址，表中带“*”的 SFR 表示该 SFR 具有位地址，是可以进行位寻址的。在这 128 B 中尽管还有许多空闲地址，但用户不能使用。

表 1.5　8051 特殊功能寄存器一览表

寄存器符号	名　称	字节地址	(高位)			位地址				(低位)
* ACC	累加器	0E0H	E7	E6	E5	E4	E3	E2	E1	E0
* B	B 寄存器	0F0H	F7	F6	F5	F4	F3	F2	F1	F0
* PSW	程序状态字寄存器	0D0H	D7	D6	D5	D4	D3	D2	D1	D0
			CY	AC	F0	RS1	RS0	OV	F1	P
SP	堆栈指针	81H								
DPTR	数据指针(DPH、DPL)									
DPL	数据指针低字节	82H								
DPH	数据指针高字节	83H								

续表

寄存器符号	名　称	字节地址	(高位)			位地址				(低位)
* P0	P0 口锁存器	80H	87	86	85	84	83	82	81	80
			P0.7	P0.6	P0.5	P0.4	P0.3	P0.2	P0.1	P0.0
* P1	P1 口锁存器	90H	97	96	95	94	93	92	91	90
			P1.7	P1.6	P1.5	P1.4	P1.3	P1.2	P1.1	P1.0
* P2	P2 口锁存器	0A0H	A7	A6	A5	A4	A3	A2	A1	A0
			P2.7	P2.6	P2.5	P2.4	P2.3	P2.2	P2.1	P2.0
* P3	P3 口锁存器	0B0H	B7	B6	B5	B4	B3	B2	B1	B0
			P3.7	P3.6	P3.5	P3.4	P3.3	P3.2	P3.1	P3.0
* IP	中断优先级控制寄存器	0B8H	BF	BE	BD	BC	BB	BA	B9	B8
* IE	中断允许控制寄存器	0A8H	AF	AE	AD	AC	AB	AA	A9	A8
TMOD	定时/计数器方式控制寄存器	89H								
* TCON	定时/计数器控制寄存器	88H	8F	8E	8D	8C	8B	8A	89	88
TH0	定时/计数器 0 高字节	8CH								
TL0	定时/计数器 0 低字节	8AH								
TH1	定时/计数器 1 高字节	8DH								
TL1	定时/计数器 1 低字节	8BH								
* SCON	串行控制寄存器	98H	9F	9E	9D	9C	9B	9A	99	98
SBUF	串行数据缓冲器	99H								
PCON	电源控制寄存器	87H								

小提示： 特殊功能寄存器就是 8051 内部的装置，若用汇编语言编写程序，大家就必须确切地掌控这些寄存器。本书以 C 语言编写程序，就不是那么重要了，其位地址的声明放在 Keil C 所提供的“reg51.h”头文件中，使用时只要把它包含到程序中即可，而不必记忆这些位地址。

特殊功能寄存器专用于控制、管理单片机内算术逻辑部件、并行 I/O 口锁存器、中断系统、定时/计数器、串行口等功能模块的工作，因而这 21 个特殊功能寄存器分为这样五个部分：与 CPU 控制运算有关的有 A、B、SP、PSW、DPTR；与 I/O 端口控制有关的有 P0～P3；与中断控制有关的有 IE、IP；与定时/计数器控制有关的有 TCON、TMOD、TH0、TL0、TH1、TL1；与串行口控制有关的有 SCON、PCON、SBUF。后面四个部分的特殊功能寄存器将在后续相关章节中陆续介绍到。

下面对几个常用的专用寄存器进行简单介绍。

(1) 程序状态字寄存器 PSW。

程序状态字寄存器是一个 8 位寄存器，用来存放运算结果的一些特征，如有无进位、借位等，每位的具体含义：

	D7	D6	D5	D4	D3	D2	D1	D0	
PSW	CY	AC	F0	RS1	RS0	OV	—	P	D0H

CY：进位标志位，表示运算是否有进位(或借位)。如果运算结果在最高位有进位(加法)或者有借位(减法)，则该位为 1，否则为 0。

AC：辅助进位标志位，又称半进位标志，表示两个 8 位数运算低四位是否有半进位，即低四位相加(或相减)是否有进位(或借位)，如有该位为 1，否则为 0。

F0：由用户使用的一个状态标志位，可用软件来使它置 1 或清 0，也可由软件来测试它，以控制程序的流向。

RS1、RS0：工作寄存器组选择控制位，在汇编语言中这两位用来在 4 组工作寄存器区中选择哪一组为当前工作寄存器组，其对应关系如表 1.6 所示。

表 1.6　工作寄存器组选择

RS1　RS0	工作寄存器组别
0　　0	寄存器组 0
0　　1	寄存器组 1
1　　0	寄存器组 2
1　　1	寄存器组 3

OV：溢出标志位，表示带符号数的运算结果是否有溢出。如有溢出，则该位为 1，否则为 0。

P：奇偶标志位，表示累加器 ACC 中 1 的个数奇偶性。如果 ACC 中有奇数个 1，则该位为 1，否则为 0。

(2) 累加器 ACC。

ACC 累加器提供 CPU 主要操作的位置，是 CPU 中使用频率最高的特殊功能寄存器，CPU 中的数据传送大多数都通过它来完成。

(3) 堆栈指针 SP。

堆栈指针 SP 为 8 位专用寄存器。在 CPU 响应中断或调用子程序时，程序断口 16 位 PC 便会自动压入堆栈中；在中断程序或子程序结束时，原 PC 值会自动弹出堆栈，使程序从原断口处继续顺序执行下去。

堆栈除用于保护断口地址外，有时还需要保护其他一些重要信息。堆栈在存取信息时必须按照“后进先出”或“先进后出”的原则。

(4) 数据指针 DPTR。

数据指针 DPTR 是 16 位专用寄存器，它也可拆成高字节 DPH 和低字节 DPL 两个独立的 8 位寄存器，主要用于存放 16 位地址。

(5) 程序计数器 PC。

PC 是一个 16 位计数器，用于存放下一条将要执行的指令的地址，寻址范围为 64KB。在读取指令时，程序计数器 PC 将其保存的内容作为所取指令的地址输出给程序存储器，然后程序存储器按此地址将指令送出，同时程序计数器 PC 自身自动加 1，指向下一条将要取出的指令的地址。

小提示：使用汇编语言编程时，累加器 ACC 和 PSW 寄存器很有用。利用 C 语言编程时，编译器会自动控制该寄存器，很少人为操作它们。本教材中使用 C 语言编程，大家只需简单了解即可。

3. 片外数据存储器

8051 单片机中的数据存储器除内部数据存储器外，还可以扩展外部数据存储器，最多可扩展 64 KB(0000H～FFFFH)，这两部分数据存储器可以并存。

小提示：在单片机 C 语言程序设计时，用户无需考虑程序和数据的存放地址，编译器在编译程序时会按照规定，自行安排程序的存放地址，因此大家只需了解存储器的结构即可。

1.3 8051 单片机的信号引脚及最小系统

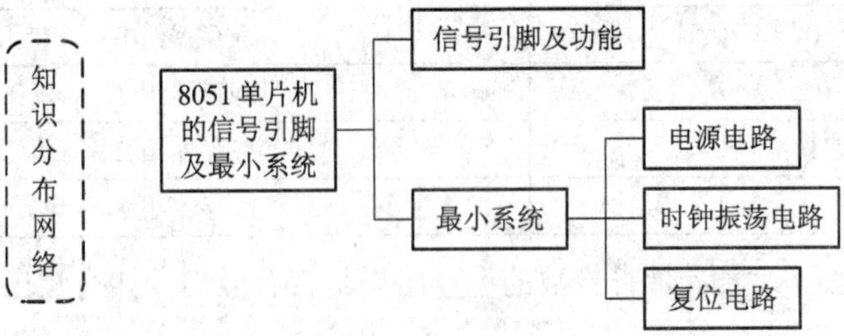

1.3.1 信号引脚及功能

8051 单片机芯片采用双列直插式封装方式，共有 40 个引脚。受集成电路芯片引脚数目的限制，许多引脚具有双功能。其引脚排列如图 1.8 所示，各引脚功能如表 1.7 所示。

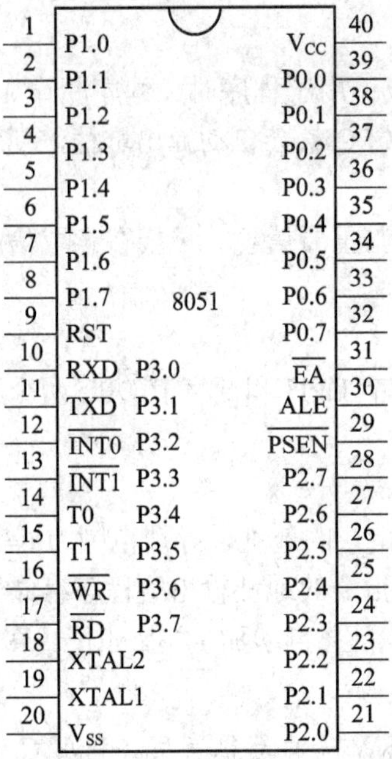

图 1.8　8051 单片机引脚

表 1.7　8051 单片机引脚功能

引脚名称	引脚功能
V_{CC}	+5 V 电源
V_{SS}	地线
XTALI 和 XTAL2	时钟信号引脚
RST	复位信号引脚
ALE	地址锁存控制信号
$\overline{PSEN}$	外部程序存储器读选通信号
$\overline{EA}$	访问程序存储器控制信号
P0.0～P0.7	P0 口 8 位双向端口线
P1.0～P1.7	P1 口 8 位双向端口线
P2.0～P2.7	P2 口 8 位双向端口线
P3.0～P3.7	P3 口 8 位双向端口线

1. 电源引脚

电源引脚用于接入单片机的工作电源。8051 单片机中，V_{CC}(40 脚)接 5 V ± 10%电源，V_{SS}(20 脚)接地。

2. 时钟引脚

时钟引脚 XTAL1(19 脚)、XTAL2(18 脚)既可以利用内部时钟振荡电路，也可以外接振荡电路来给单片机提供时钟控制信号。

3. 复位引脚 RST(9 脚)

RST：复位信号引脚。对于 8051 来说，在单片机运行时，只要在此引脚加上超过两个机器周期的高电平将使单片机复位，此引脚具有复用功能。

4. 控制引脚

控制引脚包括$\overline{\text{PSEN}}$、ALE、$\overline{\text{EA}}$，给单片机提供控制信号，有的引脚具有复用功能。

(1) $\overline{\text{PSEN}}$ (29 脚)。

$\overline{\text{PSEN}}$：访问外部程序存储器的读选通信号，接外部程序存储器时，作读指令信号输出端。当 8051 要读取外部程序存储器时，此引脚就会输出一个低电平信号；在访问外部数据存储器或片内程序存储器时，不会产生有效信号。

(2) ALE (30 脚)。

ALE：地址锁存控制信号。当系统外部扩展存储器电路时，ALE 端输出脉冲的下降沿用于锁存 16 位地址的低 8 位，以实现低 8 位地址和数据的隔离。简单地讲，系统扩展时，若 ALE = 1，P0 被当成地址总线；若 ALE = 0，P0 被当作数据总线。

小提示：现在很多单片机都已经不需要编程脉冲引脚往程序存储器中写程序了，如 STC 单片机，可以直接通过串口来往程序存储器中写程序。现在的单片机内部都已经带有丰富的 RAM，所以也不需要扩展存储器，因此 ALE/$\overline{\text{PROG}}$ 引脚的用处已经不大。

(3) $\overline{\text{EA}}$ (31 脚)。

$\overline{\text{EA}}$：访问外部程序存储器控制信号。$\overline{\text{EA}} = 0$ 时，系统使用外部程序存储器；$\overline{\text{EA}} = 1$ 时，系统使用内部程序存储器。

小提示：现在使用的单片机内部已经有足够大的 ROM，对初学者而言，所写程序不会太复杂，大多只使用内部程序存储器就足够，这时可将$\overline{\text{EA}}$直接接到 V_{CC}，而第 29、30 脚就可当它们不存在。

5. I/O 口引脚

8051 有四个 I/O 口，包括 P0 口、P1 口、P2 口、P3 口(其结构及应用将在模块 3 中详细叙述)，每个 I/O 口都对应 8 个引脚。P0 口：P0.0～P0.7(39 脚～32 脚)，P1 口：P1.0～P1.7 (1 脚～8 脚)，P2 口：P2.0～P2.7(21 脚～28 脚)，P3 口：P3.0～P3.7(10 脚～17 脚)。它们用来连接单片机和外部设备，实现数据的输入/输出。

由于工艺及标准化等原因，芯片的引脚数目是有限的。为了满足实际需要，部分 I/O 口信号引脚(如 P3 口)被赋予双重功能，除了作输入输出口线使用之外，还具有第二功能。

P3口的第二功能信号都是单片机的重要控制信号。在实际使用时，如有需要一般先选用第二功能，剩下的才作输入输出使用。

1.3.2 单片机的最小系统

单片机最小系统电路是指单片机工作不可或缺的最基本连接电路。单片机最小系统电路框图如图1.9所示，主要包括4部分：单片机芯片本身、电源电路、时钟振荡电路、复位电路。

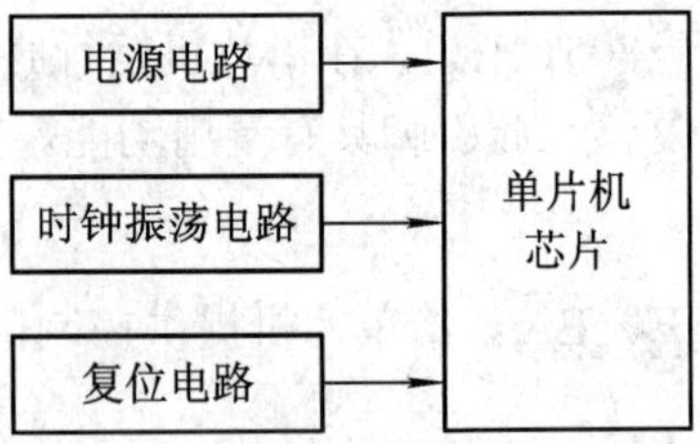

图1.9 单片机最小系统电路框图

1. 电源电路

要让单片机工作就得让它“吃饭”，没有电路是不需要电源的，8051单片机电路也是一样，将第40脚接+5 V电源，第20脚接地即可。

2. 时钟振荡电路

单片机本身就如同一个复杂的同步时序电路，为了保证同步工作方式的实现，电路必须在脉冲信号的统一指挥下才能工作。单片机必须按照一定的时钟节拍进行工作，那么为单片机提供时钟节拍信号的时钟电路必不可少，它用来控制单片机的机器周期。芯片生产厂家一般都规定该芯片的晶振频率范围，用户可以自行选择相应的外部晶振。

1) 时钟电路连接方式

单片机提供两种振荡电路连接方式：一种是内部时钟方式；另一种是外部时钟方式。

(1) 内部时钟方式。

8051单片机虽然内部有时钟振荡电路，但要形成时钟，必须外接元件，如图1.10所示。外接无源晶振以及电容C1、C2构成并联谐振电路，为内部时钟方式。此时，通过XTAL1、XTAL2外接作为反馈元件的晶体与电容组成的并联谐振回路构成一个自激振荡器，必须和单片机内部时钟电路连接才能输出振荡脉冲。振荡器的频率主要取决于晶体的振荡频率。电容C1、C2可在5～30 pF之间选择，电容的大小对振荡频率有微小的影响，可起到频率微调作用。

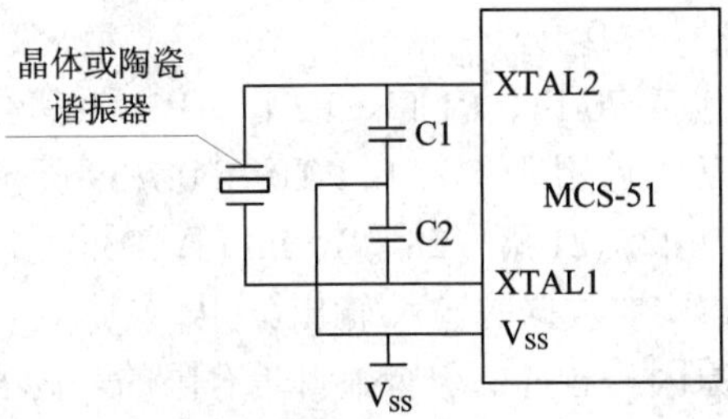

图1.10 内部时钟方式

(2) 外部时钟方式。

当用户选择有源晶振时，则使用外部时钟方式，如图 1.11 所示。此时，有源晶振产生的振荡信号直接输入到 XTAL2 即可实现。

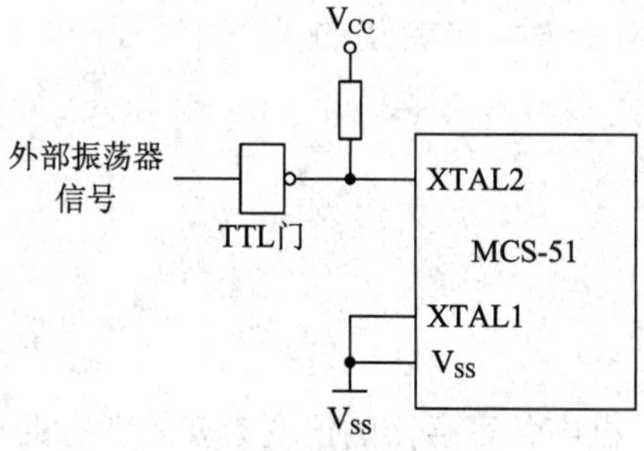

图 1.11 外部时钟方式

小提示：89C51 的额定时钟脉冲频率为 0～24 MHz，89S51 的额定时钟频率为 0～33 MHz。当设计电路时，只要不超过最高频率即可。通常我们会挑选一个常用且容易买到的石英振荡晶体。

2) CPU 时序

时钟脉冲是单片机的基本信号，不管是采用内部的振荡电路，还是外部时钟脉冲产生电路提供的时钟脉冲，这个时钟将成为整个单片机系统工作的基础。单片机在执行指令时，通常将一条指令分解为若干个基本的操作，这些基本操作所对应的脉冲信号在时间上的先后次序称为单片机 CPU 的时序。要理解时序，首先要理解常用的概念。

(1) 振荡周期：是指为单片机提供定时信号的振荡源的周期或外部输入时钟的周期。

(2) 状态周期：两个振荡周期为一个状态周期，用 S 表示，它分为 P1 节拍和 P2 节拍，通常在 P1 节拍完成算术逻辑操作，在 P2 节拍完成内部寄存器之间的传送操作。

(3) 机器周期：就是单片机执行一个基本规定操作所需要的时间。一个机器周期包含 6 个状态周期，用 S1、S2、…、S6 表示，共 12 个节拍，依次可表示为 SIP1、S1P2、S2P1、S2P2、…、S6P2，如图 1.12 所示。即一个机器周期等于 12 个振荡脉冲周期。

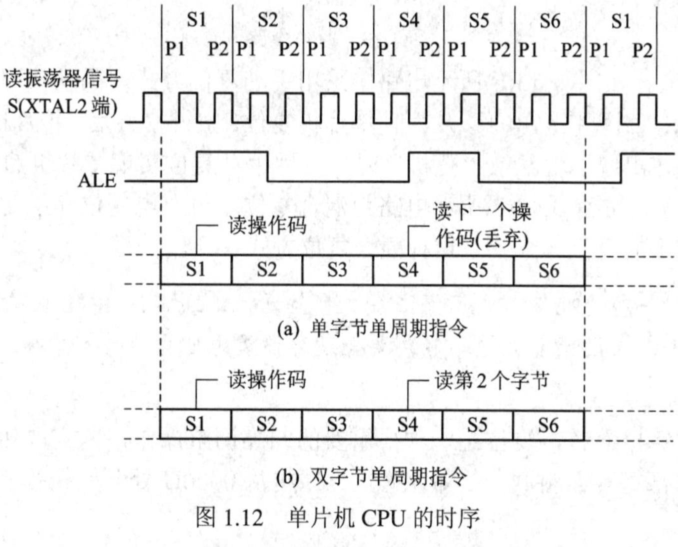

图 1.12 单片机 CPU 的时序

(4) 指令周期：就是指 CPU 从读取指令开始至该指令执行完毕所需要的时间(即执行一条指令所需要的时间)。不同的指令所需要的时间是不同的，指令周期一般由 1～4 个机器周期组成。

例如：外接晶振为 12 MHz 时，单片机的 4 个时钟周期的值为

振荡周期 = 1/12 μs；

状态周期 = 1/6 μs；

机器周期 = 1 μs；

指令周期 = 1～4 μs。

3. 复位电路

通过某种方式，使单片机内各寄存器的值变为初始状态的操作称为复位。在时钟电路工作后，只要在单片机的 RST 引脚上加上超过两个机器周期以上的高电平就可以实现复位，这需要靠外部电路来实现。

1) 复位方式

复位分为上电复位、手动复位和混合复位三种方式。

(1) 上电复位。如图 1.13(a)所示电路中采用上电复位方式。单片机接通电源时产生复位信号，因为在上电瞬间电容两端电压不能突变，所以在 RST 引脚出现高电平，从而使单片机复位，恢复单片机的初始工作状态；由于该电路通过电阻接地，所以电容完成充电后，就通电阻 R 进行放电，调整电阻 R 和电容 C 的值可以改变充放电时间。适当设置它们的值，即可实现有效复位。上电复位的缺点就是每次复位时都必须断开电源。

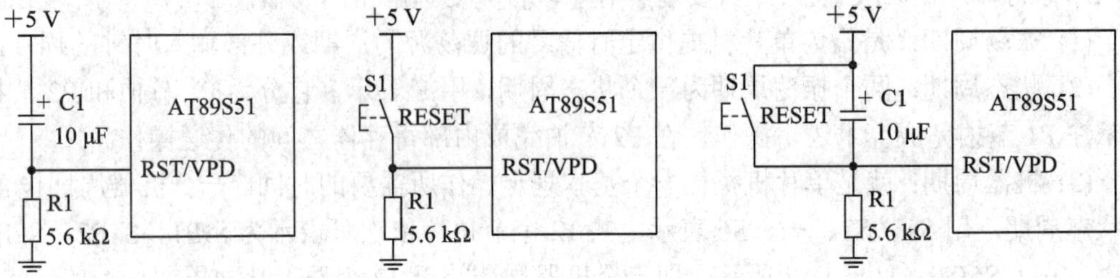

(a) 上电复位　　(b) 手动复位　　(c) 混合复位

图 1.13　复位电路

(2) 手动复位。如图 1.13(b)所示电路中采用手动复位方式。手动按键产生复位信号，当按键按下时 RST 引脚接高电平，从而使单片机复位。按键松开后，单片机恢复正常状态。通常在单片机工作出现了混乱或“死机”时，使用手动复位实现单片机的“重启”。

(3) 混合复位。如图 1.13(c)所示电路为混合复位。将上电复位和手动复位结合到一起构成的，通常使用的复位方式就是这种混合复位方式。

小提示：一般情况下，为了保证系统可靠复位，通常使 RST 引脚保持 10 ms 以上的高电平，在设计复位电路时，要合适地设置电阻电容参数。

2) 复位

对于微型计算机而言，复位是一项很重要的归零调整操作，以实现功能复位。当系统复位时，CPU 内部寄存器将回归初始状态，程序将从 0000H 处开始执行。各寄存器初始状态如表 1.8 所示。

表 1.8　单片机各寄存器初始状态表

寄存器	复位时的状态	寄存器	复位时的状态
PC	0000H	TCON	00H
A	00H	TMOD	00H
B	00H	TH0	00H
PSW	00H	TL0	00H
SP	07H	TH1	00H
DPTR	0000H	TL1	00H
P0～P3	FFH	SCON	00H
IP	XXX00000B	PCON	0XXX0000B
IE	0XX00000B	SBUF	未定

4. 单片机的最小系统

如图 1.14 所示电路为单片机的最小系统，其中时钟电路采用内部时钟电路方式，复位电路采用混合复位方式。

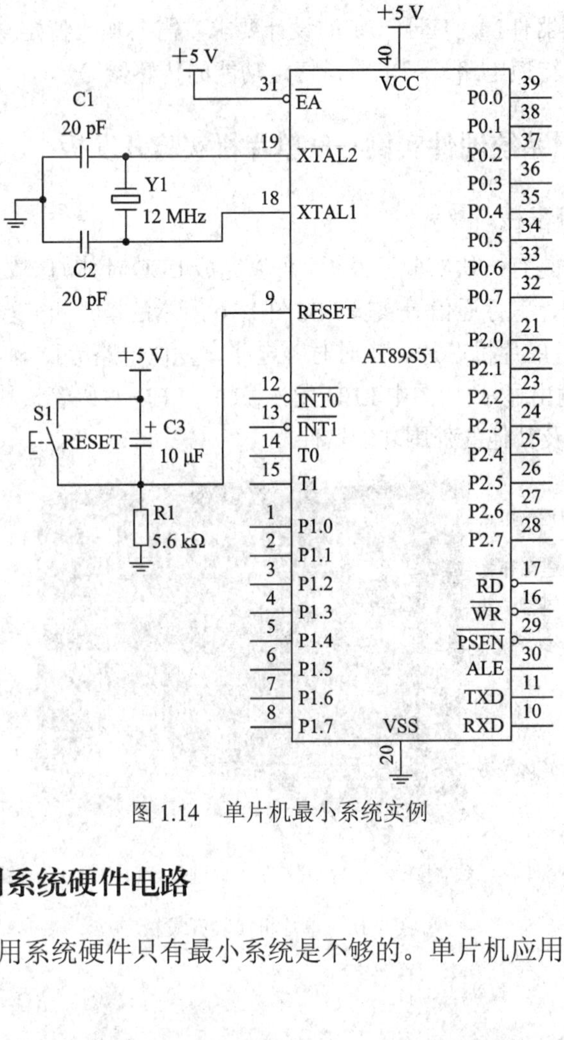

图 1.14　单片机最小系统实例

1.3.3　单片机应用系统硬件电路

实际的单片机应用系统硬件只有最小系统是不够的。单片机应用系统的基本组成结构如图 1.15 所示，主要由单片机、晶振和复位电路、输入控制电路、输出显示电路以及外围功能器件等五部分组成。

单片机、晶振和复位电路在前面已经介绍过，单片机应用系统中的其他 3 个部分的主要作用和器件如下：

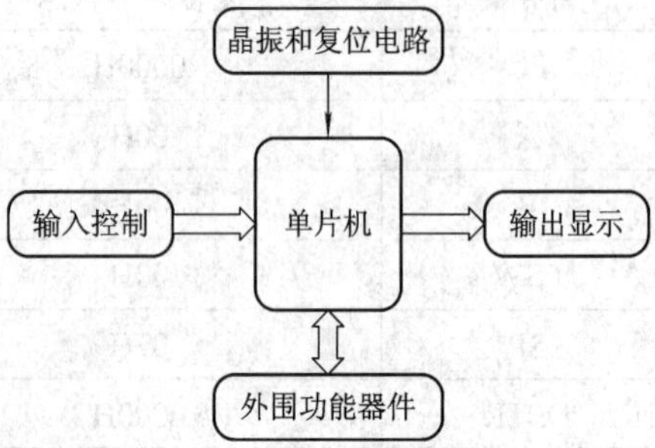

图 1.15　单片机应用系统的基本组成结构

1. 输入控制

输入控制是指在一定要求下，采取何种形式的控制方法来实现单片机不同功能之间的转换，以及控制指令以何种方式传送到单片机。常用的输入控制方法有独立按键、矩阵键盘、串行通信等方式。

2. 输出显示

输出显示是指单片机将需要显示的数据发送到 LED、液晶等显示模块，并控制显示模块按照一定的格式进行显示。此外，输出对象还有电机等特殊的功能器件。

3. 外围功能器件

单片机只是控制器件，对应于一定的设计要求，需要加入特定功能的器件，常用的外围器件有 A/D、D/A 转换电路，门电路，特定功能的传感器等。

1.3.4　单片机应用系统硬件实例——单片机实验开发板

1. 单片机实验开发板

学习单片机最好是有一块实验开发板，可以完成 LED 流水灯、数码管显示、独立按键、矩阵按键、温度测量、串行通信等实验。如图 1.16 所示的单片机实验开发板，包含了单片机的最小系统(如图中单片机芯片、实时时钟电路、复位电路等)、输入控制(如图中独立按键、矩阵按键等)、输出显示(如图中 LED 发光模块、LED 数码管模块等以及图中未能显示的 LCD 液晶显示)以及其他的外围功能器件。

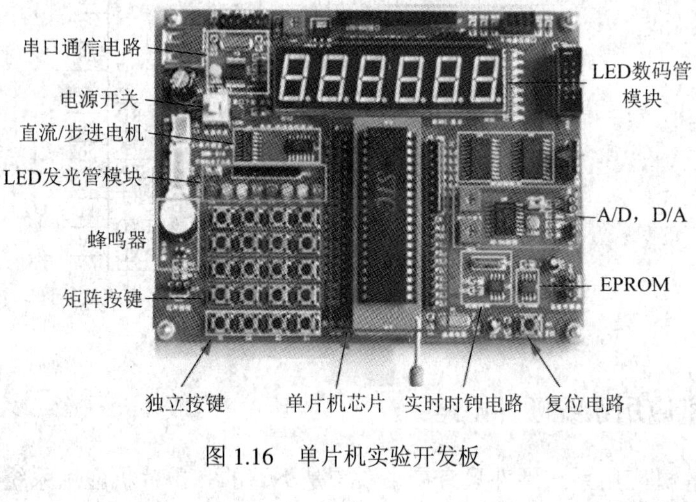

图 1.16　单片机实验开发板

2. 电源

单片机所需电源为 5 V，如果不想自己制作电源，可以用一条 USB 线把计算机 USB 口的 5 V 电引到板子上当电源使用。

1) USB 的接口外形

USB 的接口外形如图 1.17 所示。

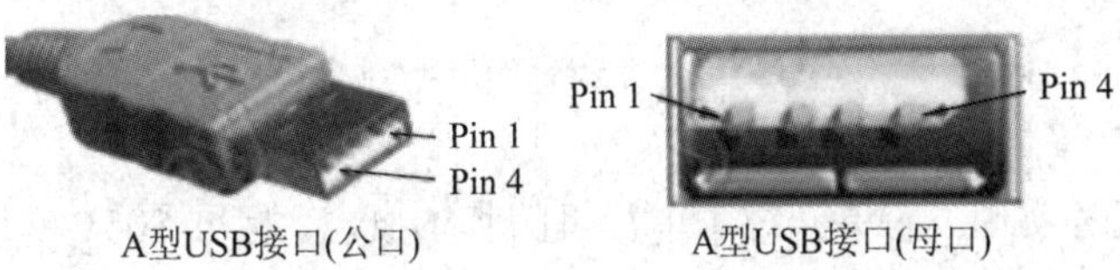

图 1.17　USB 接口外形

2) USB 的接口引脚

USB 接口引脚如表 1.9 所示。

表 1.9　USB 引脚及功能

引　脚	名　称	描　述
1	V_{CC}	+5 V_{DC}
2	D−	Data−
3	D+	Data+
4	GND	Ground

3. 下载线

由于程序是在计算机上完成编写、编译和调试的，必须把编译调试好的程序通过数据线下载到单片机芯片中，需要用到下载线。

以前的计算机上有串口，可以利用串口通信实现数据下载。由于很多新式计算机和笔记本上没有串口，可以用带 USB 接口的下载线实现，使用方便，能够满足现在的新式计算机和笔记本的要求，可以集下载数据和提供电源于一体，如图 1.18 所示，一端接单片机，另一端接计算机的 USB 接口，但需要安装相应的驱动程序。

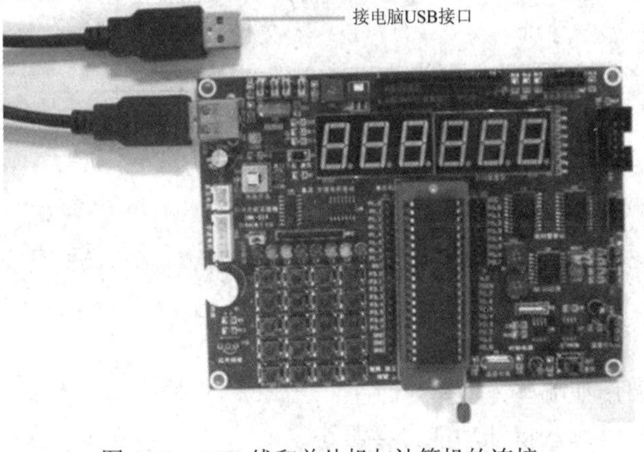

图 1.18　USB 线和单片机与计算机的连接

小提示：学习单片机需要准备的硬件有：计算机一台、实验开发板一块、下载线一条。当然你的计算机还需要安装上相应的软件：单片机开发软件、下载软件以及仿真软件。学习单片机和学开车差不多，如果还没练熟，先找一个便宜一点、功能简单一点的来练习，坏了也不那么心疼。

阶段小结

本模块通过任务实现，简单介绍了单片机的基本概念、标准8051单片机的内部结构以及单片机的引脚功能和单片机最小系统，从而对单片机的硬件结构建立初步的认识。

本模块重点内容：

(1) 单片机有关的基本概念；

(2) 8051单片机存储器结构；

(3) 8051单片机各引脚功能；

(4) 单片机最小系统组成。

习　题　1

1. 选择题

(1) 在12 MHz时钟脉冲的8051单片机系统中，机器周期有__________。

A. 1 ms　　B. 12 μs　　C. 1 μs　　D. 12 ms

(2) 在8051芯片里，______引脚是控制使用内部程序存储器，还是外部程序存储器？

A. XTAL1　　B. $\overline{EA}$　　C. $\overline{PSEN}$　　D. ALE

(3) 在DIP40封装的8051芯片里，接地引脚与电源引脚的编号是多少？

A. 1、21　　B. 11、31　　C. 20、40　　D. 19、39

(4) 单片机中的程序计数器PC用来__________。

A. 存放指令　　B. 存放正在执行的指令地址

C. 存放下一条指令地址　　D. 存放上一条指令地址

(5) 程序状态字寄存器PSW中的RS0和RS1用来__________。

A. 选择工作寄存器　　B. 指示复位

C. 选择定时器　　D. 选择工作方式

(6) 8051单片机的CPU是__________位的。

A. 16　　B. 8　　C. 4　　D. 准16

2. 简答题

(1) 什么是单片机？

(2) 单片机主要用在哪些方面？

(3) 8051单片机有哪些特殊功能寄存器？

(4) 指出单片机内部PSW寄存器的作用？

(5) 8051 单片机片内数据存储器的低 128 字节划分为哪三个主要的部分？各部分的主要功能是什么？

(6) 试说明双列直插式 8051 单片机的各引脚的名称与功能。

(7) 什么是机器周期？机器周期和晶振频率有何关系？

(8) 画出 8051 单片机时钟电路连接方式采用内部时钟方式时的电路。

(9) 8051 单片机是如何进行复位的？常用的复位方法有几种？试画出电路予以说明。

(10) 单片机最小系统设计应包括哪些内容？试画出一个单片机最小系统电路图。

模块 2　单片机开发软件系统

任务 2　调试最简单的单片机系统点亮程序

1. 任务目的

通过对任务 1 中点亮一个发光二极管程序的编译和调试，了解单片机开发软件系统的基本组成、功能及使用方法。

2. 任务要求

建立单片机开发环境，并把任务 1 中给出的源程序编译下载执行，并进行软硬件联调。

3. 单片机开发系统

单片机开发系统包括计算机、单片机在线仿真器、开发工具软件、编程器等。

4. 调试方法与步骤

(1) 启动 Keil C 软件，编写(或打开编写好的)程序，并通过 Keil C 软件调试，确保没有任何语法错误；

(2) 用 Keil C 生成 HEX 文件；

(3) 用 Proteus 仿真软件进行仿真；

(4) 将单片机应用系统与计算机连接；

(5) 用 STC-ISP 下载软件将 Keil C 生成的 HEX 文件下载到应用系统中，查看现象，进行软硬件联调。

5. 任务小结

本任务采用 Keil C 作为编程软件，Proteus 仿真软件进行仿真，STC-ISP 作为下载软件，实现程序的软硬件联调，通过本任务掌握程序的编写和调试的方法步骤。

2.1　单片机系统开发软件 Keil C51

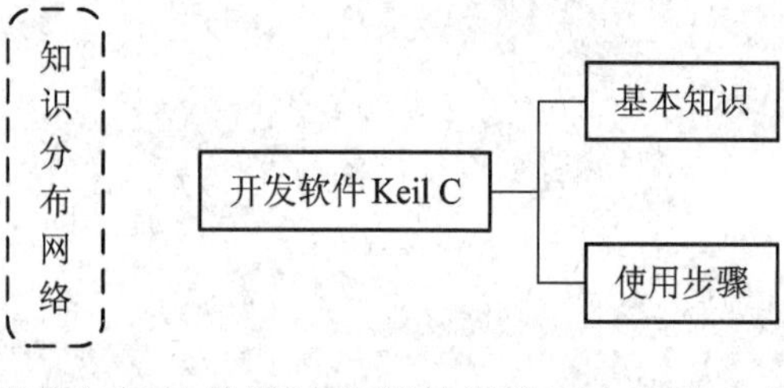

单片机项目的开发环节包括软件设计和硬件设计两个环节，单片机应用系统开发时常

用的方法是先进行仿真，其目的是利用仿真软件来模拟单片机系统的 CPU、存储器和 I/O 设备的运行状态。本模块主要介绍开发软件 Keil C、仿真软件 Proteus 和下载软件 STC-ISP。

2.1.1 Keil C51 软件基本知识

Keil 软件是目前最流行的开发 MCS-51 系列单片机的软件，它提供包括 C 编译器、宏汇编、连接器、库管理和一个功能强大的仿真调试器等在内的完整开发方案，通过一个集成开发环境将这些部分组合在一起。通过 Keil 软件可将编写的源程序变为单片机可以执行的机器码，它的界面和常用的微软 VC++界面相似，界面友好，易学易用，在调试程序、软件仿真方面也有很强大的功能。因此很多开发 51 单片机应用的工程师或普通的单片机爱好者，都十分喜欢它。

2.1.2 Keil C51 软件的使用

运行 Keil 软件，出现如图 2.1 的屏幕。

图 2.1 启动时的屏幕

1. 新建项目

点击 Project 菜单，选择弹出的下拉式菜单中的 New Project，如图 2.2 所示。接着弹出一个标准 Windows 对话窗口，如图 2.3 所示，在“文件名”中输入第一个 C 程序项目名称，这里我们用“111”，当然，只要符合 Windows 文件规则的文件名都行。“保存”后的文件扩展名为 uvproj，这是 Keil µVision4 项目文件扩展名，以后我们可以直接点击此文件打开先前做的项目。

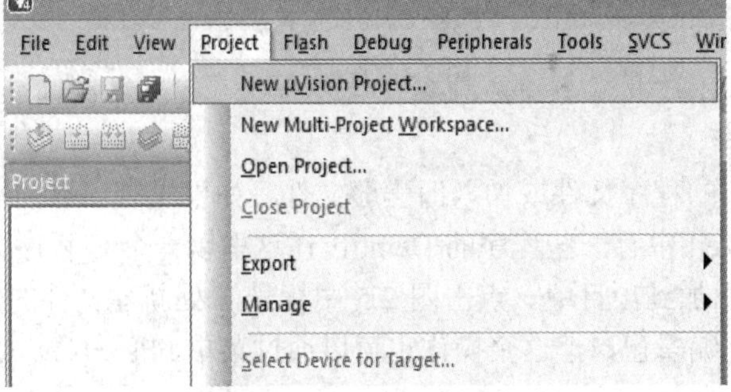

图 2.2 New Project 菜单

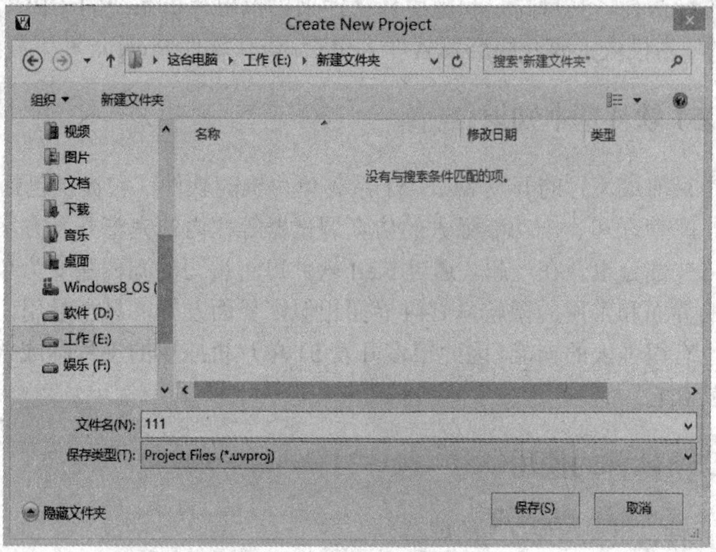

图 2.3　文件窗口

在弹出的窗口中选择要用的单片机芯片，这里我们选择 Atmel 公司的 AT89C51。此时屏幕如图 2.4 所示。完成上面步骤后，点击“OK”即可进行程序的编写。

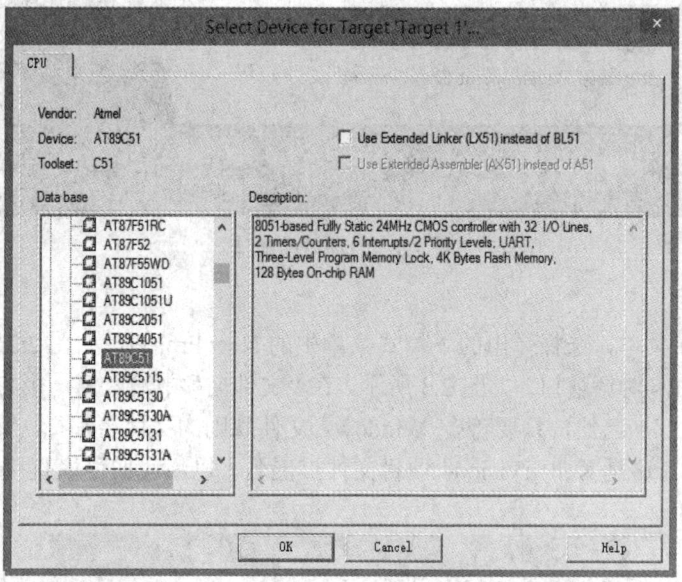

图 2.4　选取芯片

2. 创建程序文件

在项目中创建新的程序文件或加入旧程序文件。如果没有已有的程序，那么就要新建一个程序文件。在 Keil 中有一些程序的 Demo，在这里以一个 C 程序为例介绍如何新建一个 C 程序以及如何添加到项目中。点击图 2.5 中标号 1 处新建文件的快捷按钮，在标号 2 中出现一个新的文字编辑窗口，这个操作也可以通过菜单 File→New 或快捷键“Ctrl + N”来实现。

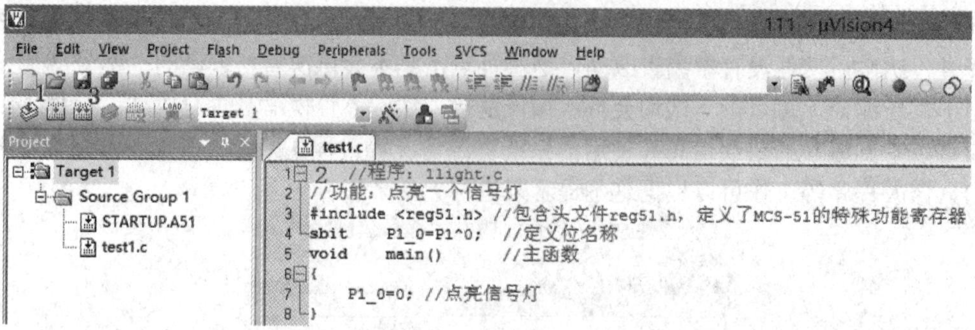

图 2.5　新建程序文件

在文字编辑窗口输入以下 C 语言程序，保存该文件，注意必须加上扩展名。

```
//程序：1light.c
//功能：点亮一个信号灯
#include <reg51.h>       //包含头文件 reg51.h，定义了 MCS-51 的特殊功能寄存器
sbit P1_0=P1^0;          //定义位名称
void main()              //主函数
{
     P1_0=0;             //点亮信号灯
}
```

这段程序的功能是点亮一个二极管，先不管程序的语法和意思，先学习如何把它加入到项目中并编译调试运行。

小经验：在输入源程序时，可以利用开发系统提供的程序编译器，编辑扩展名为 .c 的源程序，也可以将在 Windows 或 DOS 环境下编辑的源程序复制过来。在编制源程序时，可在每条语句后加上必要的中英文注释，但必须用注释符“//”或“/**/”同语句间隔开。编写程序要在西文状态下编辑，如果在中文状态下编辑源程序，编译时会带来不必要的麻烦。

3. 保存程序文件

点击图 2.5 中标号 3 处图标保存新建的程序，也可以用菜单 File→Save 或快捷键 Ctrl+S 进行保存。因是新文件，所以保存时会弹出类似图 2.3 的文件操作窗口，把第一个程序命名为 test1.c，保存在项目所在的目录中，这时程序语句有了不同的颜色，说明 Keil 的 C 语法检查生效了。如图 2.5 所示鼠标在屏幕左边的 Source Group1 文件夹图标上右击弹出菜单，在这里可以做在项目中增加减少文件等操作。选择“Add File to Group ‘Source Group 1’”弹出文件窗口，选择刚刚保存的 C 语言文件，按 ADD 按钮，关闭文件窗，程序文件已加到项目中了。这时在 Source Group1 文件夹图标左边出现了一个小“+”号，说明文件组中有了文件，点击它可以展开查看。

4. 编译程序

C 程序文件添加到项目后，即可编译运行。这个项目只是用做学习新建程序项目和编译运行仿真的基本方法，所以使用软件默认的编译设置，它不会生成用于芯片烧写的 HEX 文件，如何设置生成 HEX 文件见后文。如图 2.6 所示，图中标号 1、2、3 都是编译按钮，

不同的是标号 1 图标是用于编译单个文件；标号 2 所示图标用于编译当前项目，如果先前编译过一次之后文件没有做编辑改动，这时再点击是不会再次重新编译的；标号 3 所示图标用于重新编译，每点击一次均会再次编译链接一次，不管程序是否有改动；标号 4 所示窗口可以看到编译的错误信息和使用的系统资源情况等，程序出错时的提示都会在该窗口列出，修改程序等工作可以根据这些提示来进行。

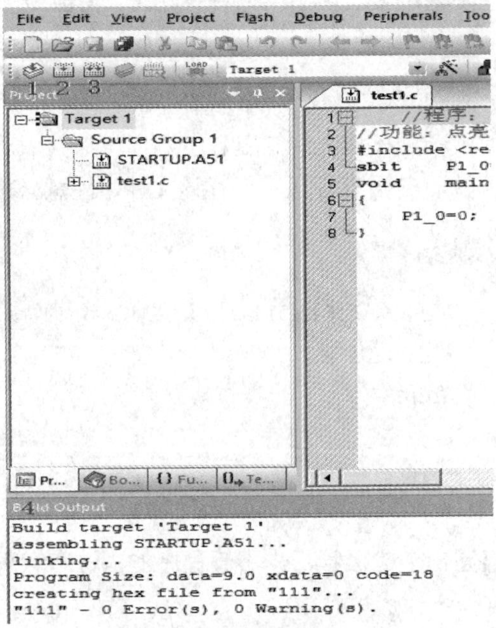

图 2.6　编译程序

5. 生成 HEX 文件

HEX 文件格式是 Intel 公司提出的按地址排列的数据信息，数据宽度为字节，所有数据使用十六进制数字表示，常用来保存单片机或其他处理器的目标程序代码，它保存物理程序存储区中的目标代码映像，一般的编程器都支持这种格式。我们先来打开前一节做的项目，打开它的所在目录，找到 111.uvproj 的文件就可以打开先前的项目了。然后右击图 2.7 中的“Target 1”项目文件夹，弹出项目功能菜单，选择“Options for Target Target1’”，弹出项目选项设置窗口，同样先选中项目文件夹图标，这时在 Project 菜单中也有一样的菜单可选。

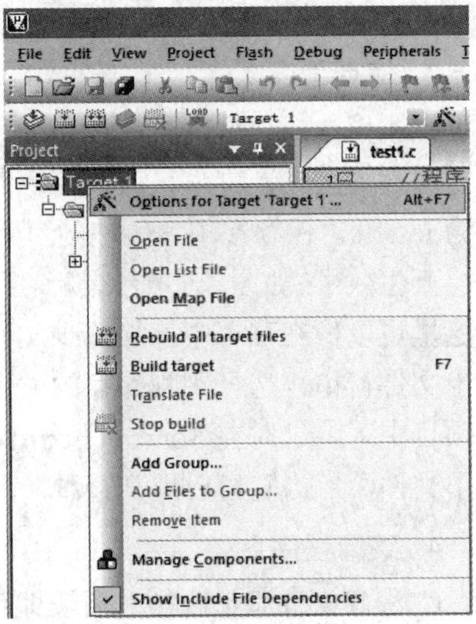

图 2.7　项目功能菜单

打开项目选项窗口，转到 Output 选项页如图 2.8 所示，图中标号 1 所示为选择编译输出的路径，标号 2 所示为设置编译输出生成的文件名，标号 3 所示则是决定是否要创建 HEX 文件，选中它就可以输出 HEX 文件到指定的路径中。我们再将它重新编译一次，很快在编译信息窗口中就显示 HEX 文件创建到指定的路径中了，如图 2.9 所示。这样就可用编程器所附带的软件去读取并烧到芯片了，再用实验板看结果。

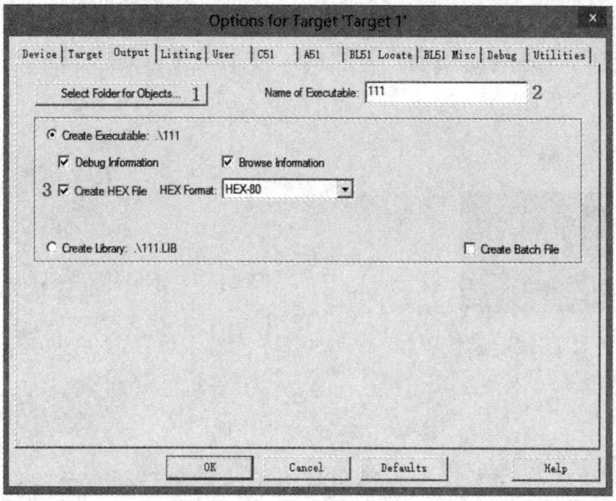

图 2.8　项目选项窗口

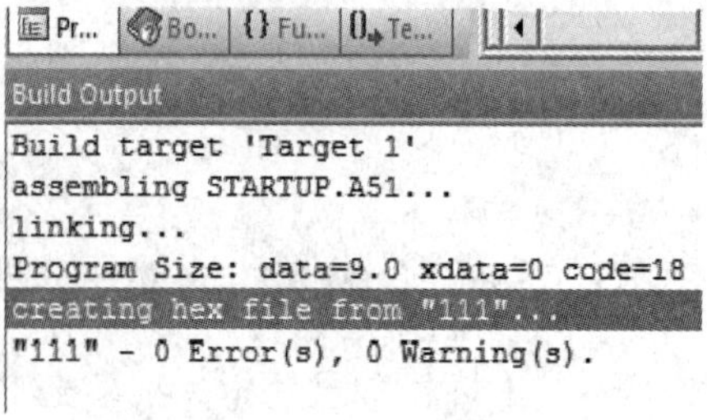

图 2.9　编译信息窗口

或许用户已把编译好的文件烧到了芯片上，如果购买或自制了带串口输出元件的学习实验板，那就可以把串口和 PC 机串口相连用串口调试软件，也可以看到一个数码管被点亮的现象了。

到此为止，我们初步学习了一些 Keil μVision4 的项目文件创建、编译、运行等基本操作方法，其中提到一些功能快捷键的使用，在实际的开发应用中快捷键的运用可以大大提高工作效率，建议大家多使用，还有就是对这里所讲的操作方法举一反三用于类似的操作中。

2.2　程序下载软件

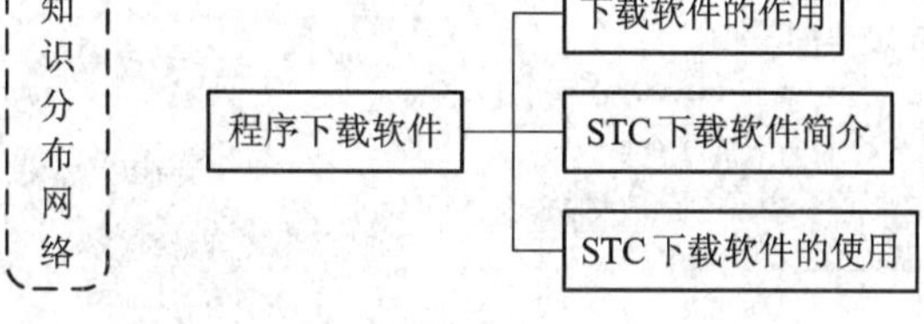

2.2.1　下载软件的作用

如何把 HEX 文件下载到单片机实验板上呢？这需要用到下载软件。下载软件通常也叫烧录软件，主要作用就是将用 Keil C 编写好并编译过的程序生成的 HEX 文件下载到单片机应用系统中，便于观察现象，检查程序，是进行软硬件联调必不可少的中间环节。

2.2.2　STC 下载软件的介绍

单片机的下载软件有很多，如 STC-ISP、Easy51Pro、ATMELISP 等，这些软件都是针对不同型号、不同品牌的单片机来下载烧录文件的，其中以 STC-ISP 的使用最为广泛，本书就以 STC-ISP 为例来进行介绍。

STC-ISP 是一款单片机下载编程烧录软件，是针对 STC 系列单片机而设计的，可下载 STC89 系列、12C2052 系列和 12C5410 等系列的 STC 单片机，使用简便，现已被广泛使用。

STC-ISP 图标如图 2.10 所示。

图 2.10　STC-ISP 软件图标

2.2.3　STC 下载软件的使用步骤

下载之前，读者一定先把整个下载步骤仔细看一遍，该单片机下载程序必须有个冷启动的过程，即要重新上电才能正常下载程序，软件界面如图 2.11 所示。

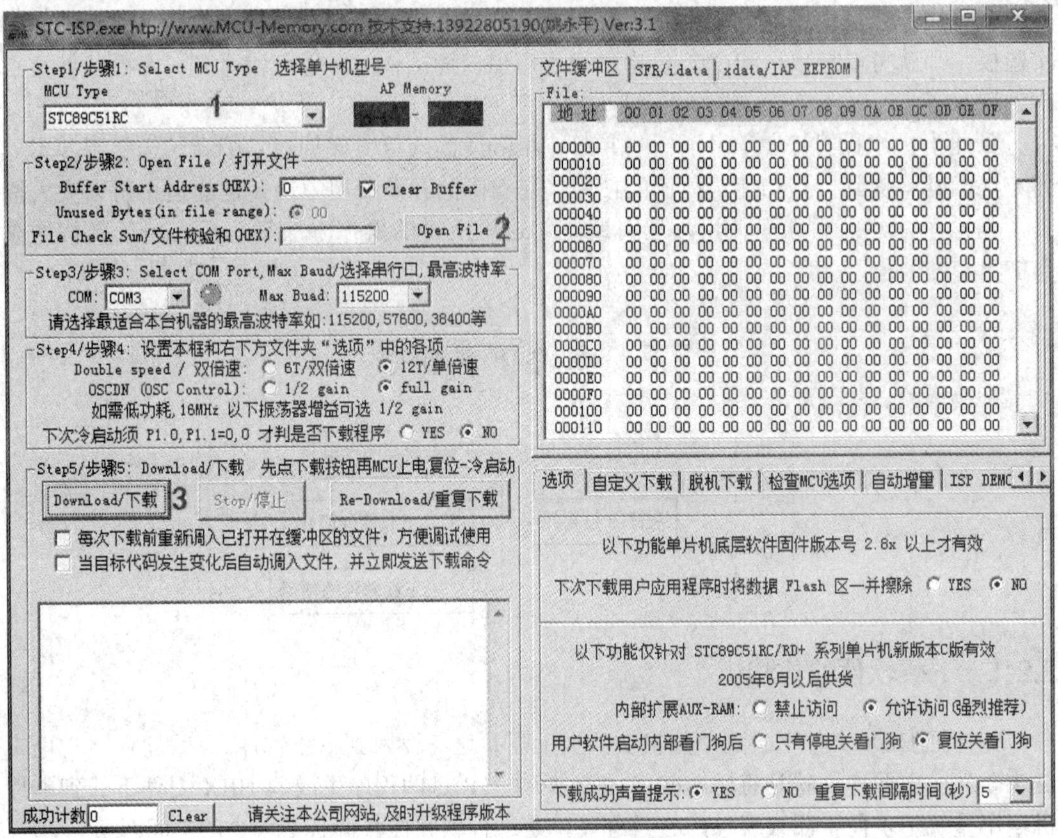

图 2.11　下载软件界面图

使用步骤：

(1) 连接好电源线与串口线。

(2) 检查电源板上电源指示等是否亮起，如果没亮则检查 USB 电源线，如果已亮则关掉电源继续后面的步骤。

(3) 启动软件。

(4) 点击图 2.11 中标号 1 处下三角选择单片机型号使之与开发板单片机型号对应，如图 2.12 所示。

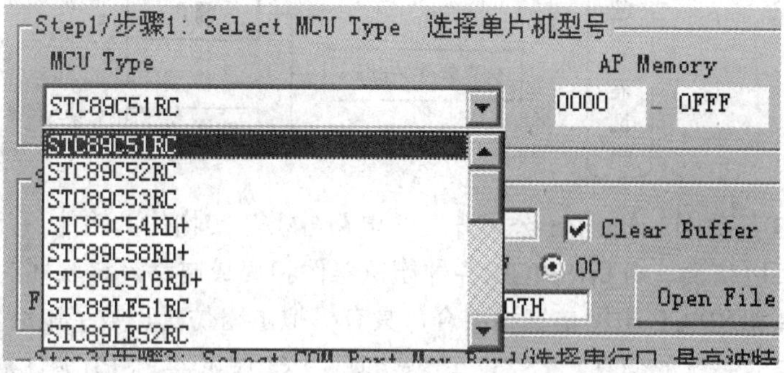

图 2.12　芯片选择框

(5) 选择好计算机串口，台式机一般默认为 COM1。

(6) 点击图 2.11 标号 2 所示“open file”，出现如图 2.13 所示对话框，选择用 Keil 编译好的 HEX 文件。

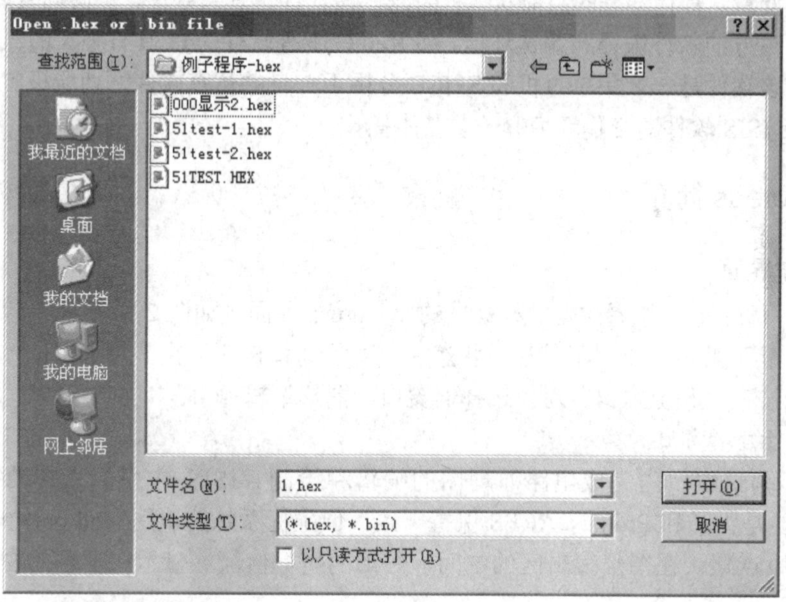

图 2.13　选择 HEX 文件

(7) 点击图 2.11 中标号 3 所示“下载”。

(8) 注意在点击下载的时候按下“冷启动”按键，使单片机上电。

(9) 如果正常会看到下载程序进度条闪动的过程，最后白色方框内会出现“已加密”字样。

小提示：整个过程中，不要用手或者导体接触单片机集成电路的引脚或者电路！这样很可能会永久性的损坏单片机实验板或者集成电路或者电脑主机。

2.3 Proteus 仿真软件的使用

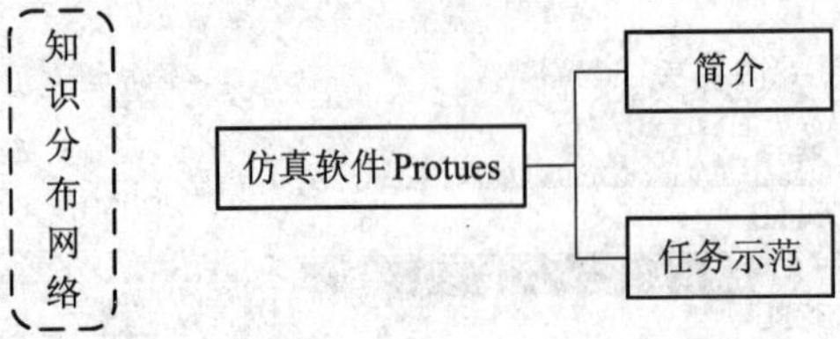

Proteus ISIS 是英国 Labcenter 公司开发的电路分析与实物仿真软件。它运行于 Windows 操作系统上，可以仿真、分析(SPICE)各种模拟器件和集成电路，该软件的特点是：① 实现了单片机仿真和 SPICE 电路仿真相结合，具有模拟电路仿真、数字电路仿真、单片机及其外围电路组成的系统的仿真、RS232 动态仿真、I^2C 调试器、SPI 调试器、键盘和 LCD 系统仿真的功能；该软件还含有各种虚拟仪器，如示波器、逻辑分析仪、信号发生器等。② 支持主流单片机系统的仿真，目前支持的单片机类型有：68000 系列、8051 系列、AVR 系列、PIC12 系列、PIC16 系列、PIC18 系列、Z80 系列、HC11 系列以及各种外围芯片。③ 提供软件调试功能，在硬件仿真系统中具有全速、单步、设置断点等调试功能，同时可以观察各个变量、寄存器等的当前状态，因此在该软件仿真系统中，也必须具有这些功能，同时支持第三方的软件编译和调试环境，如 Keil C51 等软件。④ 具有强大的原理图绘制功能。总之，该软件是一款集单片机和 SPICE 分析于一身的仿真软件，功能极其强大。本章介绍 Proteus ISIS 软件的工作环境和一些基本操作。

2.3.1 Proteus 简介

1. 工作界面

Proteus ISIS 的工作界面是一种标准的 Windows 界面，如图 2.14 所示，包括标题栏、主菜单、标准工具栏、绘图工具栏、状态栏、对象选择按钮、预览对象方位控制按钮、仿真进程控制按钮、预览窗口、对象选择器窗口、图形编辑窗口。

(1) 图形编辑窗口。

在图形编辑窗口内完成电路原理图的编辑和绘制。ISIS 中坐标系统的基本单位是 10 nm，主要是为了和 Proteus ARES 保持一致。但坐标系统的识别(read-out)单位被限制在 1 th。坐标原点默认在图形编辑区的中间，图形的坐标值能够显示在屏幕的右下角的状态栏中。

(2) 预览窗口(The Overview Window)。

该窗口通常显示整个电路图的缩略图。在预览窗口上点击鼠标左键，将会有一个矩形蓝绿框标示出在编辑窗口的中显示的区域。其他情况下，预览窗口显示将要放置的对象的预览。

(3) 对象选择器窗口。

通过对象选择按钮，从元件库中选择对象，并置入对象选择器窗口，供今后绘图时使用。显示对象的类型包括：设备、终端、管脚、图形符号、标注和图形。

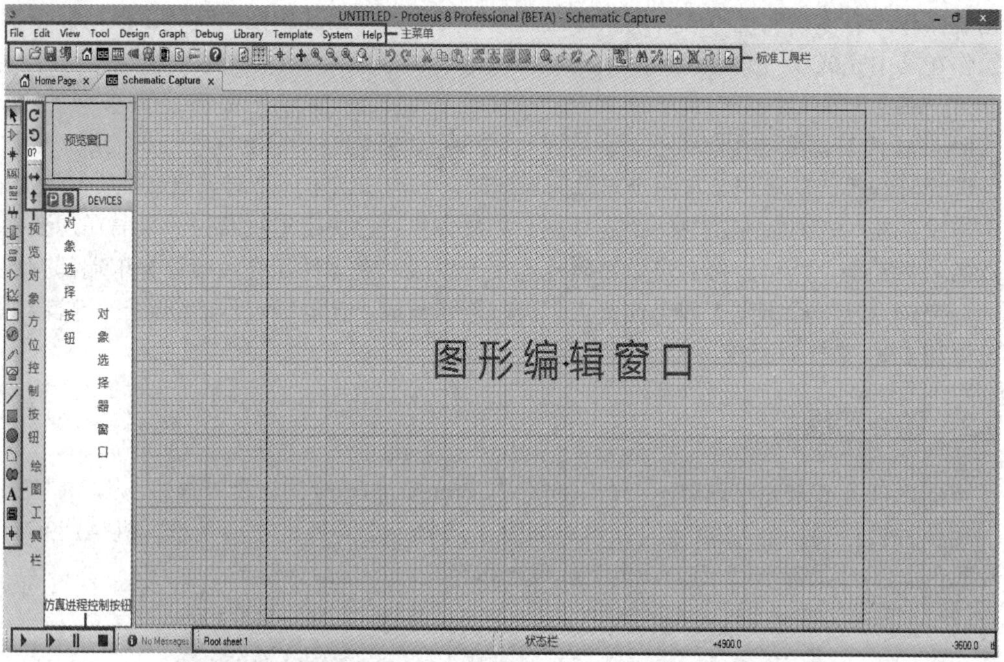

图 2.14　Proteus ISIS 的工作界面

2. 图形编辑的基本操作

(1) 对象放置。

首先，根据对象的类别在工具箱选择相应模式的图标，如果对象类型是元件、端点、管脚、图形、符号或标记，从选择器里选择你想要的对象的名字。如果对象是有方向的，将会在预览窗口显示出来，你可以通过预览对象方位按钮对对象进行调整。最后，指向编辑窗口并点击鼠标左键放置对象。

(2) 选中对象。

用鼠标指向对象并点击右键可以选中该对象，该操作选中对象并使其高亮显示，然后可以进行编辑。选中对象时该对象上的所有连线同时被选中。要选中一组对象，可以通过依次在每个对象上右击选中每个对象的方式，也可以通过右键拖出一个选择框的方式，但只有完全位于选择框内的对象才可以被选中。在空白处点击鼠标右键可以取消所有对象的选择。

(3) 删除对象。

用鼠标指向选中的对象并点击右键可以删除该对象，同时删除该对象的所有连线。

(4) 调整对象的朝向。

许多类型的对象可以调整朝向为 0°、90°、270°、360°，或通过 x 轴、y 轴镜像。用鼠标左键点击 Rotation 图标可以使对象逆时针旋转，用鼠标右键点击 Rotation 图标可以使对象顺时针旋转。用鼠标左键点击 Mirror 图标可以使对象按 x 轴镜像，用鼠标右键点击 Mirror 图标可以使对象按 y 轴镜像。

(5) 编辑对象。

许多对象具有图形或文本属性，这些属性可以通过一个对话框进行编辑，这是一种很常见的操作，有多种实现方式。用鼠标左键双击对象，即出现属性编辑对话框，修改参数等操作在其中完成。

(6) 画线

Proteus 没有画线的图标按钮，这是因为 ISIS 可以智能自动检测你想要画的线，这就省去了选择画线模式的麻烦。在两个对象间连线时，只需左击第一个对象连接点，让 ISIS 自动定出走线路径，然后左击另一个连接点。如果你想自己决定走线路径，只需在想要拐点处点击鼠标左键，两个连接点可以精确地连接一根线，在元件和终端的管脚末端都有连接点。一个圆点从中心出发有四个连接点，可以连四根线。在画线过程的任何一个阶段，你都可以按 ESC 来放弃画线。

2.3.2 任务示范

下面以任务 2 来完整地展示一个 Keil C 与 Proteus 相结合的仿真过程。

用单片机控制一个 LED 点亮，电路如图 2.15 所示。电路的核心是单片机 AT89C51，单片机的 P1.0 引脚接一个 LED，电阻起限流作用。

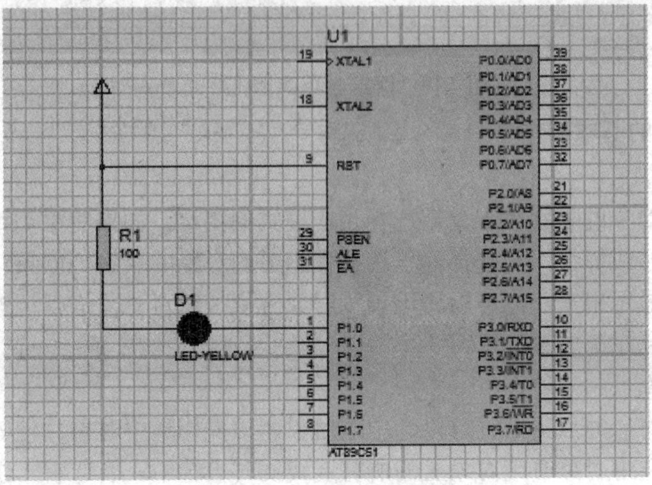

图 2.15 任务 2 仿真电路

1. 原理图绘制

(1) 放置元件。

首先将所需元器件加入到对象选择器窗口，单击对象选择器按钮 P，如图 2.16 所示。

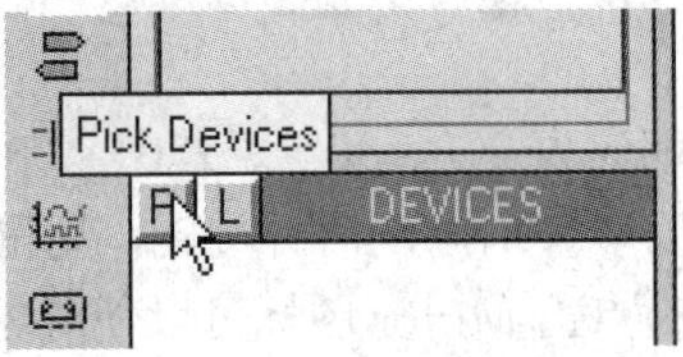

图 2.16 对象选择器按钮

弹出“Pick Devices”页面，在“Keywords”输入 AT89C51，系统在对象库中进行搜索查找，并将搜索结果显示在“Results”中，如图 2.17 所示。

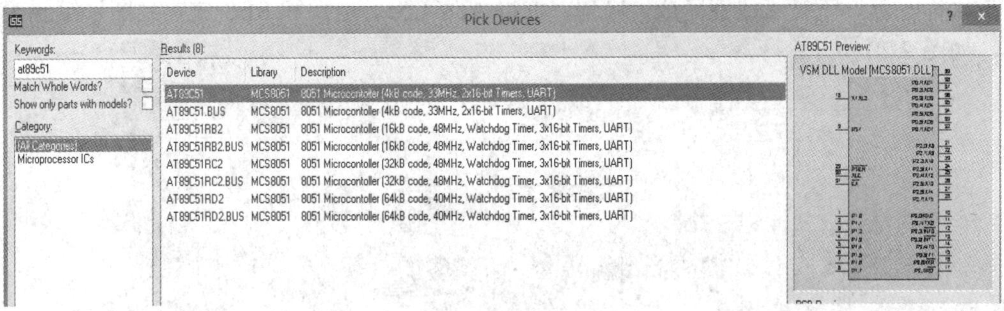

图 2.17　查找 AT89C51

在“Results”栏中的列表项中，双击“AT89C51”，则可将“AT89C51”添加至对象选择器窗口中。

接着在“Keywords”栏中重新输入 LED，如图 2.18 所示。双击“LED-YELLOW”，则可将 LED 发光二极管(黄色)添加至对象选择器窗口中。Proteus 还有其他颜色的发光二极管可供选择，此处为了显示效果更明显，选择黄色发光二极管。

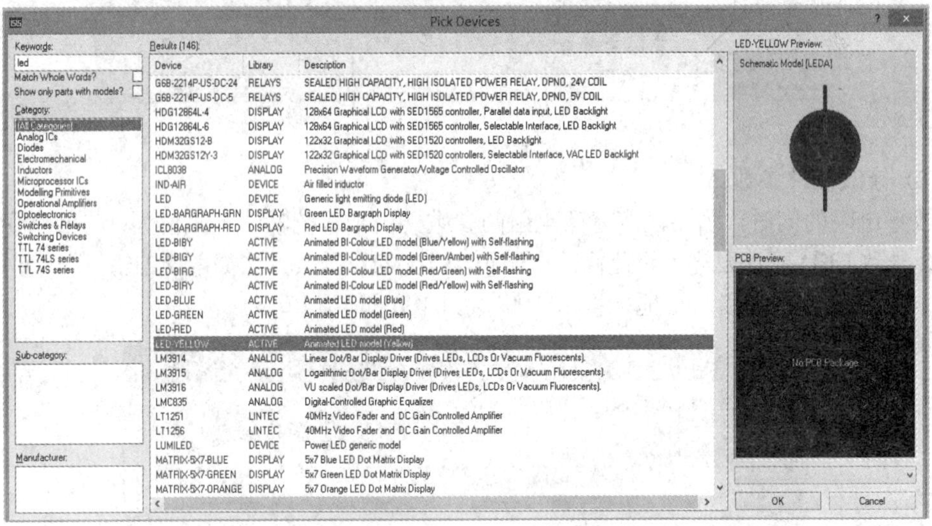

图 2.18　查找 LED 发光二极管

然后，在“Keywords”栏中重新输入 RES(电阻)，如图 2.19 所示，在“Results”栏中获得与 RES 完全匹配的搜索结果。双击“RES”，则可将“RES”添加至对象选择器窗口。单击“OK”按钮，结束对象选择。

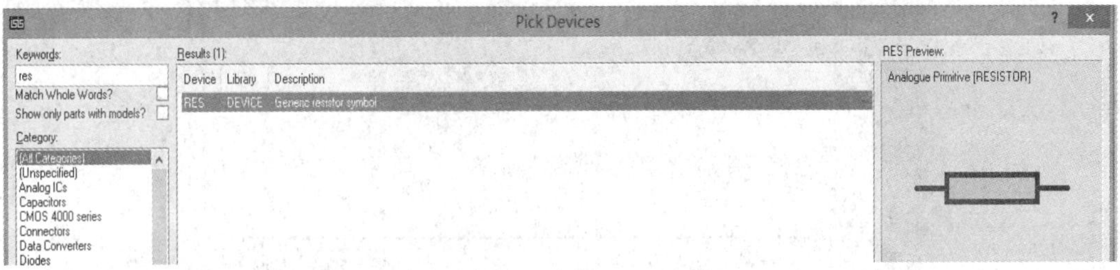

图 2.19　查找电阻元件

在对象选择器窗口中，选中 LED，将鼠标置于图形编辑窗口中想要放置该对象的位置，单击鼠标左键，该对象放置完成。同理，可将 AT89C51、电源和 RES 放置到图形编辑窗口中，如图 2.20 所示。

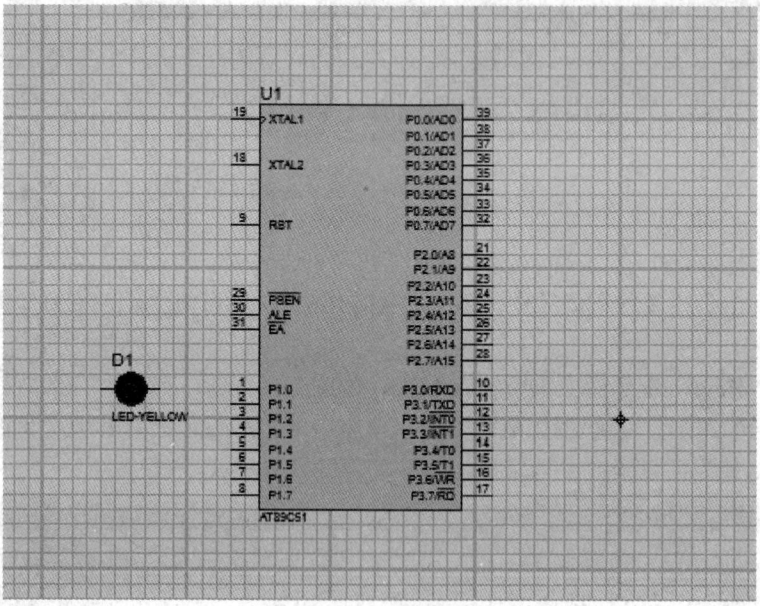

图 2.20　放置元件

(2) 修改元件参数。

放置电阻的同时，需要注意修改电阻的参数。由于系统默认电阻值为 10 kΩ，阻值过大，会导致 LED 无法发光，因此修改电阻值至 100 Ω。修改方法如图 2.21 所示，选中电阻双击 10 k 字样，在弹出对话框中将 10 k 修改为 100 即可。

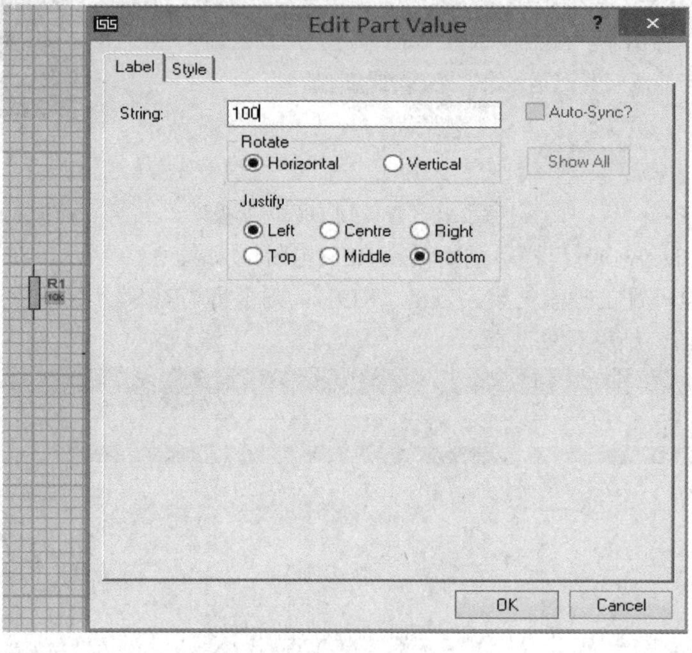

图 2.21　修改电阻阻值

(3) 元器件之间的连线。

Proteus 的智能化可以在你想要画线的时候进行自动检测，Proteus 具有线路自动路径功能(简称 WAR)，当选中两个连接点后，WAR 将选择一个合适的路径连线。WAR 功能可通过使用标准工具栏里的“WAR”命令按钮来关闭或打开，也可以在菜单栏的“Tools”下找到这个图标。

同理，我们可以完成其他连线。在此过程中的任何时刻，都可以按 ESC 键或者单击鼠标的右键来放弃画线。

至此，我们便完成了整个电路图的绘制。

2. Keil C 与 Proteus 连接仿真调试

双击画好的电路图中的单片机，出现如图 2.22 所示的选择 HEX 文件对话框，点击红色方框文件夹图标，选择要下载的 HEX 文件。选择好以后，方框空白处出现选择路径，如图 2.23 所示。单击仿真运行开始按钮，我们能看到仿真结果，如图 2.24 所示。

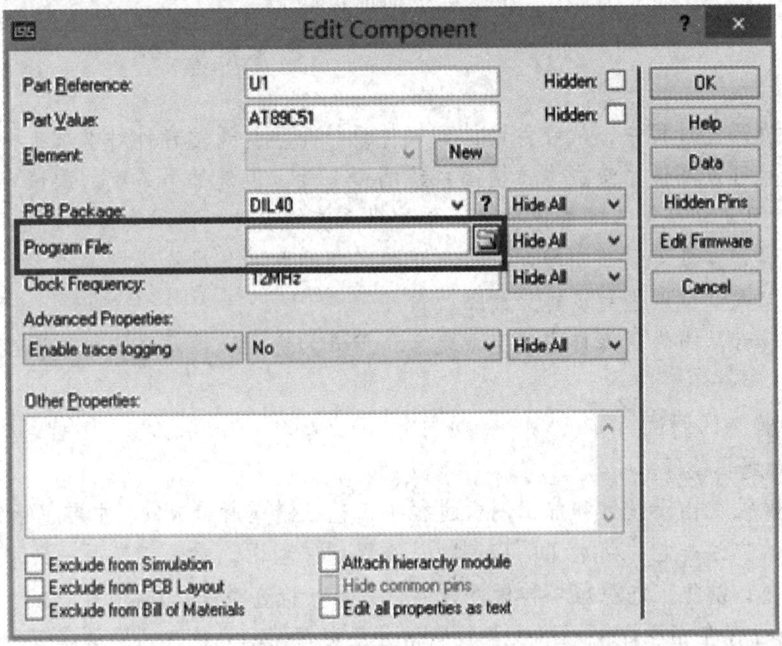

图 2.22　选择 HEX 文件窗口

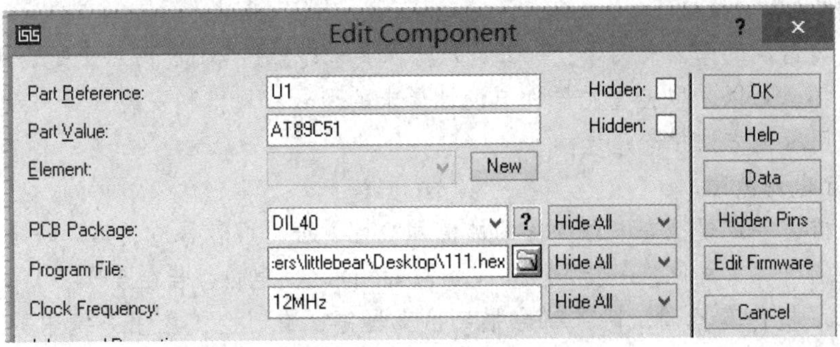

图 2.23　HEX 文件选择路径

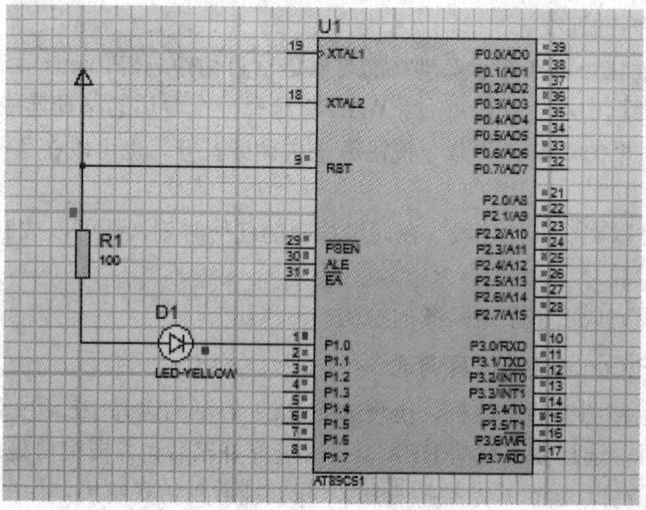

图 2.24　Proteus 仿真结果

小知识：

在单片机开发过程中，从硬件设计到软件设计几乎是开发者针对本系统特点亲自完成的。这样虽然可以降低系统成本，提高系统的适应性，但是每个系统的调试占去了总开发时间的 2/3，可见调试的工作量比较大。单片机系统的硬件调试和软件调试是不能分开的，许多硬件错误是在软件调试中被发现和纠正的，但通常是先排除明显的硬件故障以后，再和软件结合起来调试以进一步排除故障。

当硬件设计从布线到焊接安装完成之后，就开始进入硬件调试阶段，调试大体分为以下几步：

1. 硬件静态的调试

(1) 排除逻辑故障。

这类故障往往由于设计和加工制板过程中工艺性错误所造成的，主要包括错线、开路、短路。排除的方法是首先将加工的印制板认真对照原理图，看两者是否一致。应特别注意电源系统检查，以防止电源短路和极性错误，并重点检查系统总线(地址总线、数据总线和控制总线)是否存在相互之间短路或与其它信号线路短路。必要时利用数字万用表的短路测试功能，可以缩短排错时间。

(2) 排除元器件失效。

造成这类错误的原因有两个：一个是元器件买来时就已坏了；另一个是由于安装错误，造成器件烧坏。可以采取检查元器件与设计要求的型号、规格和安装是否一致。在保证安装无误后，用替换方法排除错误。

(3) 排除电源故障。

在通电前，一定要检查电源电压的幅值和极性，否则很容易造成集成块损坏。加电后检查各插件上引脚的电位，一般先检查 V_{CC} 与 GND 之间电位，若在 5～4.8 V 之间属正常。若有高压，联机仿真器调试时，将会损坏仿真器等，有时会使应用系统中的集成块发热损坏。

2. 联机仿真调试

联机仿真必须借助仿真开发装置、示波器、万用表等工具，这些工具是单片机开发的最基本工具。

信号线是联络单片机和外部器件的纽带，如果信号线连接错误或时序不对，那么都会造成对外围电路读写错误。51 系列单片机的信号线大体分为读/写信号线、片选信号线、时钟信号线、外部程序存储器读选通信号(PSEN)、地址锁存信号(ALE)、复位信号等几大类。这些信号大多属于脉冲信号，对于脉冲信号借助示波器(这里指通用示波器)用常规方法很难观测到，必须采取一定措施才能观测到。应该利用软件编程的方法来实现。

对于电平类信号，观测起来就比较容易。例如对复位信号观测就可以直接利用示波器，当按下复位键时，可以看到单片机的复位引脚将变为高电平，一旦松开，电平将变低。

总而言之，对于脉冲触发类的信号我们要用软件来配合，并要把程序编为死循环，再利用示波器观察；对于电平触发类信号，可以直接用示波器观察。通常借助简单工具对单片机进行硬件调试的方法，如果利用得好，就可以大大缩短单片机的开发周期。

阶段小结

本模块通过任务实现，贯穿了单片机开发软件和下载软件的应用过程，重点训练了两种软件的使用方法。

本模块重点内容：

Keil C 的使用；

(1) HEX 文件的生成；

(2) STC 下载软件的使用；

(3) Proteus 使用技巧。

习　题　2

1. 选择题

(1) 使用单片机开发系统调试程序时，对源程序进行汇编的目的是(　　)。

A. 将源程序转换成目标程序　　B. 将目标程序转换成源程序

C. 将低级语言转换成高级语言　　D. 连续执行

(2) 用单片机开发系统调试 C 语言程序时，下载至单片机的文件扩展名是(　　)。

A. C　　B. .hex　　C. .bin　　D. .asm

(3) 单片机能够直接运行的程序是(　　)。

A. 汇编源程序　　B. C 语言源程序

C. 高级语言程序　　D. 机器语言源程序

2. 问答题

什么是单片机开发系统？单片机开发系统由哪些设备组成？

模块3　并行I/O口应用与C语言基础

51系列单片机有4个I/O端口，每个端口都是8位双向口，共占32根引脚。每个端口都包括一个锁存器(即专用寄存器P0～P3)、一个输出驱动器和输入缓冲器，通常把4个端口称为P0～P3。通常情况下，这4个端口的每一位都可以作为双向通用I/O端口使用。如果要在片外扩展存储器，则P2口作为高8位地址线，P0口分时作为低8位地址线和双向数据总线，也就是P0、P2口的第二功能。P3口除了作为双向通用I/O接口使用外，每一根线还具有第二种功能，而P1口只能作为双向通用I/O接口使用。

本模块从开发控制8个LED发光二极管闪烁的应用程序入手，介绍4个I/O端口的内部结构及其使用方法。开发单片机应用程序时可以使用汇编语言，但更多的时候使用的是C语言，因为C语言开发程序高效且可维护性好。

任务3　控制8个LED发光二极管闪烁

控制8个LED发光二极管闪烁涉及单片机I/O端口的操作，是熟悉I/O端口的一个很简单却非常经典的实例。对初学者来说，通过控制8个LED发光二极管闪烁的学习与编程，能很快熟悉单片机的操作方式，了解单片机系统的开发流程，并通过一个实例增强自己学习单片机系统设计的信心。

1. 任务目的

了解51系列单片机4个I/O端口的内部结构，掌握其使用方法，了解单片机C语言基础。

2. 任务要求

控制8个LED发光二极管以某种频率闪烁，闪烁频率可调。

3. 任务分析

实现此任务需要设计相应的硬件电路，然后在硬件基础上编制软件。硬件上，除了单片机之外，最主要的元件就是LED发光二极管了。

在之前的单片机设计电路中，LED发光二极管是不能由单片机的I/O输出引脚直接进行驱动的，而要使用诸如7405等集电极开路门进行驱动，原因就是单片机的引脚不能够承受LED导通时的电流输入。

随着新技术的应用和单片机集成技术的不断发展，现在大部分的单片机端口都集成了集电极开路的输出电路，具备一定外部驱动能力。但是这时外接的LED发光二极管电路也必须使用电阻进行限流，否则会损坏单片机的输出引脚，一般单片机驱动引脚能够承受的电流输入在 10～15 mA 左右。

此外，如果没有限流电阻，LED 发光二极管在工作时也会迅速发热，为了防止 LED 发光二极管过热损害，也必须采用限流串联电阻对 LED 发光二极管的功耗进行限制，如表 3.1 所示为典型的 LED 发光二极管功率限制指标。

表 3.1　典型的 LED 发光二极管功率限制指标

参　数	单　位	红色 LED	绿色 LED	黄色 LED	橙色 LED
最大功率限制	mW	55	75	60	75
正向电流峰值	mA	160	100	80	100
最大恒定电流	mA	25	25	20	25

LED 发光二极管的发光功率可以由其两端的电压和通过 LED 的电流进行计算得到，公式如下：

$$P_d = V_d \times I_d$$

LED 发光二极管的典型的电压与电流关系如图 3.1 所示，可以根据需要的 LED 发光亮度选择合适的电阻 R 进行限流，但为了保护单片机的驱动输出引脚，通过 LED 发光二极管的电流一般应限制在 10 mA 左右，由图 3.1 所示曲线可知，也即是将 LED 发光二极管的正向电压限制在 2 V 左右。

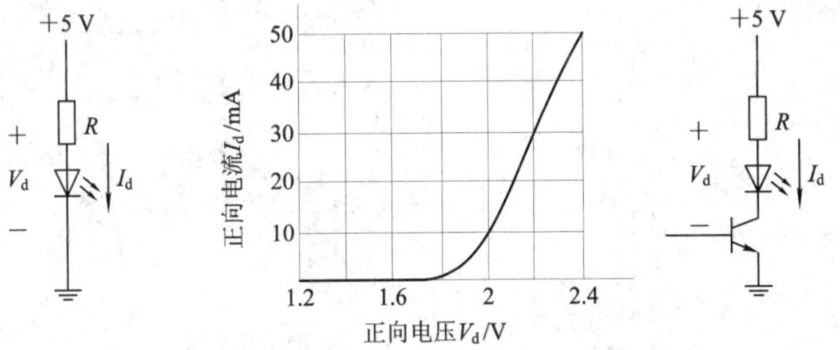

图 3.1　LED 发光二极管典型电压电流关系

对于采用某些高亮度 LED 发光二极管照明场合，需要 LED 发光二极管通过较大的电流，此时不能采用单片机的输出引脚直接驱动 LED 发光二极管，而应该使用专用的驱动芯片，或者如图 3.1 中右图所示，采用一个 NPN 型的三极管进行驱动。

可以利用图 3.1 中所示的曲线计算限流电阻 R，计算的方法如下：

$$R = \frac{5\ \text{V} - V_d}{I_d}$$

例如，若限制电流 I_d 为 10 mA，则由图 3.1 中所示曲线得到 LED 发光二极管的正向电压 V_d 约为 2 V，从而得到限流电阻值如下：

$$R = \frac{5\ \text{V} - 2\ \text{V}}{10\ \text{mA}} = 300\ (\Omega)$$

在实际设计中，为了有效保护单片机驱动输出引脚，预留一定的安全系数，一般对 LED

发光二极管驱动采用的限流的电阻都要比采用 10 mA 计算出的大，常用的典型值为 470 Ω。

硬件连接上，每个 LED 发光二极管对应单片机的一个唯一的输出引脚，即单片机的一个输出端口(P0、P1、P2 或 P3)就能够控制 8 个 LED 发光二极管。当相应引脚输出为低时，电流从 V_{CC} 流入单片机，LED 发光二极管开始发光，发光亮度由匹配的串联电阻控制；当相应引脚输出为高时，没有电流通过 LED 发光二极管，LED 发光二极管熄灭。

4. 硬件实现

本模块采用 8 个 LED 发光二极管，由 AT89S51 的 P0 口进行驱动操作，具体电路设计如图 3.2 所示，P0 口的 8 个输出引脚分别接到了 8 个 LED 发光二极管的阴极，LED 发光二极管的另一端由阻值为 470 Ω 的限流电阻上拉至电源 V_{CC}。跑马灯系统的 8 个限流电阻可以采用普通电阻也可以采用排阻，使用排阻比较有利于节省 PCB 布板的空间。

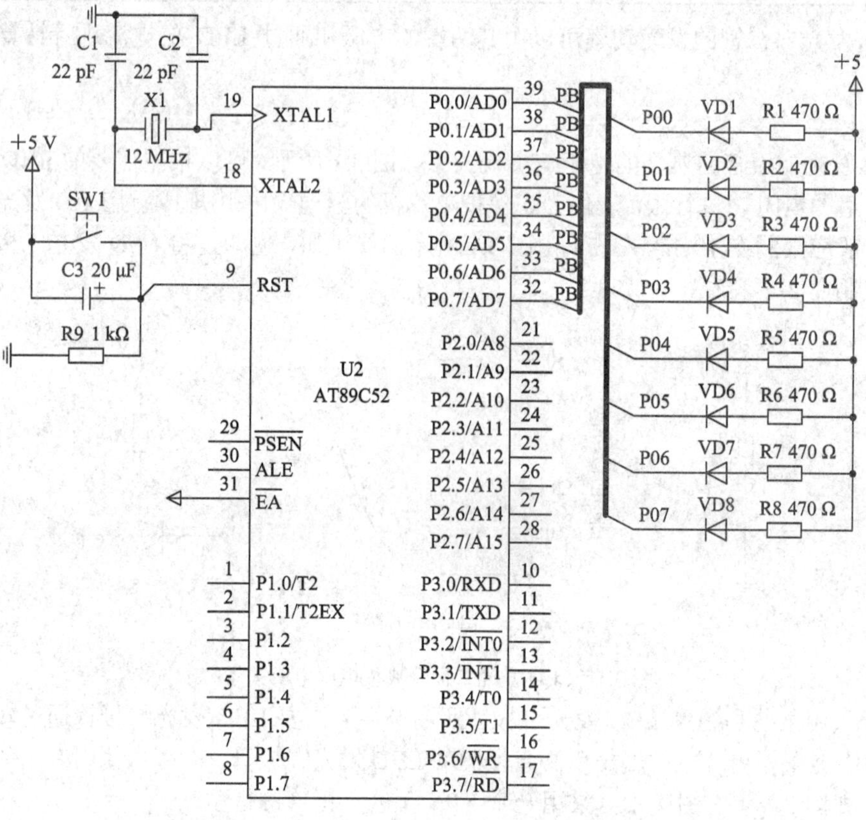

图 3.2　单片机控制 8 个 LED 发光二极管闪烁电路原理图

5. 程序设计

为了实现 LED 灯闪烁，程序中通过反转 P0 口的状态来开关 LED 灯。每次延时一段时间，改变延时时间可调整闪烁频率。

```
#include<reg51.h>


void delay(int ms);
void main()
```

```
{
    while(1)
    {
        P0 =~P0;
        delay(1000);
    }
}

///延时，当 ms = 1 时，在 12 MHz 的系统上约延时 1 ms。参数 ms，延时长度，毫秒数
void delay(int ms)
{
    int i, j;
    for(i = 0; i < ms; i++)
        for(j = 0; j < 120; j++);
}
```

程序的第一行 #include<reg51.h>包含了 51 单片机硬件资源的定义，一般单片机程序都会使用硬件资源，因此，程序中总应该包含这一行。Keil C 环境下，51 系列用到的头文件都放在 KEIL_PATH\C51\INC 目录下面，KEIL_PATH 表示 Keil C 的安装目录。

main 函数中主要是语句 while(1)，这是一个无限循环，即只要单片机通电，就会执行这个循环。循环中通过语句 P0 = ~P0 完成 P0 口状态的反转，P0 代表了 P0 口，其定义在 reg51.h 文件中，随后调用了延时子程序。重复此过程，就可以达到 LED 灯闪烁的效果。

延时子程序 delay 的实现非常直接，通过一个二重空循环消耗计算机时间。这种延时实际上是软件延时方式，实现起来较简单，缺点是难以精确控制延时时间。改变调用延时子程序的参数，即可改变闪烁的频率。

小提示：在单级流水线结构的单片机(比如说，MCS-51 系列)上，软件延时子程序具体延时的时间可以通过反汇编延时子程序，根据编译后的汇编代码来计算得出。我们可以首先写出一个延时子程序框架，编译之后再具体调整其中的某些数值。前面的 delay 子程序中，i 循环在 12 MHz 的系统上循环一次约 1 ms，即内循环的执行时间约 1 ms。内循环(j = 0; j < 120; j++)中的 120 就是通过反汇编后计算指令执行时间后调整的结果。

在多级流水线结构的单片机上，这种方式计算起来比较困难。我们可以采用更精确的硬件延时方式。

软件延时方式会空耗计算机计算时间，因此只适合于一些简单的应用。复杂的应用可采用硬件延时方式。

程序写完之后，一般需要调试，这可以通过将程序下载到硬件来完成。然而这样调试的效率非常低下，我们可以借助仿真软件来提高调试的效率。如图 3.3 所示，参考模块二仿真软件应用。

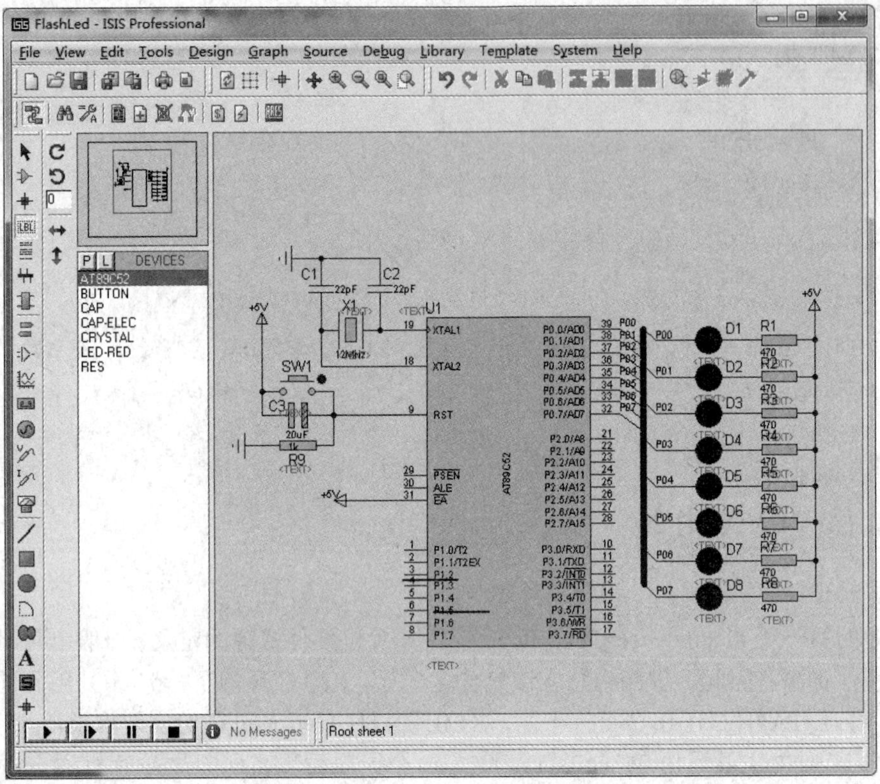

图 3.3　Proteus 仿真图

3.1　并行 I/O 端口电路结构及功能

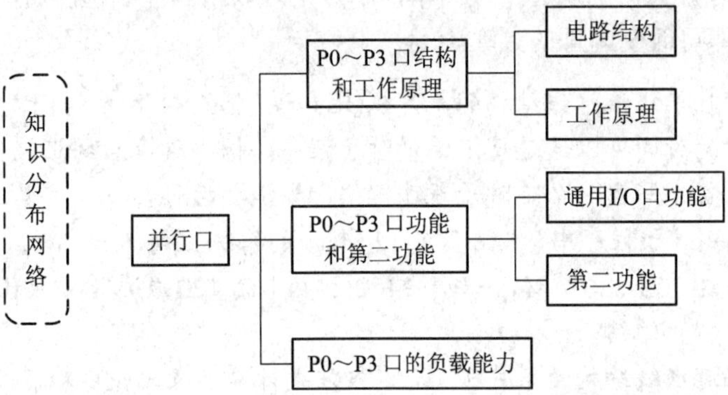

80C51 有 4 组 8 位 I/O 口：P0、P1、P2 和 P3 口，其中 P1、P2 和 P3 为准双向口，P0 则为双向三态输入输出口，这 4 个口除了按字节寻址之外，还可以按位寻址。4 个口在结构和功能上各具特点，下面分别介绍几个口线。

3.1.1　P0 口

P0 口的字节地址为 80H，位地址为 80H～87H。P0 口的各位口线具有完全相同但又相互独立的逻辑电路，P0口的结构电路原理图如图3.4所示。

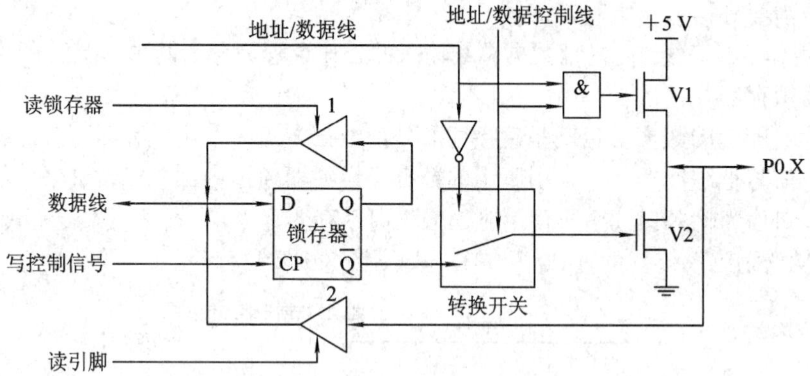

图3.4　P0口一位结构图

1. P0口的组成

P0口逻辑电路主要由以下几部分组成：

(1) 2个三态输入缓冲器。

2个三态输入缓冲器分别用于锁存器数据和引脚数据的输入缓冲。

(2) 1个多路转接开关。

多路转接开关的一个输入来自锁存器，另一个输入为“地址/数据”。输入转接由“控制”信号控制。之所以设置多路转接开关，是因为P0口既可以作为通用的I/O口进行数据的输入输出，又可以作为单片机系统的地址/数据线使用。即在控制信号的作用下，实现锁存器输出和地址/数据线之间的接通转接。

(3) 1个数据输出锁存器。

数据输出锁存器用于进行数据位的锁存。在不同时刻，不同的部件需要不同的信号。比如某一时刻P0.0要求输出高电平且保持若干时间，在这段时间里，CPU不能停在那里，它还需要与其他部件联络，因此这个数据线上的电平未必能保持原来的值不变，这样输出将会发生变化。为了解决这一问题，在每一个输出端加一个锁存器。若要某个I/O口输出数据，只要将待输出的数据写入相应的I/O口(实际是写入相应的锁存器)即可，然后CPU就可以去做其他事情，不必再考虑输出的状态。锁存器会把数据“锁”住，直到CPU下一次改写数据为止。

(4) 数据输出的驱动和控制电路。

数据输出的驱动和控制电路由两只场效应管V1、V2组成。

2. P0口的使用

(1) 作为I/O端口使用时的工作原理。

当P0口作为通用的I/O口使用时，CPU发出的控制信号为低电平，多路开关的控制信号为0(低电平)时，P0口作为I/O端口使用，多路开关的控制信号同时和与门的一个输入端相连接，此时与门输出的也是一个0(低电平)，V1管截止。

P0口用作I/O口线，经由数据总线向引脚输出的工作过程：当写锁存器信号CP有效时，数据总线的信号送到锁存器的输入端D，通过锁存器的反向输出$\overline{Q}$端送到多路开关，经由V2，最后到输出端P0.X。当多路开关的控制信号为低电平0时，与门输出为低电平，

V1 管是截止的，所以作为输出口时，P0 是漏极开路输出，类似于 OC 门，当驱动上接电流负载时，需要外接上拉电阻。

P0 口用作 I/O 口线，向内部数据总线输入的工作过程又分为两种情况：一种是读引脚，另一种是读锁存器。

读芯片引脚上的数据，也就是直接读取外部数据。这时使用锁存器下方的缓冲器，由“读引脚”信号把缓冲器打开，引脚上的数据经缓冲器通过内部总线读进来。需要说明的是，在 P0 口作为输入口读引脚使用时，应先向锁存器写“1”(一般用传送指令)，使输出级的 V1、V2 截止(系统复位时 P0 = FFH)，如下图 3.5 虚线所示。

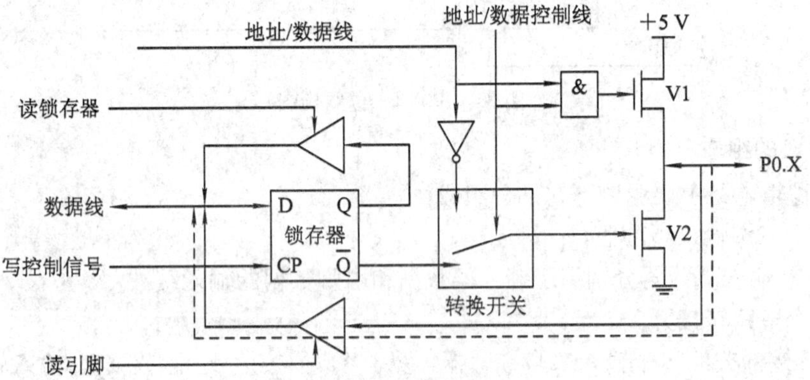

图 3.5　P0 口读引脚

读锁存器：通过打开读锁存器三态缓冲器读取锁存器输出端 Q 的状态，如图 3.6 虚线所示。

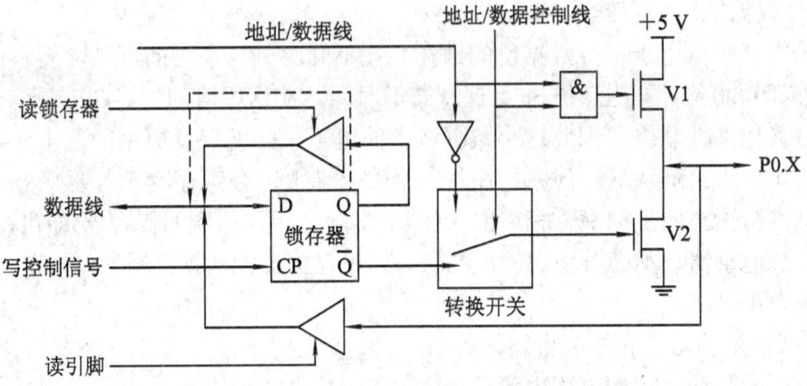

图 3.6　P0 口读锁存器

在输入状态下，从锁存器和从引脚上读来的信号一般是一致的，但也有例外。例如，当从内部总线输出低电平后，锁存器 Q = 0，$\overline{Q}$ = 1，场效应管 V2 开通，端口线呈低电平状态。此时无论端口线上外接的信号是低电平还是高电平，从引脚读入单片机的信号都是低电平，因而不能正确地读入端口引脚上的信号。又如，当从内部总线输出高电平后，锁存器 Q = 1，$\overline{Q}$ = 0，场效应管 V2 截止。如外接引脚信号为低电平，从引脚上读入的信号就与从锁存器读入的信号不同。为此，51 单片机在对端口 P0～P3 的输入操作上，有如下约定：凡属于“读—修改—写”方式的指令，从锁存器读入信号，其它指令则从端口引脚线上读入信号。

小提示：读引脚时，如果锁存器的数据 Q = 0，引脚始终钳位在低电平上，不可能输入高电平。因此，在读引脚前必须先用输出指令置 Q = 1，也就是向端口引脚写 1，使 V2 截止，才能保证正确地读到引脚上信号。正因为如此，在作为通用 I/O 口使用时，P0 口称为准双向口。

单片机复位后，P0 各口线的状态均为高电平，可直接读引脚。如果程序中改变了 P0 口的值，为了保证正确地读到引脚上信号，可以先向引脚写 1，再读引脚，如下所示。

```
P0 = 0xff;
ACC = P0;
```

实际上，51 单片机的 4 个 I/O 口在作为通用 I/O 口使用时，都是准双向口，因而都需要类似的操作。

(2) 作为地址/数据复用口使用时的工作原理。

在访问外部存储器时，P0 口作为地址/数据复用口使用。此时多路开关控制信号为 1，与门解锁，与门输出信号电平由“地址/数据”信号决定。多路开关与反相器的输出端相连，地址信号经“地址/数据”线送到反相器，再送至 V2 场效应管栅极，到 V2 漏极输出。

例如，多路开关控制信号为 1，地址信号为 0 时，与门输出低电平，V1 管截止；反相器输出高电平，V2 管导通，输出引脚的地址信号为低电平。反之，多路开关控制信号为 1，地址信号为 1，与门输出为高电平，V1 管导通；反相器输出低电平，V2 管截止，输出引脚的地址信号为高电平。可见，在输出“地址/数据”信息时，V1、V2 管是交替导通的，负载能力很强，可以直接与外设存储器相连，无须增加总线驱动器。

P0 口又作为数据总线使用。在访问外部程序存储器时，P0 口输出低 8 位地址信息后，将变为数据总线，以便读指令码(输入)。

当 P0 作为地址/数据总线使用时，在读指令码或输入数据前，CPU 自动向 P0 口锁存器写入 0FFH，破坏了 P0 口原来的状态。因此，一般情况下不能再作为通用的 I/O 端口，即程序中不应该再含有以 P0 口作为操作数(包含源操作数和目的操作数)的指令。

3.1.2　P1 口

P1 口的字节地址为 90H，位地址为 90H～97H。P1 口逻辑电路如图 3.7 所示。

P1 口只能作为通用 I/O 口使用，所以在电路结构上与 P0 口有些不同。首先，因为它只传送数据，所以不再需要多路转接开关；其次，由于只用来传送数据，因此输出电路上有上拉电阻，上拉电阻与场效应管共同组成输出驱动电路。因此这样电路的输出不是三态的，所以 P1 口是准双向口。

注意事项：

P1 口只能作为通用 I/O 口使用，当 P1 口作为输出口使用时，可以对外提供推拉电流负载，外电路无需再接上拉电阻。当 P1 口作为输入口使用时，应区分读引脚和读锁存器，读引脚时，应先向其锁存器写入“1”，使输出驱动电路的 V2 截止。

P1口一位的电路结构图如图3.7所示。P1口的结构最简单，用途也单一，仅作为数据输入/输出端口使用。输出的信息有锁存，输入有读引脚和读锁存器之分。P1口也是准双向口。

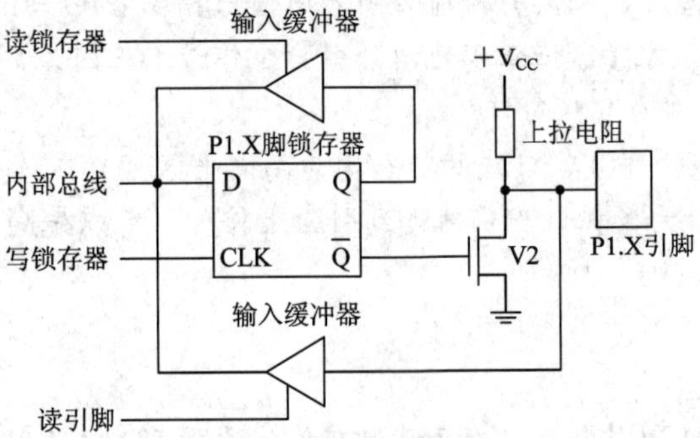

图3.7　P1口一位内部结构

3.1.3　P2口

P2口的字节地址为0A0H，位地址为0A0H～0A7H。P2口的逻辑电路如图3.8所示。

因为在实际应用中P2口用于为系统提供高位地址，因此同P0口一样，在P2口电路中有一个多路转接开关MUX。但MUX的一个输入端不再是“地址/数据”，而是单一的“地址”，这是因为P2口只作为地址线使用而不作为数据线使用。当P2口作为高位地址线使用时，多路转接开关应倒向“地址”端。正因为只作为地址使用，P2口的输出用不着是三态的，所以P2口也是一个准双向口。

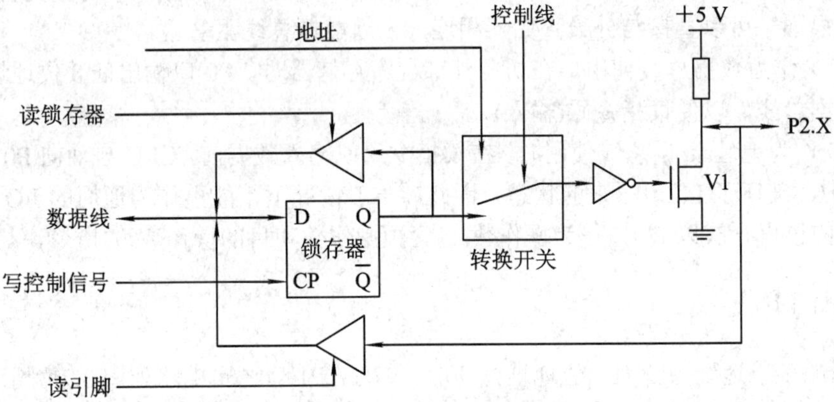

图3.8　P2口一位内部结构

如果应用电路扩展了外部存储器，P2端口就是用来周期性地输出从外存中取指令的地址(高8位地址)，因此，P2端口的多路转换开关总是在进行切换，分时地输出从内部总线来的数据和从地址信号线上来的地址。输出数据虽被锁存，但不是稳定地出现在端口线上。其实，这里输出的数据往往也是一种地址，只不过是外部RAM的高8位地址。

注意事项：

P2口既可以作为地址总线(高位地址)，也可以作为通用I/O口使用。当作为通用I/O口使用时，多路转接开关MUX倒向锁存器Q端，其使用方法与P1口类似。作为输出口使用时无需接上拉电阻，作为输入口使用时，应区分读引脚和读锁存器，读引脚时应先向锁存器写“1”。

3.1.4　P3 口

P3 口的字节地址为 B0H，位地址为 B0H～B7H。P3 口是一个多功能口，它除了可以作为 I/O 口外，还具有第二功能，P3 端口的一位结构如图 3.9 所示。

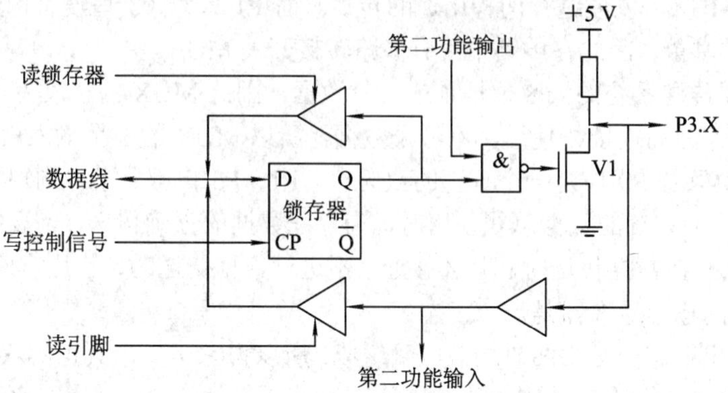

图 3.9　P3 口一位内部结构

P3 端口和 P1 端口的结构相似，区别仅在于 P3 端口的各端口线有两种功能选择。当处于第一功能时，第二功能输出线为 1，此时，内部总线信号经锁存器和场效应管输入/输出，其作用与 P1 端口作用相同，也是准双向 I/O 端口。当处于第二功能时，锁存器输出 1，通过第二输出功能线输出特定的内含信号。在输入方面，既可以通过缓冲器读入引脚信号，还可以通过替代输入功能读入片内的特定第二功能信号。由于输出信号锁存并且有双重功能，故 P3 端口为静态双功能端口。P3 口的第二功能如表 3.2 所示。

表 3.2　P3 口的第二功能

端　口　功　能	第　二　功　能
P3.0	RXD — 串行输入(数据接收)口
P3.1	TXD — 串行输出(数据发送)口
P3.2	$\overline{\text{INT0}}$ — 外部中断 0 输入线
P3.3	$\overline{\text{INT1}}$ — 外部中断 1 输入线
P3.4	T0 — 定时器 0 外部输入
P3.5	T1 — 定时器 1 外部输入
P3.6	$\overline{\text{WR}}$ — 外部数据存储器写选通信号输出
P3.7	$\overline{\text{RD}}$ — 外部数据存储器读选通信号输入

在应用中，如不设定 P3 端口各位的第二功能($\overline{\text{WR}}$、$\overline{\text{RD}}$ 信号的产生不用设置)，则 P3 端口线自动处于第一功能状态，也就是静态 I/O 端口的工作状态。在更多的场合下是根据应用的需要，把几条端口线设置为第二功能，而另外几条端口线处于第一功能运行状态。在这种情况下，不宜对 P3 端口做字节操作，需采用位操作的形式。

3.1.5 P0～P3端口电路小结

前面介绍了MCS-51单片机的P0～P3端口的电路和功能，下面把这些端口在使用中一些应该注意的问题归纳如下：

P0～P3端口都是并行I/O口，都可用于数据的输入和输出，但P0口和P2口除了可进行数据的输入和输出外，通常用来构建系统的数据总线和地址总线，所以在电路中有一个多路转接开关MUX，以便进行两种用途的转换。而P1口和P3口没有构建系统的数据总线和地址总线的功能，因此在电路中没有多路转接开关MUX。由于P0口可作为地址/数据复用线使用，需传送系统的低8位地址或8位数据，因此MUX的一段为“地址/数据”信号。而P2口仅作为高地址线使用，不涉及数据，所以MUX的一个输入信号为“地址”。

在4个口中只有P0口是一个真正的双向口，P1～P3口都是准双向口。原因是在应用系统中，P0口作为系统的数据总线使用时，为保证数据的正确传送，需要解决芯片内外的隔离问题，即只有在数据传送时芯片才接通，不进行数据传送时，芯片内外处于隔离状态。为此，要求P0的输出缓冲器是一个三态门。

在P0口输出三态门是由两只场效应管组成，所以说它是一个真正的双向口。而其他的三个口中，上拉电阻代替P0口中的场效应管，输出缓冲器不是三态的，因此不是真正的双向口，只能称其为准双向口。

P3口的口线具有第二功能，为系统提供一些控制信号。因此在P3口电路中增加了第二功能控制逻辑，这是P3口与其他口的不同之处。

3.1.6 单片机并行口的应用

在没有外扩任何芯片时，MCS-51单片机内部并行口可以作为输出口，直接与输出外设连接，常用的输出外设是发光二极管； MCS-51单片机内部并行口也可以作为输入口，直接与输入外设连接，常用的输入外设是开关。

用P1～P3端口驱动LED发光二极管，P1～P3端口每一位的驱动能力，只有P0的一半。当端口的某一位为高电平时，可提供较小的电流；当端口的某位为低电平时，可提供较大的灌电流，如低电平允许提高，灌电流可相应加大。所以，任一个端口想获得加大的驱动能力，只能用低电平输出。例如，使用单片机的并行端口P1～P3直接驱动发光二极管，电路如图3.10所示。

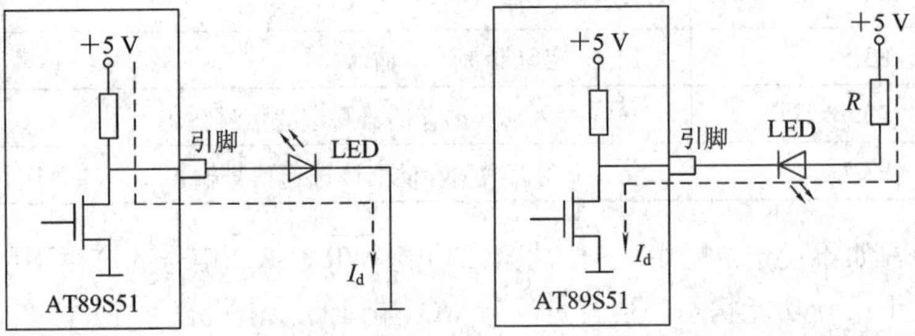

(a) 不正确的连接，高电平驱动　　(b) 正确的连接，低电平驱动

图3.10　发光二极管与单片机并行口的直接连接

P0 端口在“读—修改—写”指令时，从端口输入(读)信号，在单片机内加以运算(修改)后，再输出(写)到该端口上。下面是几条“读—修改—写”指令的例子。

```
P0 = P0 & 0x3f;        ; P0 与立即数 3Fh 相与后结果送 P0
P0 = P0 | ACC;         ; P0 与累加器 A 相或后结果送 P0
P0 = P0 + 1;           ; P0 增一
P0 = P0 - 1;           ; P0 减一
```

这样安排的原因在于“读—修改—写”指令需要得到端口原输出的状态，修改后再输出，读锁存器而不是读引脚，可以避免因外部电路的原因而使原端口的状态被读错。

3.2　C 语言基础知识

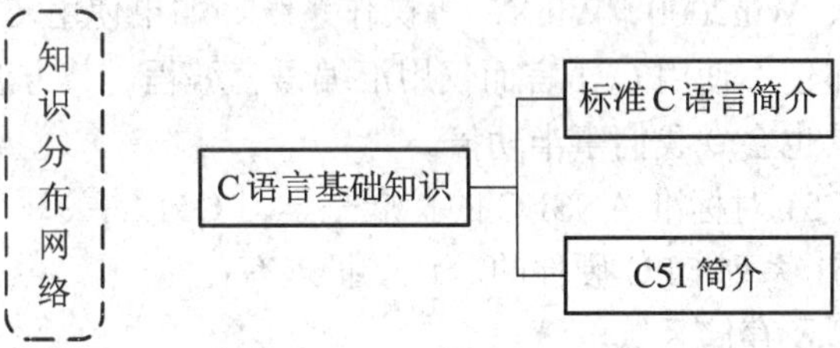

3.2.1　C 语言简介

产生于 20 世纪 70 年代的 C 语言是一个通用的高级编程语言，它有灵活的语法，提供了结构化的编程手段和丰富的操作符。使用 C 语言我们可以编写出高效的代码。C 语言不是为任何特殊应用领域而设计的，一般来说限制较少，可以为各种软件任务提供方便和有效的编程。在许多应用中，使用 C 语言比其他语言编程更方便和有效。尽管如此，由于计算机语言的发展，C 语言目前主要应用于嵌入式领域的开发。

当设计一个小的嵌入式系统时，很多人会使用汇编语言，在很多工程中，这是一个很好的方法，因为代码通常很少，而且都比较简单。如果硬件工程师要同时设计软件和硬件，经常会采用汇编语言来做程序，因为硬件工程师一般不熟悉像 C 一类的高级语言。然而使用汇编的问题在于它的可读性和可维护性很差，而且开发效率低下，代码的可重用性也比较低。由于 C 语言具有很好的结构性和模块化特征，用 C 语言编写的程序更容易阅读和维护，而且由于模块化，用 C 语言编写的程序有很好的可移植性，功能化的代码能够很方便地从一个工程移植到另一个工程，从而减少了开发时间。使用 C 语言，程序员不必十分熟悉处理器的运算过程，这意味着对新的处理器也能很快上手，不必知道处理器的具体内部结构，使得用 C 编写的程序比汇编程序有更好的可移植性，大多数的微控制器(MCU，即 Micro Controller Unit，国内通常称为单片机)支持 C 语言编译器。

当然汇编语言依然有它的应用，用汇编语言编写的代码仍然是最高效的。在某些环境下，比如说效率必须放在第一位的时候，应该将相关代码用汇编语言编写，其它部分可以采用 C 语言编写，也就是 C 语言可以和汇编语言混合编程，以实现代码编写效率和执行效率的最优化。

3.2.2 C51 简介

本书中的许多代码是用 Keil C51 语言写的，本模块要介绍的是 Keil C51 语言，它是美国 Keil Software 公司(目前已被 ARM 公司收购)出品的 51 系列兼容单片机 C 语言软件开发系统，与汇编相比，C 语言在功能上、结构性、可读性、可维护性上有明显的优势，因而易学易用。Keil C51 完全支持标准 C 语言指令，并且在标准 C 语言基础之上做了扩展，增加了很多用来优化 8051 指令结构的 C 的扩展指令。C51 不是一个通用的 C 语言编译器，它首先的目标是生成针对 8051 的最快和最紧凑的代码。C51 具有 C 语言编程的弹性和高效的代码。

Keil 提供了包括 C 编译器、宏汇编、连接器、库管理和一个功能强大的仿真调试器等在内的完整开发方案，通过一个集成开发环境(μVision)将这些部分组合在一起。运行 Keil 软件需要 Win98、NT、Win2000、WinXP 等操作系统。如果使用 C 语言编程，那么 Keil 几乎就是不二之选，即使不使用 C 语言而仅用汇编语言编程，其方便易用的集成环境、强大的软件仿真调试工具也会令我们事半功倍。

深入理解并应用 C51 对标准 ANSI C 的扩展是学习 C51 的关键之一。因为大多数扩展功能都是直接针对 8051 系列 CPU 硬件的。这些扩展有：

(1) 8051 存储类型及存储区域。

(2) 存储模式。

(3) 存储类型声明。

(4) 变量类型声明。

(5) 位变量与位寻址。

(6) 特殊功能寄存器(SFR)。

(7) C51 指针。

(8) 函数属性。

下面是 Keil C51 扩展的关键字：

_at_	idata	sfr16	alien	interrupt	small
bdata	large	_task_	code	bit	pdata
using	reentrant	xdata	compact	sbit	data
sfr					

本模块后面将逐步介绍一些常用的关键字的用法。

3.3 C 语言数据与运算

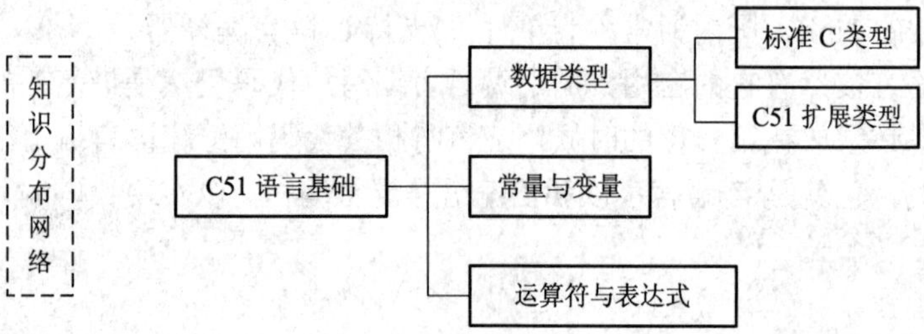

3.3.1　数据类型

Keil C有 ANSI C 的所有标准数据类型。除此之外，为了更加有利地利用8051 的结构，还加入了一些特殊的数据类型，如表3.3所示。

表3.3　Keil C的数据类型

数据类型	长 度	取 值 范 围
unsigned char	单字节	0～255
char	单字节	−128～+127
unsigned int	双字节	0～65 535
int	双字节	−32 768～+32 767
unsigned short	双字节	0～65535
short	双字节	−32 768～+32 767
unsigned long	四字节	0～4 294 967 295
long	四字节	−2 147 483 648～+2 147 483 647
float	四字节	±1.175494E-38～±3.402823E+38
double	四字节	±1.175494E-38～±3.402823E+38
*	1～3 字节	对象的地址
bit	位	0 或 1
sfr	单字节	0～255
sfr16	双字节	0～65535
sbit	位	0 或 1

注：灰色背景的是Keil C扩展的类型。

小提示：在C51中使用数据类型时一定要注意数据类型的取值范围，例如：数据类型定义为unsigned char i；i的取值范围在0～255，在延时程序中若给定的值超出了i的取值范围就不能按照预定的定时时间显示效果。

1. 标准C语言中的基本数据类型

在标准C语言中基本的数据类型为char、int、short、long、float和double、char、int、short、long 又分为有符号(signed, 通常省略不写)和无符号(unsigned)两类，在此不做详细叙述。

小提示：8051 系列单片机是 8 位计算机，因而处理 8 位数据效率最高。如果能够满足需求，一般应该将数据定义成8位的(unsigned char 或 char 类型)。

2. C51 扩展的数据类型

Keil C 中的指针类型与标准 C 有所不同，C51 编译器提供两个类型的指针：通用指针和指定存储区指针。通用指针用三个字节保存，第一个字节是存储类型，第二个是偏移的高字节，第三是偏移的低字节。通用指针可访问 8051 存储空间内的任何变量，许多 C51 库函数因而用了这些指针类型。通过这些通用指针，函数可以访问存储区中的所有数据。指定存储区的指针在指针的声明中包含一个存储类型标识符，指向一个确定的存储区。

此外，C51 扩展了 4 种类型。下面分别介绍。

(1) bit。

51 系列单片机具有很强的位处理能力，相应地，C51 提供了 bit 类型。bit 类型定义一个可直接位操作的二进制位，可用在变量声明、参数列表和函数返回值中。所有的 bit 变量放在 8051 内部存储区的位段(即 bdata 区)，因为这区域只有 16 字节长，所以在某个范围内只能声明最多 128 个位变量。

```
bit   flag;                /* bit 变量 */
static   bit done = 0;     /* 静态 bit 变量 */
```

一个位不能被定义为一个指针，例如

```
bit   *ptr;                /* 错误 */
```

不能用一个 bit 类型的数组，例如

```
bit   ware[5];             /* 错误 */
```

(2) sbit。

可用 sbit 类型的变量寻址在 bdata 区定义的变量的二进制位。用 bdata 存储类型定义的变量必须是全局的，必须如下定义变量：

```
int    bdata   ibase;      /* 可位寻址的 int 变量 */
char   bdata   bary[4];    /*可位寻址的数组 */
```

变量 ibase 和 bary 是位可寻址的，因此这些变量的每个位是可直接访问和修改的。用 sbit 关键字定义新的变量，以访问用 bdata 定义的变量的位。例如：

```
sbit  mybit0 = ibase^0;          /* bit o of ibase */
sbit  mybit15 = ibase^15;        /* bit 15 of ibase */
sbit   Ary07 = bary[0]^7;        /* bit 7 of bary[0] */
sbit   Ary37 = bary[3]^7;        /* bit 7 of bary[3] */
```

注意，上面的例子只是声明，并不分配上面定义的 ibase 和 bary 变量的位，例子中 ^ 符号后的表达式指定位的位置，这个表达式必须是常数，范围由声明中的基变量决定：char 和 unsigned char 的范围是 0 到 7，int、unsigned int、short 和 unsigned short 是 0 到 15，long 和 unsigned long 是 0 到 31。

声明中包含的 sbit 类型，要求基目标用存储类型 bdata 定义，唯一的例外是特殊功能寄存器变量，用 sfr 定义。

小提示：bit 和 sbit 都用来定义一个二进制位，目标都在位可寻址区(即 bdata 区)，但是二者有根本的不同。bit 定义会在 bdata 区分配一个二进制位，是真正意义上的变量定义。而 sbit 是在基目标的基础上声明一个二进制位，方便访问其中的某个二进制位，并不会分配空间。

(3) sfr 特殊功能寄存器。

sfr 也是 C51 扩充的数据类型，占用一个内存单元，值域为 0～255，利用它可以访问 51 单片机内部的所有特殊功能寄存器。

定义方法如下：sfr 特殊功能寄存器名=地址常数

例如：sfr P1=0x90；这一句定义为 P1 端口在片内的寄存器，在后面的语句中用 P1=0xff(对 P1 端口的所有引脚置高电平)之类的语句来操作特殊功能寄存器。

注意事项：

在关键字 sfr 后面必须跟一个标识符作为寄存器名，名字可任意选取，但应符合一般习惯。等号后面必须是常数，不允许有带运算符的表达式，而且该常数必须在特殊功能寄存器的地址范围之内(0x80～0xff)。

(4) sfr16 16 位特殊功能寄存器

在新一代的 8051 单片机中，特殊功能寄存器经常组合成 16 位来使用。采用关键字 sfr16 可以定义这种 16 位的特殊功能寄存器。sfr16 也是 C51 扩充的数据类型，占用两个内存单元，值域为 0～65 535。

例如，对于 8052 单片机的定时器 T2，可采用如下的方法来定义：

```
sfr16 T2=0xCC;     //定义 TIMER2，其地址为 T2L=0xCC，T2H=0xCD
```

这里 T2 为特殊功能寄存器名，等号后面是它的低字节地址，其高字节地址必须在物理上直接位于低字节之后。这种定义方法适用于所有新一代单片机中新增加的特殊功能寄存器。

下面是 reg51.h 文件的内容(类型 sfr、sbit 的说明请参见 3.3.5 数据类型部分)：

```
/*------------------------------------------------------------------------
REG51.H

Header file for generic 80C51 and 80C31 microcontroller.
Copyright (c) 1988-2002 Keil Elektronik GmbH and Keil Software, Inc.
All rights reserved.
------------------------------------------------------------------------*/

#ifndef __REG51_H__
#define __REG51_H__

/*  BYTE Register   */
sfr P0     = 0x80;
sfr P1     = 0x90;
sfr P2     = 0xA0;
```

```
sfr P3    = 0xB0;
sfr PSW   = 0xD0;
sfr ACC   = 0xE0;
sfr B     = 0xF0;
sfr SP    = 0x81;
sfr DPL   = 0x82;
sfr DPH   = 0x83;
sfr PCON = 0x87;
sfr TCON = 0x88;
sfr TMOD = 0x89;
sfr TL0   = 0x8A;
sfr TL1   = 0x8B;
sfr TH0   = 0x8C;
sfr TH1   = 0x8D;
sfr IE    = 0xA8;
sfr IP    = 0xB8;
sfr SCON = 0x98;
sfr SBUF = 0x99;

/*   BIT Register   */
/*   PSW    */
sbit CY    = 0xD7;
sbit AC    = 0xD6;
sbit F0    = 0xD5;
sbit RS1   = 0xD4;
sbit RS0   = 0xD3;
sbit OV    = 0xD2;
sbit P     = 0xD0;

/*   TCON   */
sbit TF1   = 0x8F;
sbit TR1   = 0x8E;
sbit TF0   = 0x8D;
sbit TR0   = 0x8C;
sbit IE1   = 0x8B;
sbit IT1   = 0x8A;
sbit IE0   = 0x89;
sbit IT0   = 0x88;
```

```
/*  IE    */
sbit EA     = 0xAF;
sbit ES     = 0xAC;
sbit ET1    = 0xAB;
sbit EX1    = 0xAA;
sbit ET0    = 0xA9;
sbit EX0    = 0xA8;

/*  IP    */
sbit PS     = 0xBC;
sbit PT1    = 0xBB;
sbit PX1    = 0xBA;
sbit PT0    = 0xB9;
sbit PX0    = 0xB8;

/*  P3   */
sbit RD     = 0xB7;
sbit WR     = 0xB6;
sbit T1     = 0xB5;
sbit T0     = 0xB4;
sbit INT1 = 0xB3;
sbit INT0 = 0xB2;
sbit TXD    = 0xB1;
sbit RXD    = 0xB0;

/*  SCON   */
sbit SM0    = 0x9F;
sbit SM1    = 0x9E;
sbit SM2    = 0x9D;
sbit REN    = 0x9C;
sbit TB8    = 0x9B;
sbit RB8    = 0x9A;
sbit TI     = 0x99;
sbit RI     = 0x98;

#endif
```

从上面代码中可以看出，该头文件中定义了单片机内部所有的功能寄存器，包括前面所讲的 sfr 和 sbit 这两个关键字，在程序中可以直接操作 P0～P3 口。

3.3.2 常量与变量

1. 常量

在程序运行过程中，其值不能被改变的量称为常量。根据数据类型来划分，常量分为整型常量、浮点型常量、字符型常量，还有字符串常量。

(1) 整型常量。

整型常量可以是长整型、短整型、有符号型、无符号型，其取值范围取决于类型的大小。可以指定一个整型常量为十进制、八进制或十六进制，如以下分别定义了十进制、十六进制、八进制常量：

-129　　　0x12fe　　　0177

常量的前面有符号 0x，这个符号表示该常量是十六进制表示。如果前面的符号只有一个数字 0，那么表示该常量是八进制。有时我们在常量的后面加上符号 L 或者 U，来表示该常量是长整型或者无符号整型：

12358L　　　0x3edL　　　5000U

后缀可以是大写，也可以是小写。

(2) 浮点型常量。

一个浮点型常量由整数和小数两部分构成，中间用十进制的小数点隔开。有些浮点数非常大或者非常小，用普通方法不容易表示，可以用指数方法表示。比如：3.14159 是小数形式，而 1.2345E-12 和 2.2323E+101 都是指数形式(如同数学里面的科学计数法)。

浮点常数只有一种进制(十进制)，绝对值小于 1 的浮点数，其小数点前面的零可以省略。如，0.22 可写为 .22，-0.0015E-3 可写为 -.0015E-3。

(3) 字符型常量。

字符型常量所表示的值是字符型变量所能包含的值，我们可以 ASCII 表达式来表示一个字符型常量，或者用转义字符来表示一个字符型常量。

'A'　　　'\n'　　　'\x2f'　　　'\013'

单引号内加反斜杠表示转义字符，\x 表示字符 ASCII 编码的十六进制形式，\0 表示字符 ASCII 编码的八进制数形式。如表 3.4 所示。

表 3.4 转义字符

转义字符	含义	ASCⅡ码(16/10 进制)
\o	空字符(NULL)	00H/0
\n	换行符	0AH/10
\r	回车符(CR)	0DH/13
\t	水平制表符	09H/9
\b	退格符	08H/8
\f	换页符	0CH/12
\'	单引号	27H/39
\"	双引号	22H/34
\\	反斜杠	5CH/92

(4) 字符串常量。

字符串常量就是一串字符，用双引号括起来表示。字符串常量是一对用双引号括起来的若干字符序列。字符串中字符的个数称为字符的长度，长度为 0 的字符串称为空串。C 语言中存储字符串常量时，系统会在字符串的末尾自动加一个‘\0’作为字符串结束的标志。例如：

"Hello, World!"

(5) 位类型。

位类型的值是一个二进制。

【例 3.1】 以上提到的都是字面常量(又称直接常量)，C 语言中还有符号常量。下面的程序计算圆的面积(此例子仅为说明符号常量的使用，并不适合在单片机上运行)，其中使用了圆周率 3.14。

```
#include <stdio.h>
void main ( )
{
    double   r;
    printf("请输入圆半径：");
    scanf("%lf", &r);
    printf("圆面积:%.3f", 3.14 * r * r);
}
```

在程序中直接使用字面常量值的做法一般而言不是什么好习惯，因为很多时候程序难以阅读且难以修改。可以使用符号常量，给字面常量值取一个有意义的名字，程序如下：

```
#include <stdio.h>
#define   PI   3.1415926
void main ( )
{
    double   r;
    printf(" 请输入圆半径： ");
    scanf("%lf", &r);
    printf("圆面积:%.3f", PI * r * r);
}
```

小提示：对宏的处理，在编译过程中称为“预处理”。也就是说在正式编译前，编译器必须先将代码出现的宏，用其相应的宏值替换，这个过程有点类似在文字处理软件中的查找替换。完成预处理后，所有原来的“PI”都成了立即数 3.1415926。在上面的语句中，程序中凡是用到 3.1415926 的地方都可以使用 PI 这个宏来取代。作为一种建议和大家的习惯，宏名称经常使用全部大写的字母。

2. 变量

变量代表内存中具有特定属性的一个存储单元，它用来存放数据，这就是变量的值，在程序运行期间，这些值是可以改变的。变量名实际上是以一个名字对应代表一个地址，在对程序编译连接时由编译系统给每一个变量名分配对应的内存地址。从变量中取值，实际上是通过变量名找到相应的内存地址，从该存储单元中读取数据。

C语言规定变量名(标识符)只能由字母、数字和下划线三种字符组成，且第一个字符必须为字母或下划线。变量必须先定义后使用。C语言区分大小写，也就是说，ABC和abc是2个不同的变量。

C语言中的变量分为全局变量和局部变量。

(1) 局部变量。

```
main()
{
    int i=10;     /*局部变量i，其有效范围只main 函数内*/
    i=i+1;
        ⋮
}
```

局部变量的默认类型为auto，存放在动态存储区的栈中，随着函数调用的结束而弹出释放，生命周期为定义该变量的函数的生命周期。而静态变量(static)存放在静态存储区内，某个特定函数的局部变量，只能在该函数中使用，但它与自动变量不同的是，不管其所在函数是否被调用，它都一直存在，而不像自动变量那样，随着所在函数的被调用和退出而存在和消失。一般用于不丢失、不重复的计数。

(2) 全局变量。

例如：

```
char delay;   全局变量声明
main( )
{
    delay=10;
}
void f1(void)
{
    delay= delay +1;                    变量delay的有效范围
}
void f1(void)
{
    delay= delay *10;
}
void f1(void)
{
    delay= delay +10;
}
```

全局变量声明在函数之外，默认为 extern 类型，全局变量(extern)对全局可见，不仅可以在文件内调用，还可以在文件外使用。而内部变量则只可以在定义该变量的文件内使用，因此不会和同一程序其他文件中相同名字的变量冲突。全局变量一般存放在系统的静态存储区里。

小提示： 字符型常量没有十进制的转义形式。C 语言中没有字符串变量，可以使用字符数组代替字符串变量。

程序中多使用符号常量。

在选择变量名和其它标识符时，应注意做到“见名知意”，即选有含意的英文单词(或其缩写)作标识符。

【例 3.2】 通过 P1 口来依次点亮 8 个 LED 灯。

```
#include<reg51.h>
void Delay(unsigned int i)          //延时程序，i 是形式参数
{
    unsigned int j, k;
    for(k=0; k<i; k++)
        for(j=0; j<125; j++);
}
void main()
{
    while(1)
    {
        P1=0xff;                    //P1 口灯全灭
        Delay(500);                 //延时
        P1=0xfe;                    //点亮 P1.0 灯
        Delay(500);                 //延时
        P1=0xfd;                    //点亮 P1.1 灯
        Delay(500);                 //延时
        P1=0xfb;                    //点亮 P1.2 灯
        Delay(500);                 //延时
        P1=0xf7;                    //点亮 P1.3 灯
        Delay(500);                 //延时
        P1=0xef;                    //点亮 P1.4 灯
        Delay(500);                 //延时
        P1=0xdf;                    //点亮 P1.5 灯
        Delay(500);                 //延时
        P1=0xbf;                    //点亮 P1.6 灯
        Delay(500);                 //延时
        P1=0x7f;                    //点亮 P1.7 灯
```

```
            Delay(500);                    //延时
        }
    }
```

以上程序可以通过仿真软件建立的电路实现，P1 口外接的 8 只灯依次点亮，呈流水灯闪亮。也可以通过更改 P1 口的数据，来改变 P1 的输出状态，使 P1 口的外接灯呈不同的花样进行显示。

3.3.3 运算符和表达式

1. 运算符

运算符就是完成某种特定的运算的符号。运算符按其表达式中与运算符的关系可分为单目运算符、双目运算符和三目运算符。单目就是指需要有一个运算对象，双目就要求有两个运算对象，三目则要三个运算对象。

C 语言的内部运算符很丰富，运算符代表计算机执行的某种操作。表 3.5 给出了 C 语言提供的运算符及其优先级和结合性。C 语言运算符的运算优先级共分为 15 级，1 级最高，15 级最低。在表达式中，优先级较高的先于优先级较低的进行运算。在一个操作数两侧的运算符优先级相同时，则按运算符的结合性所规定的结合方向处理。C 语言中各运算符的结合性分为两种，即左结合性(自左至右)和右结合性(自右至左)。例如算术运算符的结合性是自左至右，即先左后右，如有表达式 x–y+z 则 y 应先与“–”号结合，执行 x–y 运算，然后再执行 +z 的运算，这种自左至右的结合方向就称为左结合性，而自右至左的结合方向称为右结合性。最典型的右结合性运算符是赋值运算符，如 x=y=z，由于赋值运算的右结合性，应先执行 y=z，再执行 x=(y=z)运算。C 语言运算符中有不少为右结合性，应注意区别，以避免理解错误。

表 3.5　C 语言提供的运算符

优先级	运算符	名称或含义	使 用 形 式	结合方向	说明
1	[]	数组下标	数组名[常量表达式]	左到右	
	()	圆括号	(表达式)/函数名(形参表)		
	.	成员选择(对象)	对象.成员名		
	->	成员选择(指针)	对象指针->成员名		
2	-	负号运算符	-表达式	右到左	单目运算符
	(类型)	强制类型转换	(数据类型)表达式		
	++	自增运算符	++变量名/变量名++		单目运算符
	--	自减运算符	--变量名/变量名--		单目运算符
	*	取值运算符	*指针变量		单目运算符
	&	取地址运算符	&变量名		单目运算符
	!	逻辑非运算符	!表达式		单目运算符

续表一

优先级	运算符	名称或含义	使用形式	结合方向	说明
2	~	按位取反运算符	~表达式		单目运算符
	sizeof	长度运算符	sizeof(表达式)		
3	/	除	表达式/表达式	左到右	双目运算符
	*	乘	表达式*表达式		双目运算符
	%	余数(取模)	整型表达式/整型表达式		双目运算符
4	+	加	表达式+表达式	左到右	双目运算符
	-	减	表达式-表达式		双目运算符
5	<<	左移	变量<<表达式	左到右	双目运算符
	>>	右移	变量>>表达式		双目运算符
6	>	大于	表达式>表达式	左到右	双目运算符
	>=	大于等于	表达式>=表达式		双目运算符
	<	小于	表达式<表达式		双目运算符
	<=	小于等于	表达式<=表达式		双目运算符
7	==	等于	表达式==表达式	左到右	双目运算符
	!=	不等于	表达式!= 表达式		双目运算符
8	&	按位与	表达式&表达式	左到右	双目运算符
9	^	按位异或	表达式^表达式	左到右	双目运算符
10	|	按位或	表达式|表达式	左到右	双目运算符
11	&&	逻辑与	表达式&&表达式	左到右	双目运算符
12	||	逻辑或	表达式||表达式	左到右	双目运算符
13	?:	条件运算符	表达式 1? 表达式 2: 表达式 3	右到左	三目运算符
14	=	赋值运算符	变量=表达式	右到左	
	/=	除后赋值	变量/=表达式		
	*=	乘后赋值	变量*=表达式		
	%=	取模后赋值	变量%=表达式		
	+=	加后赋值	变量+=表达式		
	-=	减后赋值	变量-=表达式		
	<<=	左移后赋值	变量<<=表达式		
	>>=	右移后赋值	变量>>=表达式		
	&=	按位与后赋值	变量&=表达式		

续表二

优先级	运算符	名称或含义	使用形式	结合方向	说明
14	^=	按位异或后赋值	变量^=表达式		
	|=	按位或后赋值	变量|=表达式		
15	,	逗号运算符	表达式, 表达式, …	左到右	从左向右顺序运算

小提示：结合性仅仅是先给谁加括号的问题，而不是先计算谁的问题(切记)。比如 a+b+c(优先级相同的运算符一定具有相同的结合性)，如果是右结合，那么就是 a+(b+c)；如果是左结合，那么就是(a+b)+c。C 语言没有指定同一运算符中多个操作数的计算顺序(&&、||、？：和，运算符除外)。例如，在形如 x = f() + g(); 这样的语句中，f()可以在 g()之前计算，也可以在 g()之后计算。

？：运算符、，运算符以及&&和||运算符的计算顺序是从左到右。&&和||运算符还存在短路计算，即如果&&运算符左边的结果为假，其右边的表达式将不再计算，如果 || 运算符左边的结果为真，其右边的表达式将不再计算。

Keil C51 没有扩展标准 C 语言的运算符。本书中会使用到 C51 中的大部分运算符，可参考表 3.5 理解这些运算符的使用，它们的使用通常比较直接。

一般而言，C51 针对硬件编程，很多时候需要直接操作某些二进制位，所以如果在 C51 中灵活地使用位运算，可以有效地提高程序的运行效率。C 语言提供了六种位运算符：& 、|、^、~、<<、>>。下面介绍这些位运算符的用法。

(1) 按位与运算。

按位与运算符“&”是双目运算符，其功能是参与运算的两数各对应的二进位相与。只有对应的两个二进位均为 1 时，结果位才为 1，否则为 0。参与运算的数以补码方式出现。

例如：9 & 5 可写算式如下(以二进制形式写出)：

00001001 & 00000101 = 00000001

因此，9 & 5 的结果是 1。

按位与运算通常用来对某些位清 0 或保留某些位。例如把 ACC 的高 4 位清 0，保留低 4 位，可作 ACC & 0x0f 运算。再比如：

```
/*0x35 写成二进制：00110101，即清除累加器 A 的第 7、6、3、1 位，也可以认为是保留了累加器 A 中的第 5、4、2、0 位*/
ACC = ACC & 0x35;
```

(2) 按位或运算。

按位或运算符“|”是双目运算符，其功能是参与运算的两数各对应的二进位相或。只要对应的二个二进位有一个为 1 时，结果位就为 1。参与运算的两个数均以补码出现。

例如：9|5 可写算式如下：

00001001 | 00000101 = 00001101

因此，9 | 5 的结果是 13。

按位或运算通常用来将源操作数某些位置 1，其它位不变。比如：

```
/*将累加器 A 的第 7、6、3、1 位设置成 1，其它位不变*/
```

ACC = ACC | 0x35;

(3) 按位异或运算。

按位异或运算符“^”是双目运算符，其功能是参与运算的两数各对应的二进位相异或，当两对应的二进位相异时，结果为 1。参与运算数仍以补码出现。

例如 9^5 可写成算式如下：

00001001 ^ 00000101 = 00001100

因此，9 ^ 5 的结果是 12。

按位异或运算通常用来将源操作数某些特定位的值取反。比如：

```
/*将累加器 A 的第 7、6、3、1 位取反，其它位不变*/
ACC = ACC ^ 0x35;
```

(4) 求反运算。

求反运算符～为单目运算符，具有右结合性，其功能是对参与运算的数的各二进位按位求反。例如～9 的运算为： ~(00001001)结果为：11110110。

(5) 左移运算。

左移运算符“<<”是双目运算符，其功能是把“<< ”左边的运算数的各二进位全部左移若干位，由“<<”右边的数指定移动的位数，高位丢弃，低位补 0。例如： ACC << 4 指把 ACC 的各二进位向左移动 4 位。假如 ACC 中的内容为 00000101(十进制 5)，左移 4 位后为 01010000(十进制 80)。

(6) 右移运算。

右移运算符“>>”是双目运算符，其功能是把“>> ”左边的运算数的各二进位全部右移若干位，“>>”右边的数指定移动的位数。

【例 3.3】 要求 P1 口 8 只 LED 灯先全部点亮，然后依次熄灭，再重复以上过程。

```
#include<reg51.h>
void Delay(unsigned int i)        //延时程序，i 是形式参数
{
    unsigned int j, k;
    for(k=0; k<i; k++)              //变量 i 由实际参数传入一个值，因此 i 不能赋初值
        for(j=0; j<125; j++);
}
void main()
{
    while(1)
    {   P1=0x00;             //点亮 8 只 LED
        Delay(1000);          //延时
        P1=P1|0x01;          //熄灭 LED1
        Delay(1000);          //延时
        P1=P1|0x03;          //熄灭 LED1, LED2
        Delay(1000);          //延时
        P1=P1|0x07;          //熄灭 LED1, LED2, LED3
```

```
        Delay(1000);        //延时
        P1=P1|0x0f;         //熄灭 LED1, LED2, LED3，LED4
        Delay(1000);        //延时
        P1=P1|0x1f;         //熄灭 LED1, LED2, LED3，LED4, LED5
        Delay(1000);        //延时
        P1=P1|0x3f;         //熄灭 LED1, LED2, LED3，LED4, LED5, LED6
        Delay(1000);        //延时
        P1=P1|0x7f;         //熄灭 LED1, LED2, LED3，LED4, LED5, LED6，LED7
        Delay(1000);        //延时
        P1=P1|0xff;         //熄灭全部 LED
        Delay(1000);        //延时
    }
}
```

2. 表达式

表达式则是由运算及运算对象所组成的具有特定含义的式子。C 语言是一种表达式语言，表达式后面加“;”号就构成一个表达式语句。表达式由常量、变量、运算符组合而成。任何表达式都返回结果值，表达式返回的结果值是有类型的。表达式隐含的数据类型取决于组成表达式的变量和常量的类型。

任务 4　流　水　灯

有了前面控制 8 个 LED 发光二极管闪烁的基础，我们进一步做一个流水灯的效果。

1. 任务目的

进一步熟悉单片机并行口的操作，了解单片机 C 语言循环语句的使用。

2. 任务要求

控制 8 个 LED 发光二极管循环依次点亮。

3. 硬件电路

本实验的硬件电路设计与任务 3 完全相同(如图 3.2 所示)，通过 P0 口控制 8 个 LED 灯，低电平亮，高电平灭。

4. 程序设计

```
#include<reg51.h>
void delay(int ms);
void main()
{
    while(1)
    {
```

```
            if( P0 == 0xff ) P0 = 0xfe;
            delay(400);
            P0 <<= 1;
            P0 |= 1;
        }
    }

    void delay(int ms)
    {
        int i, j;
        for(i = 0; i < ms; i++)
            for(j = 0; j < 120; j++);
    }
```

单片机复位后，P0 口的值为 0xff，语句 if(P0 == 0xff) P0 = 0xfe; 将 P0 设定为初始点亮一盏 LED 灯。延时之后，改变 P0 的值，熄灭当前点亮的灯，同时点亮下一盏灯，这是通过将 P0 口循环移位来实现的。

第 1 次是机器复位时的状态，第 10 次又回到此状态。重复这个过程，依次点亮 8 个 LED 灯。完成一轮 8 个灯的流水之后，P0 口会变成 0xff，再一次通过 if 语句改变 P0 口的值，程序将重复后面的逻辑。

本程序中使用 2 条语句实现 P0 口的循环移位，我们也可以包含 intrins.h 头文件，此文件包含一些移位函数，使用这些函数可以简化代码，修改后的程序如下：

```
#include<reg51.h>
# include<intrins.h>
void delay(int ms);
void main()
{
    P0 = 0xfe;
    while(1)
    {
        delay(400);
        P0 = _crol_(P0, 1);
    }
}
void delay(int ms)
{
    int i, j;
    for(i = 0; i < ms; i++)
        for(j = 0; j < 120; j++);
}
```

函数_crol_在内部函数库 intrins.h 中，_crol_表示循环左移，(P0, 1)中“P0”表示要移位的对象为 P0，“1”表示移动的位数为一位。函数_crol_(P0, 1)表示将 P0 口循环左移一位。

3.4 C 语言的基本语句

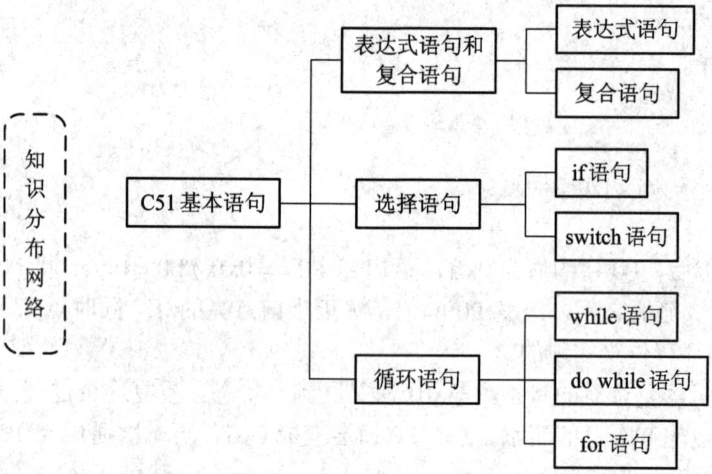

3.4.1 表达式语句和复合语句

1. 表达式语句

C 语言的表达式由运算符、常量及变量构成。通常 C 语言表达式的运算基本遵循一般数学规则。同一表达式中允许出现不同类型常量及变量，C 语言将它们变换为同一类型的量，C 语言的编译程序将所有操作数变换为与最大类型操作数同类型，变换以一次一个运算的方式进行。在 51 单片机的 C 语言中，则是加入分号“;”构成表达式语句。

例如：

```
a=b*10;
i++;
```

2. 复合语句

复合语句是用花括号括起来的语句序列。C 语言中的语句简单地划分为单条语句和复合语句两类。单条语句是指只有一条语句，而复合语句是指多条语句的总称。但是，多条语句用花括号括起来才称复合语句，没有用花括号括起的若干条单条语句只能称为语句序列。所以，复合语句是一种特殊的语句序列，它被一对花括号括起来，它在程序中被看做是一条语句。一般地说，凡是可以出现一条语句的地方都可以出现复合语句。

复合语句是 C 语言程序中常用的语句形式之一。在复合语句内部还可以包含有复合语句，即复合语句可以嵌套。复合语句常用作 if 语句的 if 体、else 体和 else if 体以及循环语句的循环体等。

3.4.2　选择语句

现代高级语言提供了三种结构用于程序设计：顺序结构、选择结构和循环结构。选择结构又称为分支结构，在选择结构程序设计中，根据条件的判断情况需要选择不同的语句组执行。C 语言提供了 if 语句和 switch 语句实现选择结构。if 语句根据给定的条件表达式进行判断，决定执行某个分支中的程序段。switch 语句根据给定的整型表达式的值进行判断，然后决定执行多个分支中的某一个分支。

1. if 语句

if 语句有两种形式。第一种形式：

```
if(表达式)
   语句块 1;
else
   语句块 2;
```

其语义是：如果表达式的值为真，则执行语句块 1，否则执行语句块 2，其流程如图 3.11 所示。

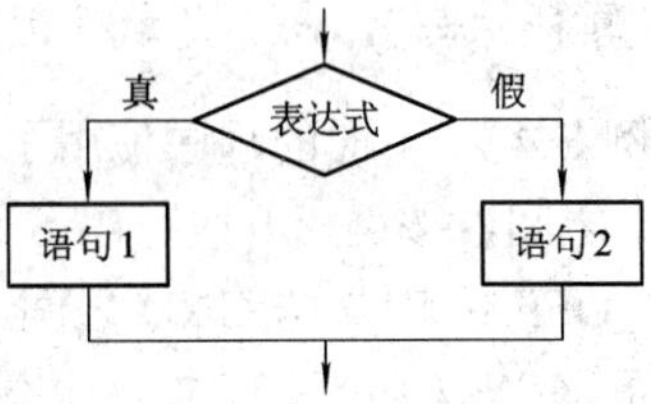

图 3.11　双分支结构的 if 语句

第二种形式：

```
if(表达式)
   语句块
```

其语义是：如果表达式的值为真，则执行其后的语句，否则不执行该语句，其过程可表示如图 3.12 所示。

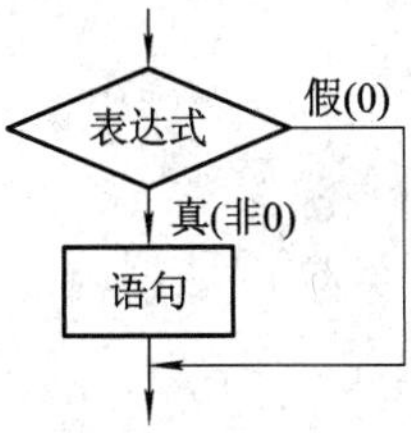

图 3.12　单分支结构的 if 语句

单个 if 语句只能用于两个分支的情况。当有多个分支选择时，可采用嵌套的 if 语句。如果嵌套的 if 语句的 else 分支仅包含一条 if 语句，则可以写成多条件分支形式：

```
if(表达式 1)
     语句 1;
else  if(表达式 2)
     语句 2;
else  if(表达式 3)
     语句 3;
     …
else  if(表达式 m)
     语句 m;
else
     语句 n;
```

其语义是：依次判断表达式的值，当出现某个值为真时，则执行其对应的语句。然后跳到整个 if 语句之外继续执行程序。如果所有的表达式均为假，则执行语句 n。然后继续执行后续程序。if-else-if 语句的执行过程如图 3.13 所示。

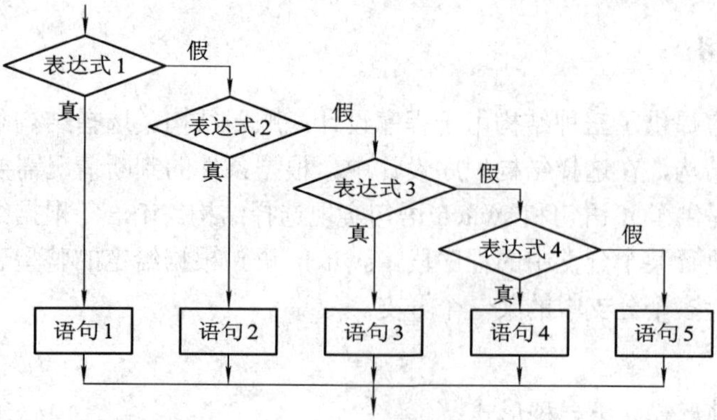

图3.13　多条件分支结构的if语句

小提示： 在使用if语句时一定要注意if语句的格式，在if后面的括号中是关系运算符“==”，而不是赋值运算符“=”，如if(a==0)。

【例3.4】 下面的程序使用了带有肯定分支的if语句。一个按键KEY_ON接在P1.6与GND之间，按键松开时，P1.6读入高电平，按键按下时，P1.6读入低电平；另一个按键KEY_OFF接P1.7与GND之间。P1.1接一个LED发光二极管，按下KEY_ON后LED亮，按下KEY_OFF后LED灭。同时按下LED半亮，LED保持后松开键的状态，即ON亮OFF灭，如图3.14所示。

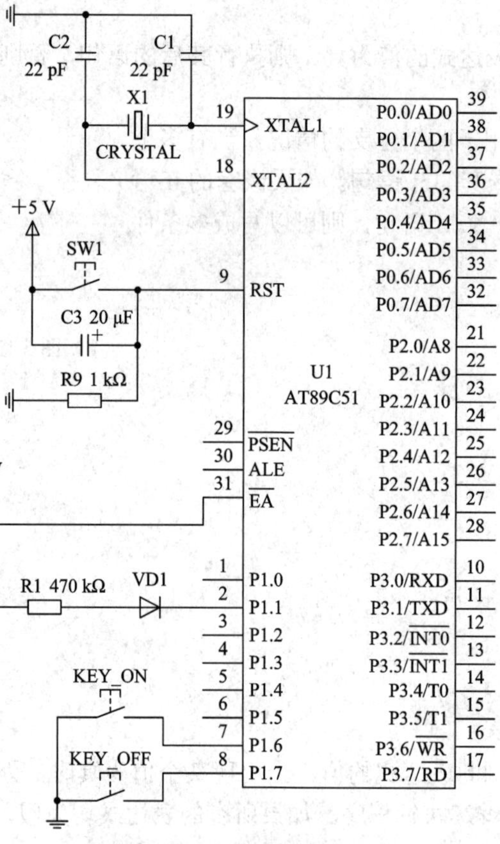

图3.14　if语句的应用

程序如下：

```
#include <reg51.h>
sbit LED=P1^1;
sbit KEY_ON=P1^6;
sbit KEY_OFF=P1^7;
void main()
{
    /* 松开按键后，都不给 LED 赋值，所以 LED 保持最后按键状态。
    同时按下时，LED 不断亮灭，各占一半时间，交替频率很快，由于人眼惯性，看上去为
    半亮态. */
    while(1)
    {
        if( KEY_ON == 0 )                //如果 KEY_ON 按下， LED 亮
            LED = 1;
        if( KEY_OFF == 0 )           //是 KEY_OFF 按下， LED 灭
            LED = 0;
    }
}
```

【例 3.5】 如图 3.15 所示，利用 4 个按键控制蜂鸣器发音。4 个按键分别连接至 P1 的第 4 至第 7 个引脚，蜂鸣器连接至 P3.7，按下不同的按键，蜂鸣器发出不同的声音。

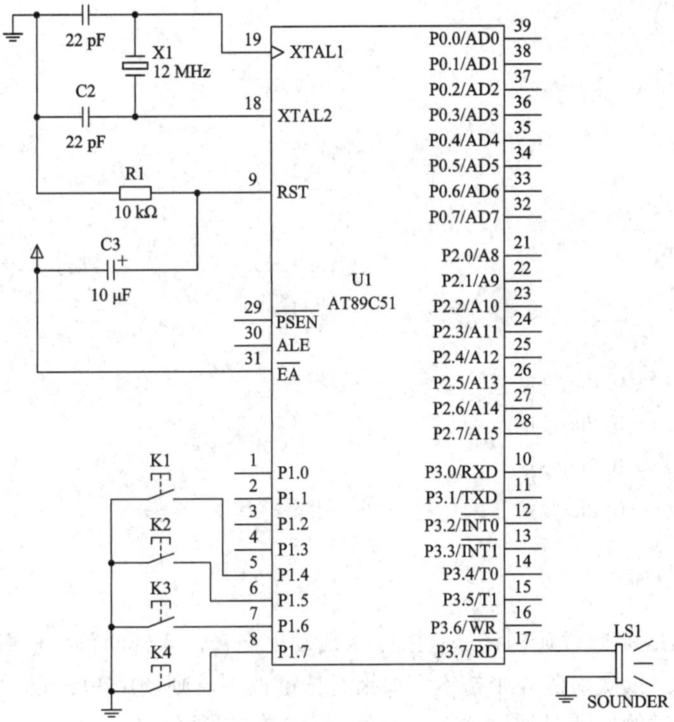

图 3.15　4 个按键控制发音

```
#include <reg51.h>
sbit BEEP = P3^7;
sbit K1    = P1^4;
sbit K2    = P1^5;
sbit K3    = P1^6;
sbit K4    = P1^7;
void DelayMS(unsigned int x)
{
    unsigned char t;
    while(x--)
    {
        for(t = 0; t < 120; t++);
    }
}
void Play(unsigned char t)
{   unsigned char i;
    for(i = 0; i < 100; i++)
    {
        BEEP = ~BEEP;
        DelayMS(t);
    }
    BEEP = 0;
}
void main()
{
    P1 = 0xff;
    while(1)
    {
        if(K1 == 0) Play(1);
        if(K2 == 0) Play(2);
        if(K3 == 0) Play(3);
        if(K4 == 0) Play(4);
    }
}
```

函数 DelayMS 是软件延时函数，Play 函数发出声音，声音的频率根据参数确定。主函数在无限循环中，依次检测 4 个按键，如果有按键按下，则调用 Play 函数使蜂鸣器发出不同的声音。对按键的检测是通过 4 个只有肯定分支的 if 语句实现的。

2. switch 语句

前面学习了 if 语句，用多个 if 语句可以实现多方向条件分支，但是可以发现，使用过多的 if 语句实现多方向分支会使条件语句嵌套过多，程序冗长，很不好读。这时如果使用开关语句，不但可以达到处理多分支选择的目的，而且还可以使程序结构清晰。开关语句的语法如下：

```
switch(表达式)
{
    case 常量表达式 1:
        语句块 1;
        break;
    case 常量表达式 2:
        语句块 2;
        break;
    …
    case 常量表达式 n:
        语句块 n;
        break;
    default :
        语句块 n+1;
        break;
}
```

其语义是：计算表达式的值，并逐个与其后的常量表达式值相比较，当表达式的值与某个常量表达式的值相等时， 即执行其后的语句，然后不再进行判断，也就不再继续执行后面所有 case 后的语句。如表达式的值与所有 case 后的常量表达式均不相同时，则执行 default 后的语句。

在使用 switch 语句时还应注意以下几点：

(1) 在 case 后的各常量表达式的值不能相同，否则会出现错误。

(2) 在 case 后，允许有多个语句，可以不用{}括起来。

(3) 各 case 和 default 子句的先后顺序可以变动，而不会影响程序执行结果。

(4) default 子句可以省略不用。

(5) break 用于结束 switch 语句，可根据实际情况决定是否使用。

小提示：如果在 case 语句中遗忘了 break，则程序在执行了本行 case 选择之后，不会再按规定退出 switch 语句，而是将执行后续的 case 语句。有经验的程序员可以在 switch 语句中预定一系列不含 break 的 case 语句，这样程序会把这些 case 语句加在一起执行。这对某些应用可能是很有效的，但对另一些情况则将引起麻烦，因此使用时必须小心谨慎。

通过两个程序来比较 if 语句和 switch 语句。

【例 3.6】 如图 3.16 所示，在 51 单片机仿真线路中当开关 K1 按下时，前两只 LED 灯亮；当开关 K2 按下时，前三只 LED 灯亮；当开关 K3 按下时，前四只 LED 灯亮；当开关 K4 按下时，前五只 LED 灯亮；否则，所有灯熄灭。

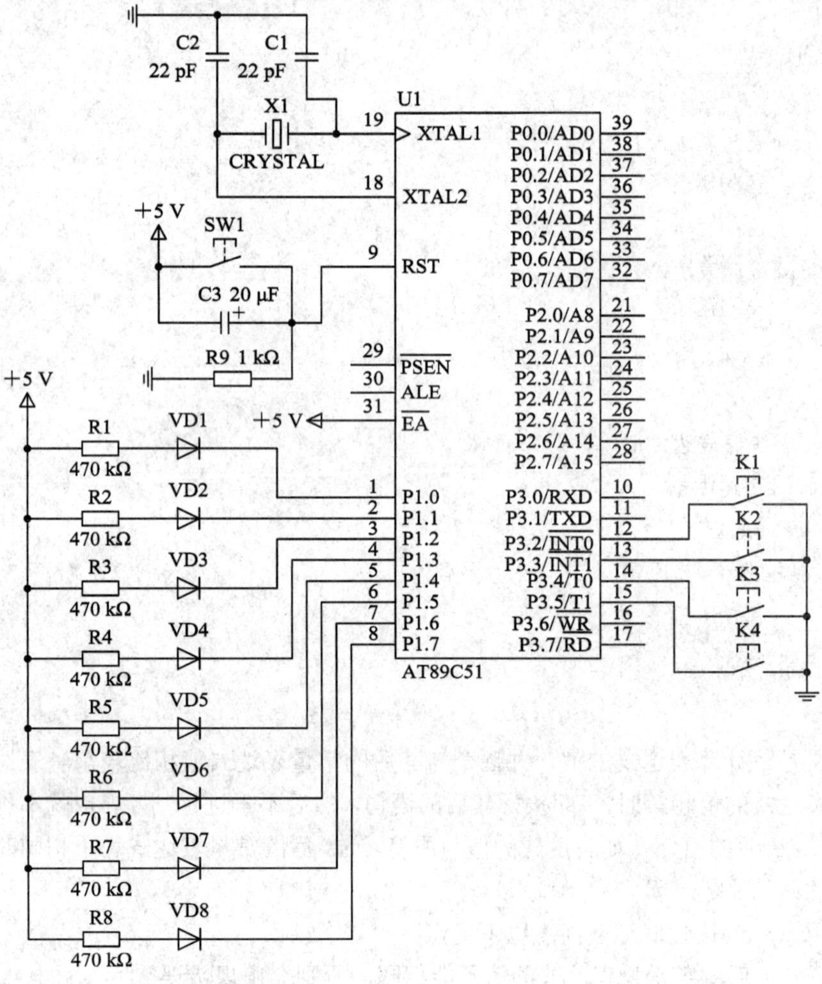

图 3.16 四个按键分别控制 LED 亮灭

用 if 语句编写程序如下：

```
#include<reg51.h>
void main()
{
    unsigned char SW;                  //定义变量 SW
    while(1)
    {
        SW=P3;                         //读入 P3 的状态
        SW=SW&0x3c;                    //取出 P3.2、P3.3、p3.4、P3.5 的状态(0x3c 即 0011 1100)
          if(SW==0x38)                 //如果 P3.2 按下(0x38 即  0011 1000)
```

```
        P1=0xfc;                    //P1 口的低 2 位输出低电平，点亮低 2 位 LED
        else if(SW==0x34)           //如果 P3.3 按下(0x34 即 0011 0100)
            P1=0xf8;                //P1 口的低 3 位输出低电平，点亮低 3 位 LED
        else if(SW==0x2c)           //如果 P3.4 按下(0x2c 即 0010 1100)
            P1=0xf0;                //P1 口的低 4 位输出低电平，点亮低 4 位 LED
        else if(SW==0x1c)           //如果 P3.5 按下(0x1c 即 0001 1100)
            P1=0xe0;                //P1 口的低 5 位输出低电平，点亮低 5 位 LED
        else
            P1=0xff;                //否则，P1 口输出高电平，8 只 LED 灯灭
    }
}
```

用 switch 语句编写程序如下：

```
#include<reg51.h>
void main()
{
    unsigned char SW;              //定义变量 SW
    while(1)
    {
        SW=P3;                     //读入 P3 的状态
        SW=SW&0x3c;                //取出 P3.2、P3.3、p3.4、P3.5 的状态(0x3c 即 0011 1100)
        switch(SW)
        {
            case  0x38:P1=0xfe; break;       //如果 P3.2 按下，点亮两个 LED 灯
            case  0x34:P1=0xf8; break;       //如果 P3.3 按下，点亮三个 LED 灯
            case  0x2c:P1=0xf0; break;       //如果 P3.4 按下，点亮四个 LED 灯
            case  0x1c:P1=0xe0; break;       //如果 P3.5 按下，点亮五个 LED 灯
            default: P1=0xff;                //以上状态都不是，8 只 LED 灯熄灭
        }
    }
}
```

由此看出当分支语句比较多的时候，采用 switch 语句相对简洁易懂。

3.4.3 循环语句

在许多实际问题中，需要进行具有规律性的重复操作，如求累加和、数据块的搬移等。而计算机的基本特征之一就是具有重复执行一组语句的能力，即循环能力。利用这种循环能力，程序员只要编写一个包含重复执行语句的简短程序，就能执行所需的成千上万次的重复操作。几乎所有的应用程序都包含有循环结构。

作为构成循环结构的循环语句，一般是由循环体及循环条件两部分组成的。一组被重

复执行的语句称为循环体，能否继续重复执行下去则取决于循环条件。在 C 语言中用来实现循环的语句有以下三种：while 语句、do-while 语句和 for 语句。

1. while 语句

while 语句的一般形式为

```
while(表达式)
    语句块;
```

其中表达式是循环条件，语句为循环体。

while 语句的语义是：计算表达式的值，当值为真(非 0)时，执行循环体语句。while 语句属于当型循环，其执行过程可用图 3.17 表示。

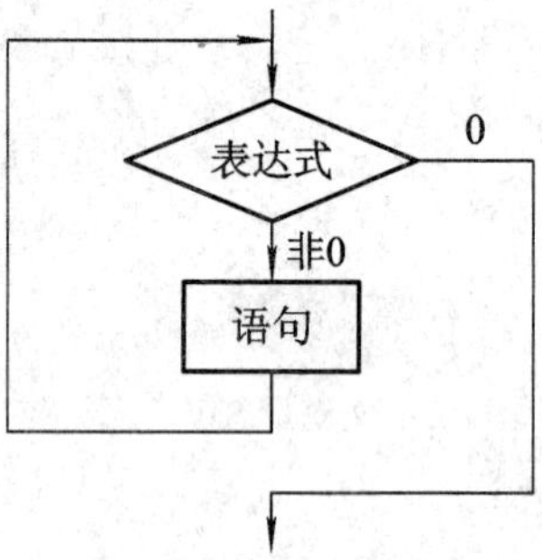

图 3.17　while 语句

小提示：不要把由 if 语句构成的选择结构与有 while 语句构成的循环结构混同起来。若 if 后条件表达式的值为非零时，其后的 if 子句只执行一次；而 while 后条件表达式的值为非零时，其后的循环体中的语句将重复执行，而且在设计循环时，通常应在循环体内改变条件表达式中有关变量的值，使条件表达式的值最终变成 0，以便能及时退出循环。

【例 3.7】 如图 3.18 所示，在 51 单片机中计算 P3.1 上的开关 K1 按下的次数，并将结果输出到 P1 的 LED 上(灯灭表示 1，灯亮表示 0)。

按钮开关 K1 的信号是：未按下时，输出为高电平，按下时为低电平。所以按下 K1 后再放开 K1，就会产生一个负向脉冲输出到 P3.1 脚。欲判断按钮开关 K1 是否被按下后又被放开，必须先检测到 P3.1 为 0，然后再检测到 P3.1 为 1，即表示 K1 按下又放开。

根据以上分析，编写的源程序如下：

```
#include<reg51.h>
sbit KEY=P3^1;
void delay(unsigned int i)              //延时程序
{
   unsigned int j, k;
   for(k=0; k<i; k++)
        for(j=0; j<125; j++);
}
```

```
void main()
{
    unsigned char cout;                //定义变量 cout
    while(1)
    {
        P1=cout;                       //将计数值输出到 P1
        while(KEY);                    //等待按键按下(等待 P3.1 为 0)
        while(!KEY);                   //等待按键放开(等待 P3.1 为 1)
        delay(20);                     //延时 20ms
        cout++;                        //计数值加 1
    }
}
```

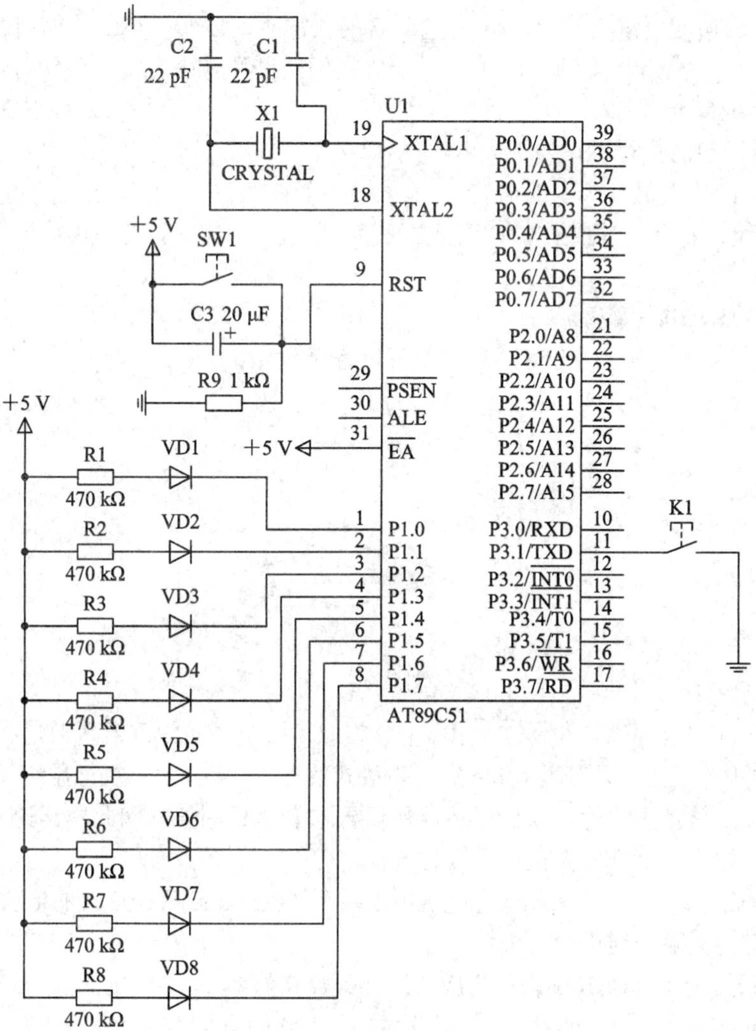

图 3.18　独立按键控制 LED 灯亮灭

小提示：在上述程序中，加入了延时函数 delay，目的是消除按键时的抖动现象。若取消程序中的延时函数，按键时计数会出错。

2. do-while 语句

do-while 语句的一般形式为

```
do
{
    语句块；
}while(表达式)；
```

例如：

```
do
{i++; s+=i; }
while(i<10);
```

do-while 语句的语法格式中，do 是 C 语言的关键字，必须和 while 联合使用。do-while 循环由 do 开始，用 while 结束。在 do 和 while 之间的循环体内有多个语句时，应该用大括号括起来，组成复合语句。

do-while 语句的执行过程如下：

(1) 执行 do 后面循环体中的语句。

(2) 计算 while 后一对圆括号中表达式的值。当值为非零时，转去执行步骤(1)；当值为零时，执行步骤(3)。

(3) 退出 do while 循环。

如图 3.19 所示，为 do-while 语句的执行过程示意图。

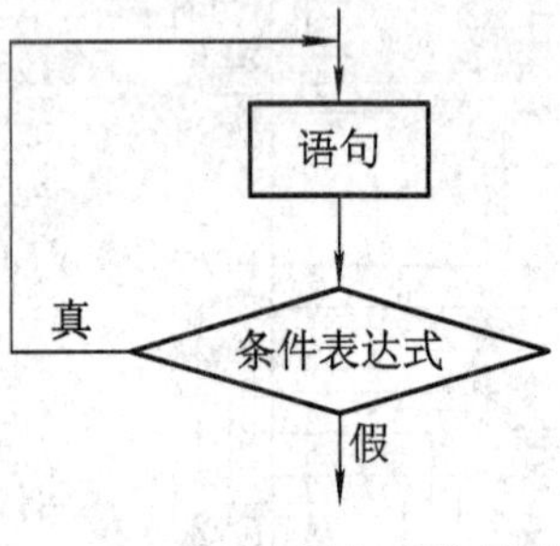

图 3.19　do-while 语句的执行过程

由 do-while 构成的循环与 while 循环十分相似，它们之间的重要区别是：while 循环的控制出现在循环体之前，只有当 while 后面表达式的值为零时，才能执行循环体。在 do-while 构成的循环中，总是先执行一次循环体，然后再求表达式的值，因此，无论表达式的值是零还是非零，循环体至少要被执行一次。

和 while 循环一样，在 do-while 循环体中，要有能使 while 后表达式的值变为 0 的操作，否则，循环将会无限制地进行下去。

【例 3.8】 利用 do-while 语句构成的循环计算自然数 1～100 的累加。

```
/*用 do-while 语句构成的循环计算自然数 1～100 的累加 */
    #include <stdio.h>
```

```
void main()
{
    int i=1, s=0;
    i=1;
    do          /*复合语句循环体*/
    {
        s=s+i;
        i++;
    }          /*循环体结束*/
    while(i<=100);
    printf("\n\t1+2+3+......+99+100=%d\n", s);
}
```

3. for 语句

在 C 语言中，for 语句使用最为灵活。一般形式为

```
for(表达式 1；表达式 2；表达式 3)
    语句块；
```

其执行过程可用图 3.20 表示，步骤如下：

(1) 先求解表达式 1。

(2) 求解表达式 2，若其值为真(非 0)，则执行 for 语句中指定的内嵌语句，然后执行下面第(3)步；若其值为假(0)，则结束循环，转到第(5)步。

(3) 求解表达式 3。

(4) 转回上面第(2)步继续执行。

(5) 循环结束，执行 for 语句下面的一个语句。

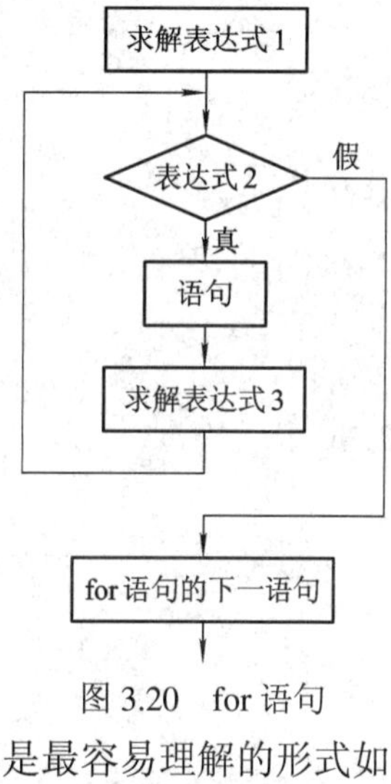

图 3.20　for 语句

for 语句最简单的应用形式也是最容易理解的形式如下：

```
for(初始化表达式；循环条件；修正表达式)
    语句块；
```

初始化表达式一般是一个赋值语句，它用来给循环控制变量赋初值；循环条件一般是一个关系表达式，它决定什么时候退出循环；修正表达式定义为循环控制变量每循环一次后按什么方式变化。这三个部分之间用“；”分开。例如：

```
for(i=1; i<=100; i++) sum = sum + i;
```

先给 i 赋初值 1，判断 i 是否小于等于 100，若是，则执行语句，之后值增加 1。再重新判断，直到条件为假，即 i>100 时，结束循环。对于 for 循环中语句的一般形式，等价于如下的 while 循环形式：

```
表达式 1;
    while(表达式 2)
    {
        语句块;
        表达式 3;
    }
```

for 循环中的表达式 1(循环变量赋初值)、表达式 2(循环条件)和表达式 3(循环变量增量)都是选择项，即可以缺省，但“；”不能省。

(1) 省略了表达式 2(循环条件)，表示循环条件总是为真。

(2) 3 个表达式都可以省略。例如：

```
for(; ; ) 语句块；相当于：
while(1) 语句块；
```

(3) 表达式 2 一般是关系表达式或逻辑表达式，但也可是数值表达式或字符表达式，只要其值非零，就执行循环体。

【例 3.9】 下面的程序实现花样流水灯，电路如图 3.21 所示。P0 口和 P2 口分别连接 8 个 LED 发光二极管，利用预定义模式实现花样流水效果。

```
#include <reg51.h>
unsigned char code pattern0[]=
{
    0xfc, 0xf9, 0xf3, 0xe7, 0xcf, 0x9f
};
unsigned char code pattern1[]=
{
    0xf5, 0xf6, 0xfe, 0x54, 0x56, 0x76
};
void main()
{
    unsigned char i;
    unsigned int t;

    while(1)
    {
```

```
            for(i = 0; i < 6; i++)
            {
                P0 = pattern0[i];
                P2 = pattern1[i];
                for(t = 0; t < 20000; t++);
            }
        }
    }
```

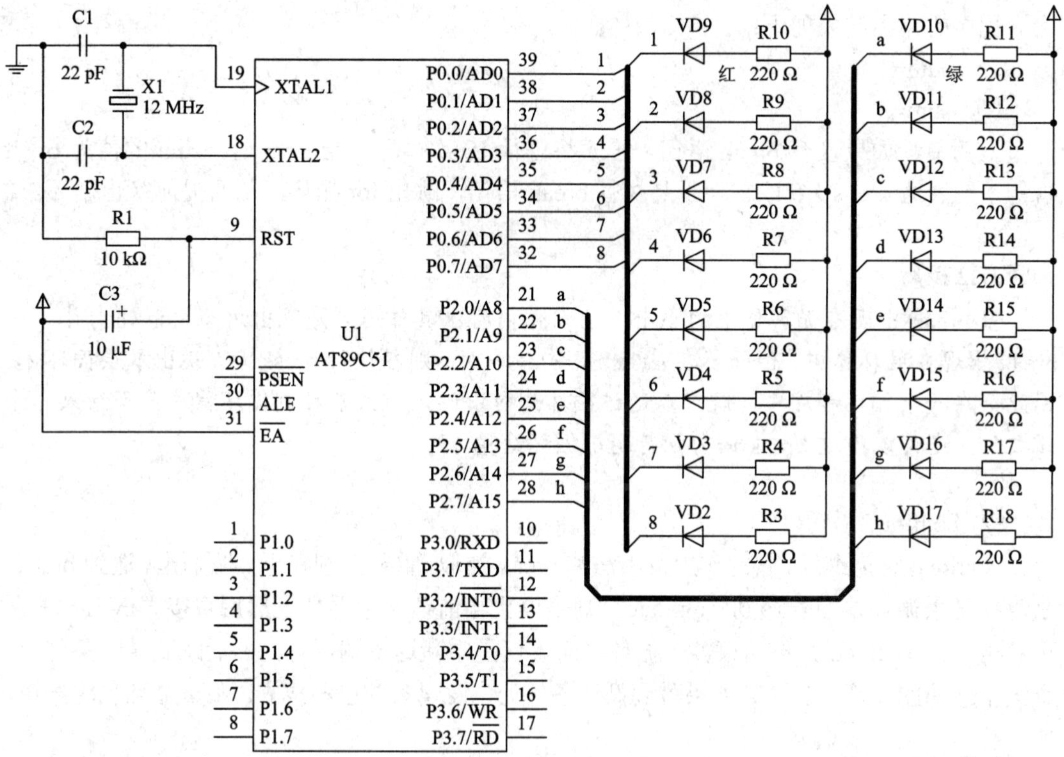

图 3.21　花样流水灯

程序首先定义 2 个模式数组，用于控制 LED 灯的点亮方式(我们可以根据实际情况来定义模式数组)。主函数里面反复(通过 while 语句)执行(通过 for 语句)这 2 个数组，将元素值送往 P0 和 P2 口，以形成花样流水效果。

4. break 和 continue 语句在循环体中的作用

(1) break 语句。

前面已经介绍过用 break 语句可以跳出 switch 语句体。在循环结构中，也可应用 break 语句跳出本层循环体，从而提前结束本层循环。

例如，执行如下程序段：

```
void main(void)
{
    int i, sum;                    //定义变量
```

```
    sum=0;
    for(i=1; i<=10; i++)
    {
        sum=sum+i;
        if(sum>5) break;
        printf("sum=%d\n", sum);
    }
}
```

程序的输出结果如下：

```
sum=1
sum=3
```

上例中，如果没有 break 语句，程序将进行 10 次循环。当 i = 3 时，sum 的值为 6，if 语句中的表达式：s > 5 成立，于是执行 break 语句，跳出 for 循环，从而提前终止循环。

方法技巧：

当 break 出现在循环体中的 switch 语句体内时，其作用只是跳出该 switch 语句体。当 break 出现在循环体中，但并不在 switch 语句体内时，则在执行 break 后，跳出本层循环体。因此，在一个循环程序中，既可以通过循环语句中的表达式来控制循环程序是否结束，除此之外，还可以通过 break 语句强行退出循环结构。

(2) continue 语句。

continue 意为继续，它的作用及用法和 break 类似，重要区别在于：当前循环遇到 break，是直接结束循环，而若遇到 continue，则是停止当前这一遍循环，然后直接尝试下一遍循环。可见，continue 并不结束整个循环，而仅仅是中断这一遍循环，然后跳到循环条件处，继续下一遍的循环。当然，如果跳到循环条件处，发现条件已不成立，那么循环也将结束，所以称为尝试下一遍循环。

在 while 和 do-while 循环中，continue 语句使得流程直接跳到循环控制条件的测试部分，然后决定循环是否继续进行。在 for 循环中，遇到 continue 后，跳过循环体中余下的语句，而去对 for 语句中的“表达式 3”求值，然后进行“表达式 2”的条件测试，最后根据“表达式 2”的值来决定 for 循环是否执行。

例如：输出整数 1～100 的累加值，但要求跳过个位为三的数。

在循环中加一个判断，如果该数个位是 3，就跳过该数不加。如何判断一个 1～100 的数中哪些数的个位是 3 呢？用求余运算符“%”，将一个两位以内的正整数，除以 10 以后，余数是 3，就说明这个数的个位为 3。比如 23，除以 10，商 2，余 3。这里不需要商，所以用求余(也称为求模)运算：23%10=3。

根据以上分析，编写的源程序如下：

```
void main()
{
```

```
    int i, sum=0;
    for(i=1; i<=100; i++)
    {
        if(i%10==3)
        continue;
        sum=sum+1;
    }
    printf("sum=%d\n", sum);
}
```

【例3.10】 如图3.22所示，在单片机上电后，全部LED不亮，按下K1，则8个LED中只有LED1熄灭，并开始循环流动。如果中间K2键被按下，所有LED再从头开始循环流动显示。

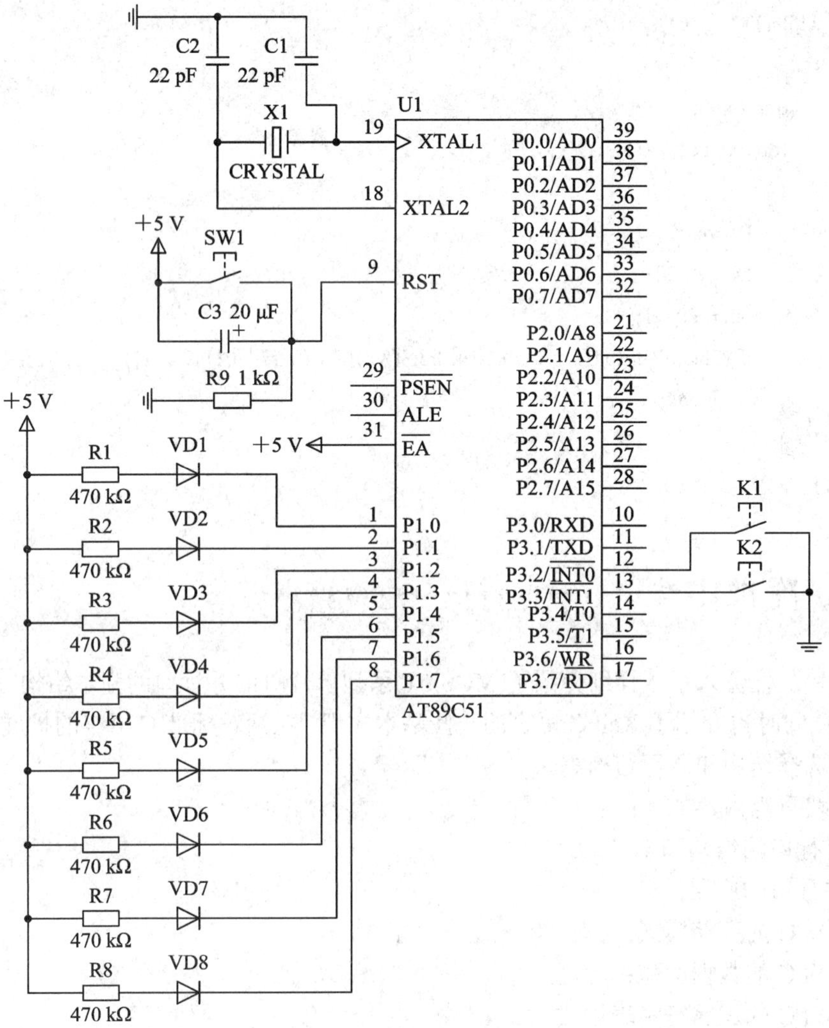

图3.22　break语句在按键中应用

源程序如下：

```
#include<reg51.h>
void Delay(unsigned int i)                    //延时程序，i 是形式参数
{
    unsigned int k, j;
    for(k=0; k<i; k++)                        //形参 i 由实际参数传入一个值
        for(j=0; j<125; j++);
}
void main()
{
    unsigned char i, out;
    P3=P3                                     //取出 P3.2、P3.3 的状态
    if((P3|0xfb)!=0xff)                       //如果 P3.2(K1)按下(0xfb 即 1111 1011)
    while(1)
    {
        out=0x80;
        for(i=0; i<8; i++)
        {
            P1=out;
            Delay(500);                //延时
            out=out>>1;
            if((P3|0xf7)!=0xff)        //如果 P3.3(K2)按下(0xf7 即 1111 0111)
                break;
        }
    }
}
```

阶段小结

本模块从任务入手，详细介绍了 MCS-51 系列单片机的并行口的基本结构、功能以及使用方式。同时也介绍了 Keil C 语言的一些基本知识，包括对标准 C 语言的扩展，运算符，表达式，选择结构和循环结构等。

本模块重点内容如下：

1. 并行口的结构和功能；
2. 并行口的应用；
3. Keil C 的存储模式；
4. Keil C 的数据类型；
5. Keil C 的运算符和表达式；
6. Keil C 的选择结构；

7. Keil C 的循环结构。

习 题 3

1. 选择题

(1) 在 P0 口作为输入口读引脚使用时，应先向锁存器写“1”(一般用传送指令)，使输出级的 V1、V2 截止(系统复位时 P0 为____)。

A. 00H　　B. 07H　　C. 80H　　D. FFH

(2) 在 80C51 的 4 个并行口中，能作为通用 I/O 口和高 8 位地址总线的是( )。

A. P0　　B. P1　　C. P2　　D. P3

(3) 8051 单片机的 4 个并行口作为通用输入口时，在输入前须先( )。

A. 往锁存器中写入“1”　　B. 往锁存器中写入“0”

C. 外接上拉电阻　　D. 外接高电平

(4) MCS-51 单片机接有外部存储器，P2 口可作为( )。

A. 数据输进口　　B. 数据的输出口

C. 准双向输进/输出口　　D. 输出高 8 位地址

(5) 能正确表示“当 x 的取值在[1, 10]和[200, 210]范围内为真, 否则为假”的表达式是( )。

A. (x>=1)&&(x<=10)&&(x>=200)&&(x<=210)

B. (x>=1)||(x<=10)||(x>=200)||(x<=210)

C. (x>=1)&&(x<=10)||(x>=200)&&(x<=210)

D. (x>=1)||(x<=10)&&(x>=200)||(x<=210)

(6) 对 for(表达式 1; ; 表达式 3)可理解为( )。

A. for(表达式 1; 0; 表达式 3)

B. for(表达式 1; 1; 表达式 3)

C. for(表达式 1; 表达式 1; 表达式 3)

D. for(表达式 1; 表达式 3; 表达式 3)

(7) 以下不是无限循环的语句为( )。

A. for (y=0, x=1; x > ++y; x =i++) i=x ;

B. for (; ; x++=i);

C. while (1){x ++; }

D. for(i=10; ; i--)sum+=i;

(8) 若有条件表达式(exp)? a++:b--, 则以下表达式中能完全等价于表达式(exp)的是( )。

A. (exp==0)　　B. (exp!=0)　　C. (exp== 1)　　D. (exp!=1)

2. 应用题

(1) MCS-51 系列单片机的四个并行 I/O 口在使用上有哪些分工和特点？试比较各口的特点？

(2) 简述 80C51 单片机四个端口的带负载能力。

(3) 利用 80C51 单片机的 P3 端口连接 8 个 LED 灯，依次流水点亮 8 个 LED。

3. 综合应用题

利用 80C51 单片机的 P0 口模拟交通灯运行，LED 模拟交通灯。说明：东西向绿灯亮若干秒，黄灯闪烁 5 次后红灯亮，红灯亮后，南北向由红灯变为绿灯，若干秒后南北向黄灯闪烁 5 此后变红灯，东西向变绿灯，如此重复，如图 3.23 所示。

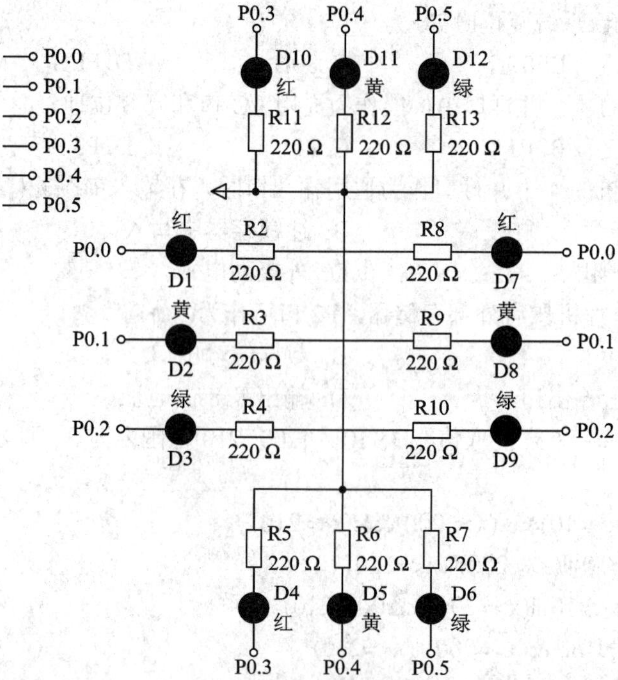

图 3.23 交通灯线路

模块 4　定时与中断系统

任务 5　定时亮灭的小灯

1. 任务目的

通过定时亮灭的小灯电路的制作和软件设计，了解单片机的定时/计数器系统，熟悉定时/计数器的四种工作方式，掌握相关特殊功能寄存器的含义，掌握定时/计数器的初值计算和初始化方法。

2. 任务要求

控制单片机 P2 口所接的 8 个 LED 管，使它们每隔 1 s 亮灭变化一次。

3. 电路设计

电路设计如图 4.1 所示。

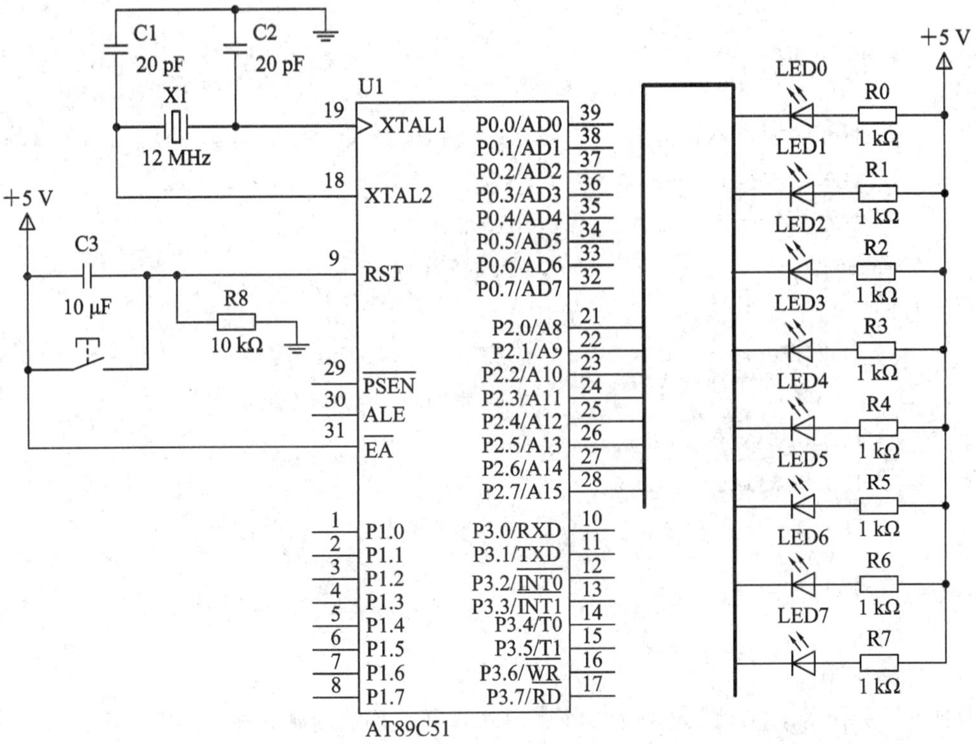

图 4.1　定时亮灭小灯电路

4. 程序设计

硬件电路中选用的晶振为 12 MHz，可以用 T0 的工作方式 1 定时 50 ms，1 s = 20 × 50 ms，那么循环 20 次，即可达到定义 1 s 的目的，每隔 1 s 改变一次 P2 口的值就可实现，程序如下：

```
/*利用定时计数器，查询方式实现 P2 口灯定时亮灭*/
#include <reg51.h>
void   timer1s(   );                          //声明定时 1 s 的函数
void   main( )                                //主函数
{
    P2=0xff;
    TMOD=0x01;                                //设置定时/计数器 0 工作于方式 1，用于定时
    while (1)                                 //每隔 1 s 改变 P2 口灯的亮灭状态
    {
        timer1s(   );
        P2=~P2;
    }
}
void   timer1s(     )                         //定义定时 1 s 的函数
{
    unsigned char i;
        i=0;
        TH0=(65536-50000)/256;                //设置定时/计数器 0 的计数初值，以确定定时时间 50 ms
        TL0=(65536-50000)%256;
        TR0=1;                                //启动定时
    while(i<20)                               //1 s 时间未到
    {
        while(TF0==0) ;                       //判断定时时间 50 ms 到了没有，没有到则等待
        i++;                                  //定时时间到，累加变量加 1
        TH0=(65536-50000)/256;                //重装计数初值
        TL0=(65536-50000)%256;
        TF0=0;                                //溢出标志清零
    }
}
```

5. 任务小结

本任务中利用定时/计数器进行定时，与用循环结构实现延时相比，可以实现精确的定时。当实际应用需要进行精确定时时，不妨使用定时/计数器实现。

4.1　C 语言的函数

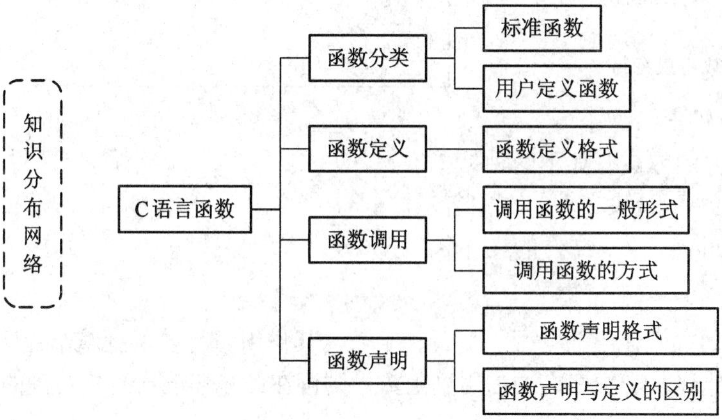

4.1.1　C51 语言程序的基本结构

在 C51 语言中一个较大的程序一般由若干个小的程序模块组成，每一个小的程序模块用来实现一个特定的功能，这样小的程序模块就是由函数来完成的。函数是 C 语言程序的重要组成部分，使用它可以方便地实现程序的模块化设计，这样可以使程序的结构清晰，可读性好，而且易于扩充。

一个完整的 C51 程序是由一个主函数和若干个其他函数组成的，主函数调用其他函数，其他函数也可以互相调用。同一个函数可以被一个或多个函数调用任意多次。

C51 语言程序的基本结构如表 4.1 所示。

表 4.1　C51 语言程序的基本结构

指定头文件	# include　<reg51.h>
	void　delay(int);
声明区	unsigned char x, y;
	…
主函数	main()
主函数起始符号	{
	int i, j;
主函数声明区	unsigned char LED;
	…
	LED=0xff;
主函数程序区	…
主函数结束符号	}
函数定义	void　delay(int x)

函数起始符号	{
函数声明区	int i, j; …
函数程序区	for(i=0; i < x; i++) …
函数结束符号	}

1. 指定头文件

指定头文件的方式有如下两种：

```
#include    <头文件的文件名>
#include    "头文件的文件名"
```

2. 声明区

声明程序之中所使用的常数、变量、函数，其作用域将扩展到整个程序，包括主程序与所有函数。建议：若程序之中使用到函数，则可在此先声明所有使用到的函数。

3. 主函数

主函数分为声明区和程序区，在声明区里所声明的常数、变量等，仅适用于主函数中，而不影响其他函数。

4. 函数

函数是一种具有相对独立的功能程序，其结构与主函数类似。

小问题：

在C语言中，自定义的函数一定要有函数声明吗？

答：不是。如果你把自定义函数写在主调函数前面的话，就可不用声明了，否则声明是必需的。

4.1.2 函数分类

从用户使用角度来看，C51语言函数分为两类：标准函数和用户定义函数。

1. 标准函数

标准函数也称为标准库函数，是系统提供的已设计好的函数，用户不必自己定义这些函数，就可以直接调用。Keil C51编译器提供了100多个标准库函数供用户使用。标准库函数中的每个函数都在相应的头文件“.h”中有原型声明，因此如果程序中使用了哪个库函数，在程序开头必须包含相应的“.h”头文件。如C51中常用的头文件：

```
#include "reg51.h"      // MCS-51 寄存器符号定义
#include "absacc.h"     //绝对地址访问
#include "ctype.h"      //字符函数
#include "string.h"     //字符串处理
#include "intrins.h"    //指示编译器产生嵌入式固有代码的程序原型，如空函数 nop( )
#include "math.h"       //数学函数
#include "stdio.h"      //输入输出流函数
```

标准库函数的类型选择考虑到了 8051 系列单片机的结构特性，因此和 ANSI C 语言中的参数与格式有所不同。在 C51 标准函数中，尽可能使用最小的数据类型以最大程度地发挥程序的性能及减小程序的长度。如果用 bit，足以引出结果，就不要采用较大的数据类型如 char、int 或 long 等，也可以进一步采用 unsigned 类型来提高程序性能。

2. 用户定义的函数

用户定义的函数是用户根据自己的需要编写的用来解决具体问题的函数，用户定义的函数必须先定义之后才能被调用。

4.1.3　函数定义

函数定义的一般格式为

```
类型说明符　函数名(形式参数表)
{
    局部变量定义;
    函数体语句;
}
```

其中，"类型说明符" 说明函数返回值的类型。返回值是指通过函数调用使主调函数能得到的一个确定的值，如果被调用函数有返回值，可以通过 return 语句返回给主调函数；如果不要返回值，则可在函数名称左边指定为 void，或根本不指定。

"函数名" 是函数的名字，是唯一标识一个函数的名字，它的命名规则同变量完全一样。在一个程序中不同函数的名字不能相同。

从函数的形式上划分，函数有无参函数和有参函数两种形式。对有参函数来说，"形式参数表" 给出函数被调用时传入该函数里要处理的数据的形式参数，可以传入多个参数，形式参数的类型必须说明；对无参函数来说，不要传入参数，则可在小括号内选择为 void，或直接为空。

"局部变量定义" 是对在函数内部使用的局部变量进行定义。

"函数体语句" 是为完成该函数的特定功能而设置的各种语句。

小知识：

return 语句为返回语句，表示从被调函数返回主调函数继续执行。返回语句用于结束函数的执行，返回到调用函数时的位置，返回时可附带一个返回值，由 return 后面的参数指定。

return 语句格式有两种：

return 表达式；

return；

带有表达式的，返回时先计算表达式，再返回表达式的值；不带表达式则返回的值不确定。

非 void 型

```
    int f1( )
```

```
{
    int j=1;
    return 1;         //return  j; //这样也可以
}
void 型
void f2( )
{
    int i=1;
    return;           //不要这一句也可以
}
```

4.1.4 函数调用

C51 语言程序中函数是可以互相调用的。所谓函数调用就是在一个函数体中引用另一个已经定义了的函数，前者称为主调函数，后者称为被调用函数。C51 语言中主调函数通过函数调用来使用函数。

1. 函数调用的格式

函数调用的一般格式为

函数名(实际参数表)

其中“函数名”指出被调用的函数；“实际参数表”中可以包含多个实际参数，各个参数之间用逗号隔开。实际参数的作用是将它的值传给被调用函数中的形式参数。

小提示：函数调用中的实际参数必须与函数定义中的参数在个数、类型及顺序上严格保持一致，以便将实际参数的值正确地传递给形式参数，否则在函数调用时会产生错误。

如果调用的是无参函数，则可以没有实际参数，但圆括号不能省略。

2. 函数调用的方式

在 C 语言中可以采用三种方式完成函数的调用。

(1) 函数语句。

在主调函数中将把函数调用作为一条语句。例如：

```
display();
```

这时不要求被调用函数返回一个确定的值，只要求函数完成一定的操作。

(2) 函数表达式。

在主调函数中将函数调用作为一个运算对象直接出现在一个表达式中，这种表达式称为函数表达式。这时要求被调用函数返回一个确定的值以参加表达式的计算。例如：

```
x=jianpanzhi( );
```

(3) 函数参数。

在主调函数中将函数调用作为另一个函数调用的实际参数。例如：

```
M=max(a, max(a, b));
```

其中函数调用 max(a, b)放在另一个函数调用 max(a, max(a, b))的实际参数表中，以其返回值作为另一个函数调用的实际参数。这种在调用一个函数的过程中又调用另外一个函数的方式，称为嵌套函数调用。

4.1.5　函数声明

C 语言编译系统是由上往下编译的。一般被调函数放在主调函数后面的话，前面就该有声明，不然 C 语言由上往下的编译系统将无法识别。正如变量必须先声明后使用一样，函数也必须在被调用之前先声明，否则无法调用。函数的声明可以与定义分离，要注意的是一个函数只能被定义一次，但可以被声明多次。

1. 函数声明格式

类型说明符　函数名(形式参数表);

函数声明由函数返回值数据类型、函数名和形式参数表组成。这三个元素被称为函数原型，函数原型描述了函数的接口。定义函数的程序员提供函数原型，使用函数的程序员就只需要对函数原型编辑即可。

注意函数声明是一个语句，后面不可漏分号。

例：

```
#include <reg51.h>
void delay(unsigned int i);          //延时函数声明
void main()
{
    while(1)
    {
        delay(200);                  //延时函数调用
        P1=~P1;
    }
}
void delay(unsigned int i)           //延时函数定义
{
    unsigned int m, n;
    for(m=0; m<i; m++)
    for(n=0; n<500; n++);
}
```

2. 函数声明与函数定义的区别

函数的声明与函数的定义形式上十分相似，但是二者有着本质上的不同。声明是不开辟内存的，仅仅告诉编译器，要声明的部分存在，要预留一点空间。定义则需要开辟内存。

函数的定义是一个完整的函数单元：

(1) 包含函数类型、函数名、形参及形参类型、函数体等。

(2) 在程序中，函数的定义只能有一次。

(3) 函数首部与花括号间不加分号。

函数声明只是对编译系统的一个说明：

(1) 函数声明是对定义的函数的返回值的类型说明，以通知系统在本函数中所调用的函数是什么类型。

(2) 不包含函数体。

(3) 调用几次该函数就应在各个主调函数中做相应声明。

(4) 函数声明是一个说明语句，必须以分号结束。

4.1.6 函数应用举例

1. 无参函数的应用

【例 4.1】 使用无参延时函数，实现 P1 口最低位对应的发光管 1 s 钟闪烁一次

解 程序如下：

```
#include <reg51.h>                    //51 单片机寄存器符号定义头文件
sbit P1_0=P1^0;                       //声明单片机 P1 口的最低位
void delay( );                        //声明无参延时函数
void main()                           //主函数
{
    while(1)                          //无限循环
    {
        P1_0=0;                       //点亮最低位对应的发光二极管
          delay(   );                 //作为函数语句调用无参延时函数
        P1_0=1;                       //熄灭最低位对应的发光二极管
          delay(   );                 //作为函数语句调用无参延时函数
    }
}
void delay(   )                       //无参函数定义，实现延时大约 500 ms
{
    unsigned   int   m, n;            //函数局部变量定义
    for(m=0; m<500; m++)
    for(n=0; n<110; n++);
}
```

2. 有参函数的应用

【例 4.2】 在如图 4.2 所示的电路中 P3.6 上输出 1 kHz 和 500 Hz 的方波信号去驱动蜂鸣器，作为报警信号，要求 1 kHz 信号响 100 ms，500 Hz 信号响 200 ms，如此交替进行。

解 1 kHz 的方波信号，其周期为 1 ms，每半个周期(500 μs)取反一次；这样的信号持续 100 ms，只要有 200 个半周期就可实现。

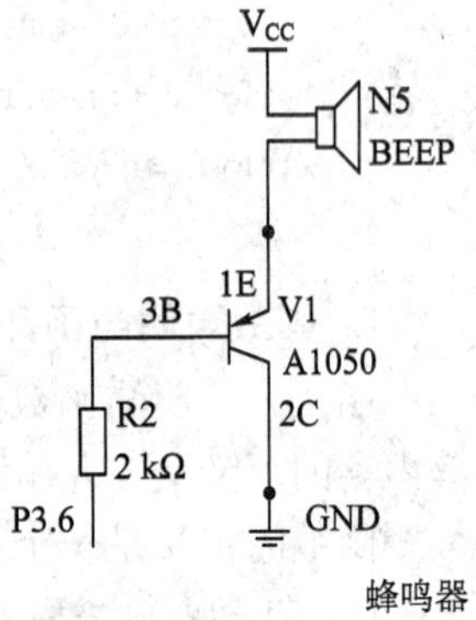

图 4.2 蜂鸣器驱动电路

500 Hz 的方波信号，其周期为 2 ms，每半个周期(1 ms)取反一次；这样的信号持续 200 ms，只要有 200 个半周期就可实现。

程序如下：

```
#include <reg51.h>                    //51 单片机寄存器符号定义头文件
#define uchar unsigned char           //宏定义
sbit P3_6=P3^6;                       //声明单片机 P3 口的第 6 位
void delay( uchar i);                 //声明有参函数
void main()                           //主函数
{
    uchar j, k;                       //主函数局部变量定义
    while(1)                          //无限循环
    {
        P3_6=1;
        for(j=0; j<200; j++ )         //1 kHz 方波信号响 100 ms
        {
            P3_6=!P3_6;               //方波高低电平转换
            delay(1);                 //调用有参延时函数，实现延时大约 500 μs
        }
        for(k=0; k<200; k++ )         //500 Hz 信号响 200 ms
        {
            P3_6=!P3_6;               //方波高低电平转换
            delay(2);                 //调用有参延时函数，实现延时大约 1 ms
        }
    }
}
void delay(uchar i)                   //定义有参延时函数，延时时间与传入的参数值有关
{
    uchar m, n;
    for(m=0; m<i; m++)
    for(n=0; n<250; n++);
}
```

4.1.7　函数编写基本要求和原则

1. 函数编写的基本要求

(1) 正确性：程序要实现设计要求的功能。

(2) 稳定性和安全性：程序运行稳定、可靠、安全。

(3) 可测试性：程序便于测试和评价。

(4) 规范/可读性：程序书写风格、命名规则等符合规范。

(5) 扩展性：代码为下一次升级扩展留有空间和接口。

(6) 全局效率：软件系统的整体效率高。

(7) 局部效率：某个模块/子模块/函数的本身效率高。

2. 函数编原则

(1) 单个函数的规模尽量限制在 200 行以内(不包括注释和空行)。

(2) 分析模块的功能及性能要求，据此来进行模块的函数划分与组织。一个函数最好仅完成一件功能；为简单功能编写函数，明确函数功能，精确(而不是近似)地实现函数设计；函数的功能应该是可以预测的，也就是只要输入数据相同就应产生同样的输出。

(3) 函数名应准确描述函数的功能，避免使用无意义或含义不清的动词为函数命名。

(4) 函数的返回值要清楚明了，尤其是出错返回值的意义要准确无误。不要把与函数返回值类型不同的变量，以编译系统默认的转换方式或强制的转换方式作为返回值返回。

(5) 尽量不要将函数的参数作为工作变量。

4.2 定时/计数器

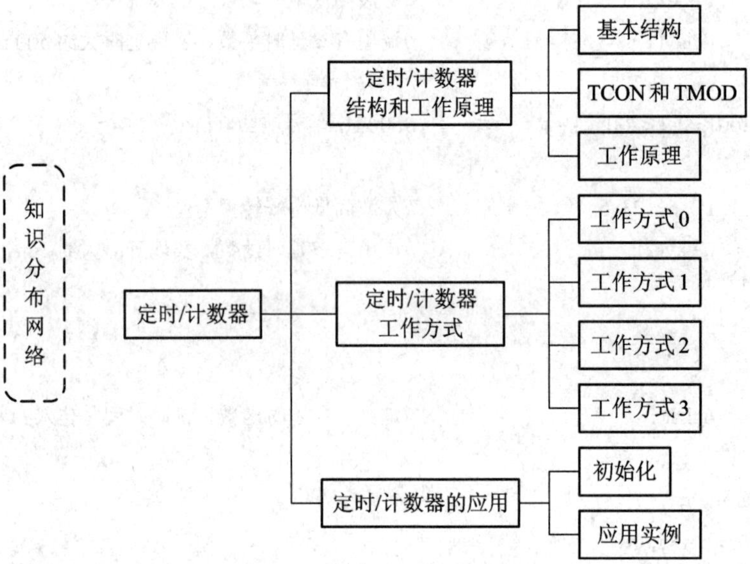

单片机之所以在工业控制中被大量应用，就是在于它有独特的定时、计数功能。

8051 单片机内部有两个 16 位可编程的定时/计数器，即定时/计数器 T0 和 T1。它们既有定时功能又有计数功能，通过适当地设置与它们有关的特殊功能寄存器可以选择启用定时功能或计数功能。

4.2.1 定时/计数器的结构及工作原理

1. 定时/计数器的基本结构

8051 单片机定时/计数器的结构如图 4.3 所示，由 T0、T1、方式寄存器 TMOD 和控制寄存器 TCON 四大部分组成。

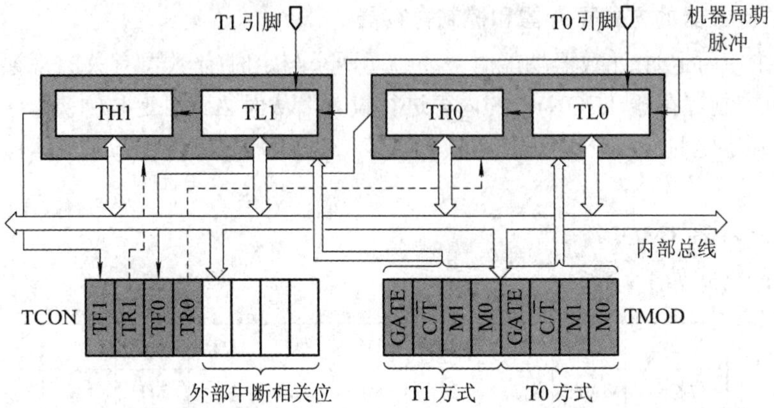

图 4.3 定时/计数器的结构

两个 16 位的定时/计数器分别由两个专用寄存器组成，其中 T0 由 TH0 和 TL0 组成，T1 由 TH1 和 TL1 组成。特殊功能寄存器 TMOD 和 TCON 用于定时/计数器的管理和控制。TMOD 是工作方式寄存器，用于定时/计数器工作方式和功能的设置；TCON 是定时/计数器控制寄存器，用于控制定时/计数器的启动与停止。

2. 定时/计数器的工作原理

单个定时/计数器的工作原理如图 4.4 所示。定时/计数器的核心是 16 位可预置初值的加 1 计数器，每来一个脉冲计数器加 1，当加到计数器全为 1 时，再输入一个脉冲就会使计数器溢出从而回零。加 1 计数器输入的计数脉冲有两个来源，一个是由系统的时钟振荡器输出经 12 分频后送来的(即图 4.3 中的机器周期脉冲)；另一个是 T0 或 T1 引脚(P3.4 或 P3.5)输入的外部脉冲源。如果定时/计数器工作于定时模式，则表示定时时间已到；如果工作于计数模式，则表示计数值已满。

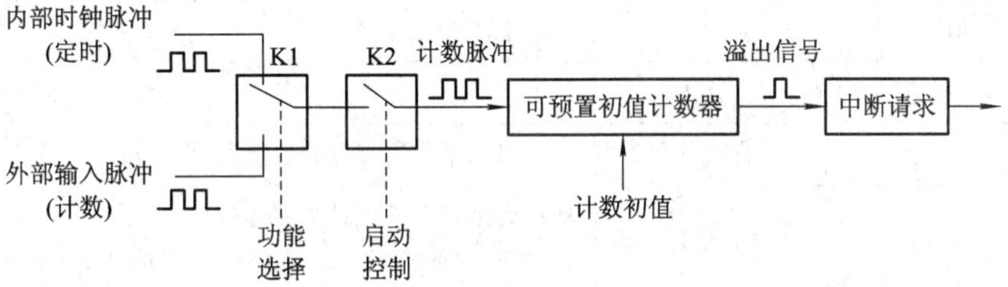

图 4.4 定时/计数器的工作原理框图

设置为计数模式时，是对外部事件进行计数，计数脉冲来自相应的外部输入引脚 T0 或 T1；设置为定时模式时，也是通过计数实现的，此时计数脉冲来自于内部时钟脉冲，每个机器周期使计数器加 1。

小提示：单片机虽然具有对外来脉冲计数的功能，但并不是任意频率的脉冲都可直接计数，单片机的晶振频率限制了所测计数脉冲的最高频率。计数脉冲来自相应的外部输入引脚 TO(P3.4)或 T1(P3.5)，CPU 确认一次脉冲负跳沿需要花两个机器周期，即 24 个振荡周期，因此外部计数脉冲的最高频率为晶振频率的 1/24。例如选用 12 MHz 频率的晶振，则最高可输入 500 Hz 的外部脉冲。

3. 定时/计数器的方式寄存器和控制寄存器

单片机在使用定时/计数器功能时，通过对两个与定时/计数器有关的寄存器(方式寄存器 TMOD 和控制寄存器 TCON)中的内容进行设置，从而达到对定时/计数器进行控制的目的。TMOD 确定定时/计数器的工作方式和功能；TCON 控制 T0、T1 的启动、停止和设置溢出标志等。

1) 方式寄存器 TMOD

TMOD 的格式如下：

位序号	D7	D6	D5	D4	D3	D2	D1	D0
位符号	GATE	$C/\overline{T}$	M1	M0	GATE	$C/\overline{T}$	M1	M0
	T1				T0			

TMOD 的高 4 位用于设置定时器 1，低 4 位用于设置定时器 0。各对应位的含义如下：

(1) GATE：门控制位。

GATE=0：软件启动方式，定时/计数器的启动与停止仅受 TCON 寄存器中 TR0 或 TR1 的控制；GATE=1：硬件软件共同启动方式，定时/计数器的启动与停止由 TCON 中的 TR0 或 TR1 和外部中断引脚 $\overline{INT0}$ (P3.2)或 $\overline{INT1}$ (P3.3)共同控制。

(2) $C/\overline{T}$ ：功能模式选择位。

$C/\overline{T}=0$：定时功能模式；$C/\overline{T}=1$：计数功能模式。

(3) M1、M0：工作方式选择位。

定时/计数器有 4 种工作方式，可由 M1、M0 来设定，其对应关系如表 4.2 所示。

表 4.2 方式选择位的含义

M1M0	工作方式	功 能 说 明
0 0	方式 0	13 位计数器
0 1	方式 1	16 位计数器
1 0	方式 2	初值自动重载的 8 位计数器
1 1	方式 3	T0：分成两个 8 位计数器 T1：停止计数

2) 控制寄存器 TCON

TCON 的格式如下：

位序号	D7	D6	D5	D4	D3	D2	D1	D0
位地址	8FH	8EH	8DH	8CH	8BH	8AH	89H	88H
位符号	TF1	TR1	TF0	TR0	IE1	IT1	IE0	IT0

TCON 的高 4 位用于定时/计数器；低 4 位用于外部中断。各对应位的含义如表 4.3 所示。

表 4.3　控制寄存器 TCON 各位的含义

控制位	功　能	说　　明
TF1	T1 溢出标志位	当 T1 计满溢出时，由硬件使 TF1 置 1。在中断允许时，该位向 CPU 发出 T1 的中断请求，进入中断服务程序后，该位由硬件自动清零；在中断屏蔽时，该位可作查询测试用，此时只能由软件清零
TR1	T1 运行控制位	由软件置 1 或清零来启动或关闭 T1
TF0	T0 溢出标志位	类似 TF1，用于 T0
TR0	T0 运行控制位	类似 TR1，用于 T0
IE1	外部中断 1 请求标志位	IE1 = 0：外部中断 1 无中断请求 IE1 = 1：外部中断 1 发出中断请求
IT1	外部中断 1 触发方式选择位	IT1 = 0：电平触发方式，引脚 $\overline{INT1}$ 上低电平有效 IT1 = 1：跳变沿触发方式，引脚 $\overline{INT1}$ 上负跳变有效
IE0	外部中断 0 请求标志位	类似 IE1，用于外部中断 0($\overline{INT0}$)
IT0	外部中断 0 触发方式选择位	类似 IT1，用于外部中断 0($\overline{INT0}$)

4.2.2　定时/计数器的工作方式

8051 单片机的定时/计数器有 4 种工作方式，它们分别是工作方式 0～3。

1. 工作方式 0

设置 M1M0 为 00，则定时器工作于方式 0，此时为 13 位的定时/计数器，其逻辑结构如图 4.5 所示。

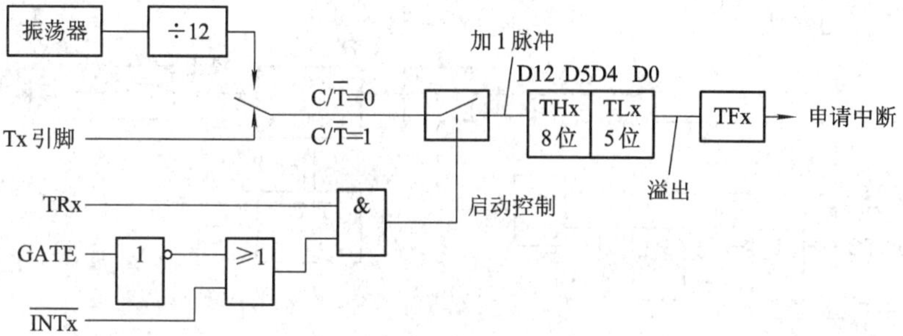

图 4.5　定时/计数器 T0 方式 0 逻辑结构图

以 T0 为例，定时/计数器 T1 的结构和操作与定时/计数器 T0 相同。此方式下，16 位寄存器(TH0 和 TL0)只用 13 位，就是 TH0 的 8 位和 TL0 的低 5 位，其中 TL0 的高 3 位没有用。功能选择 C/ $\overline{T}$ = 0 时，计数脉冲来自于内部时钟脉冲 12 分频的机器周期脉冲；C/ $\overline{T}$ = 1 时，计数脉冲来自于外部事件脉冲输入引脚 T0(P3.4)。启动控制由 TR0、GATE 和 $\overline{INT0}$ 共同决定。GATE = 0 时，或门被封锁，$\overline{INT0}$ 信号无效，TR0 直接控制定时/计数器 T0 的启动和停止；GATE = 1 时，或门被打开，$\overline{INT0}$ 和 TR0 共同控制定时/计数器 T0 的启动和停止。

在加 1 脉冲的作用下开始加 1 计数，当 TL0 的低 5 位计满后向 TH0 进一位，直到把 TH0 也计满，向溢出标志位 TF0 进位(称硬件置位 TF0)。

TH0、TL0 可设置初值，并从设置的初值开始加法计数，直到溢出。所设置的初值不同，计数值就不同。当初值为 0 时，就有最大的计数值 $M = 2^{13} = 8192$。

2. 工作方式 1

设置 M1M0 为 01，则定时器工作于方式 1，此时为 16 位的定时/计数器，其逻辑结构如图 4.6 所示。

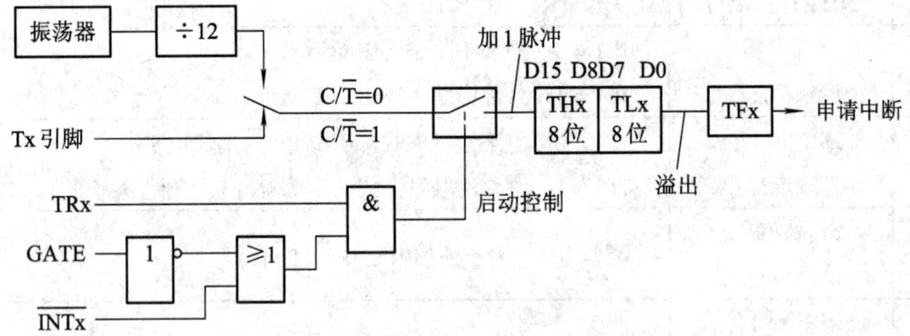

图 4.6　定时/计数器 T0 方式 1 逻辑结构图

此方式下，16 位寄存器(TH0 和 TL0)全部用上。在加 1 脉冲的作用下开始加 1 计数，当 TL0 的 8 位计满后向 TH0 进一位，直到把 TH0 也计满，向溢出标志位 TF0 进位。最大的计数值 $M = 2^{16} = 65536$。

3. 工作方式 2

设置 M1M0 为 10，则定时器工作于方式 2，此时为初值自动重载的 8 位的定时/计数器，其逻辑结构如图 4.7 所示。

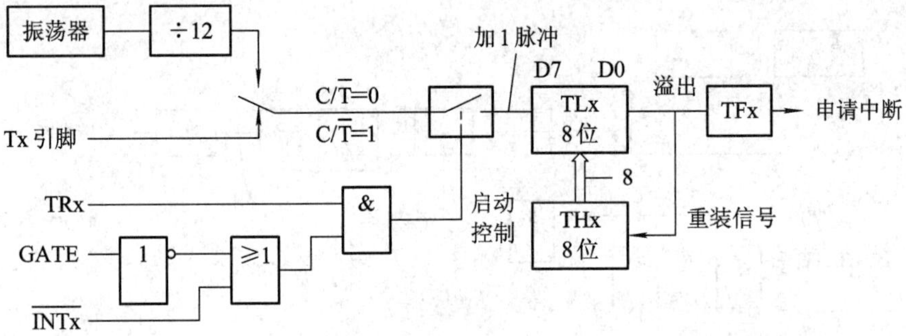

图 4.7　定时/计数器 T0 方式 2 逻辑结构图

此方式下，TL0 作为 8 位加 1 计数器使用，TH0 作为初值寄存器使用，两者由软件在初始化时赋相同的初值。在加 1 脉冲的作用下开始加 1 计数，当 TL0 的 8 位计满后，向溢出标志位 TF0 进位，同时发出重装载信号，硬件电路自动将 TH0 中的初值装入 TL0 中，使 8 位计数器 TL0 又从初值重新开始计数。最大的计数值 $M = 2^8 = 256$。

4. 工作方式 3

设置 M1M0 为 11，则定时器工作于方式 3，工作方式 3 仅对 T0 有意义。此时定时器 T0 被分成两个互相独立工作的 8 位计数器 TH0 和 TL0，其逻辑结构如图 4.8 所示。

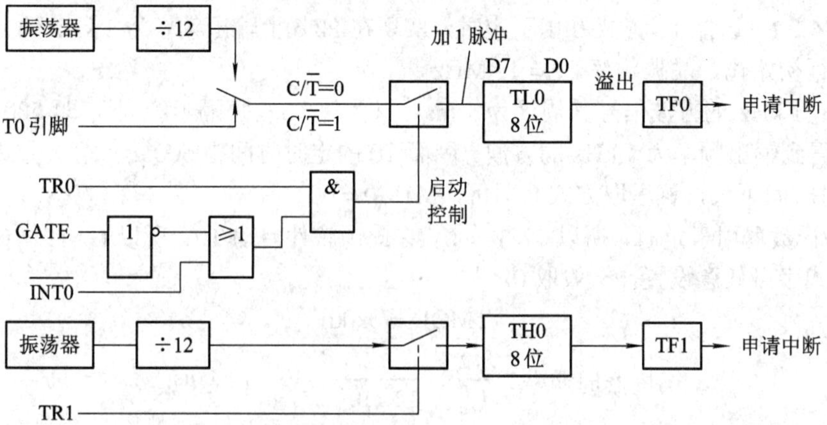

图 4.8　定时/计数器 T0 方式 3 逻辑结构图

TL0 既能用于定时又能用于计数，TL0 占用 T0 的控制位、引脚和中断源，包括 C/$\overline{T}$、GATE、TR0、TF0、T0(P3.4)引脚和 $\overline{INT0}$ (P3.2)引脚；TH0 只能用于定时功能，不能对外部事件计数，TH0 占用 T1 的控制位 TF1 和 TR1，同时还占用了 T1 的中断源，其启动和关闭仅受 TR1 控制。最大的计数值 $M = 2^8 = 256$。

小提示：定时器 T0 工作在方式 3 时，原则上定时器 T1 仍可设置为方式 0～2，但由于 TR1、TF1 和 T1 中断源均被 T0 占用，使 T1 的功能受限，只能用在不需要中断功能和启停控制的场合。此时 T1 仅有控制位 C/$\overline{T}$ 切换其定时或计数功能模式，计数溢出时只能将溢出送入串行口。在这种情况下，T1 一般设置为方式 2，用作串行口波特率发生器。

方式 3 适用于要求增加一个额外的 8 位定时器的场合。

4.2.3　定时/计数器的应用

定时/计数器是单片机应用系统中的重要组成部件，其工作方式的灵活应用对提高编程技巧、减轻 CPU 负担和简化外围电路有很大好处。

1. 定时/计数器的初始化

由于 8051 的定时/计数器是可编程的，即它的功能是由软件编程确定的，所以一般在使用定时/计数器前对其进行初始化，使其按设定的功能工作。

1) 基本步骤

(1) 确定 T0 和 T1 的工作方式，对 TMOD 赋值。

(2) 计算初值，并将初值写入 TH0、TL0 或 TH1、TL1。

(3) 根据需要开放中断。中断方式时，则对 IE 赋值；查询方式时，此步骤没有。

(4) 对 TR0 或 TR1 置位，启动定时/计数器工作。

2) 计算初值 X

(1) 计数功能：X = 最大计数值 N – 计数值 n。

(2) 定时功能：X = 最大计数值 N – t/T，其中 t 为定时时间，T 为机器周期。

【例 4.3】 选择 T0 方式 0 用于定时，实现在 P3.6 上输出频率为 1 kHz 的方波，试对定时器进行初始化。晶振频率 f_{osc} = 12 MHz。

分析：1 kHz 的方波信号其周期为 1 ms，只要使 P3.6 每隔半个周期(即 500 μs)取反一次，即可得到输出频率为 1 kHz 的方波。因而 T0 的定时时间为 500 μs，可选方式 0 和方式 1，因定时时间不长，这里取方式 0 即可，M1M0 = 00。

定时/计数器用于定时，所以 $C/\overline{T}=0$；在此用软件启动 T0，所以 GATE = 0。T1 这里不用，方式字可任意设置，一般取 0。故

$$TMOD = 0x00$$

$$机器周期\ T=\frac{12}{f_{osc}}=\frac{12}{12\times10^{6}}=10^{-6}\,s=1\ \mu s$$

$$X=2^{13}-\frac{500}{1}=7692=1111000001100B$$

$$TH0 = 11110000B = 0xf0$$

$$TL0 = 00001100B = 0x0c$$

2. 定时/计数器的应用

【例 4.4】 单片机系统晶体振荡器的频率为 12 MHz，利用定时/计数器 0 实现在 P3.6 引脚上输出周期为 500 μs 的方波。

分析：要在 P3.6 引脚上输出周期为 500 μs 的方波，只要每半个周期(即 250 μs)取反一次即可，因此只要利用定时/计数器实现定时 250 μs，定时时间到即取反就可以实现。

利用 T0 让其在工作方式 2 下实现定时，对应 TMOD = 0x02，TH0 = TL0 = 256 - 250 = 6。

程序如下：

```
#include<reg51.h>
sbit P3_6=P3^6;
void main(  )
{
    TMOD=0x02;              //T0 工作于方式 2，用于定时
    TH0=6;                  //设置定时/计数器 0 的计数初值
    TL0=6;
    P3_6=1;
    TR0=1;                  //启动定时
    while(1)
    {
        if(TF0==1)          //判断定时时间到了没有
        {
            P3_6=!P3_6;     //定时时间到了，波形取反
            TF0=0;          //查询方式下用软件将溢出标志位清零
        }
}
```

【例 4.5】 设一交通路口设红、黄、绿三盏交通灯，当红灯亮 2 s 后，黄灯亮 400 ms，绿灯亮 1 s，试用单片机模拟交通灯控制。

分析：单片机采用发光二极管模拟交通灯控制，即利用 P1.0～P1.2 分别接红灯(LED0)、黄灯(LED1)、绿灯(LED2)三个发光二极管，电路如图 4.9 所示。问题是这里用到三个不同定时时间(2 s、400 ms、1 s)，是不是每个定时时间都编写不同的定时程序？其实不需要，可以采用软件定时器的方式，即找到这几个定时时间的公约数，如 50 ms，利用软件定时器就可以完成不同的延时。

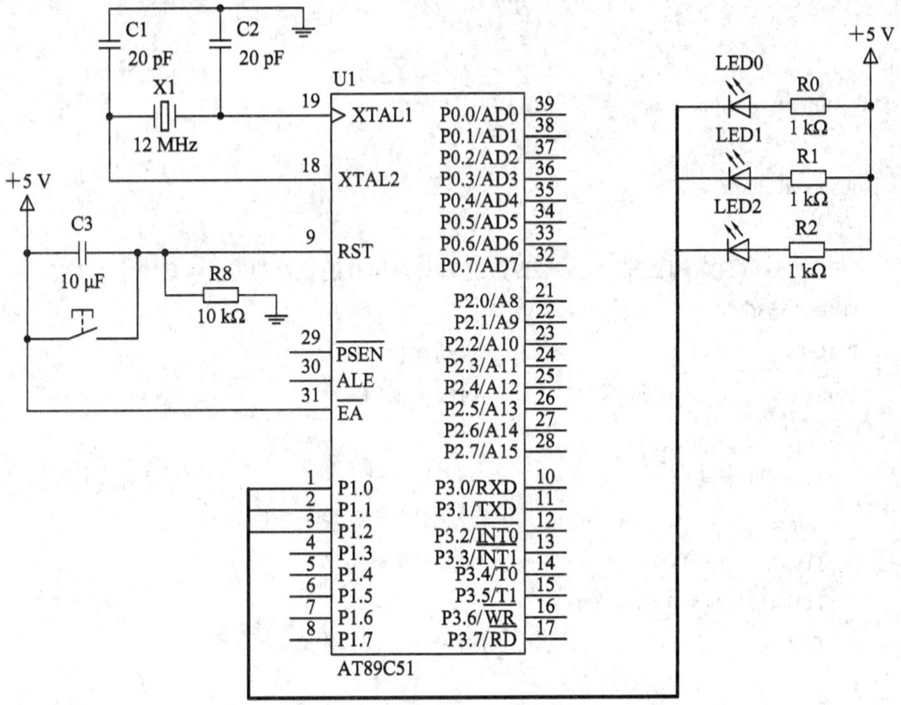

图 4.9　单片机模拟交通灯控制

程序如下：

```
#include <reg51.h>
sbit  P1_0=P1^0;
sbit  P1_1=P1^1;
sbit  P1_2=P1^2;
void  timer0(unsigned char n );      //声明定时的函数
void  main( )
{
    P1=0xff;
    TMOD=0x01;                       //设置定时/计数器 0 工作于方式 1，用于定时
    while (1)
    {
        P1_0=0;                      //红灯亮
        timer0(40);                  //延时 2 s
```

```
        P1_0=1;                    //红灯灭
        P1_1=0;                    //黄灯亮
        timer0(8);                 //延时 400 ms
        P1_1=1;                    //黄灯灭
        P1_2=0;                    //绿灯亮
        timer0(20);                //延时 1 s
        P1_2=1;                    //绿灯灭
    }
}
void  timer0 (unsigned char n)        //定义定时函数
{
    unsigned char i;
    i=0;
    TH0=(65536-50000)/256;            //设置定时/计数器 0 的计数初值，以确定定时时间 50 ms
    TL0=(65536-50000)%256;
    TR0=1;                                 //启动定时
    while(i<n)                             //时间未到
    {
        while(TF0==0) ;                    //判断定时时间 50 ms 到了没有，没有到则等待
          i++;                             //定时时间到，累加变量加 1
        TH0=(65536-50000)/256;             //重装计数初值
        TL0=(65536-50000)%256;
        TF0=0;                             //溢出标志清零
    }
}
```

【例 4.6】 如图 4.10 所示电路中，利用定时/计数器 T0 测量 $\overline{\text{INT0}}$ (P3.2)引脚上正脉冲的宽度(以机器周期数表示)。

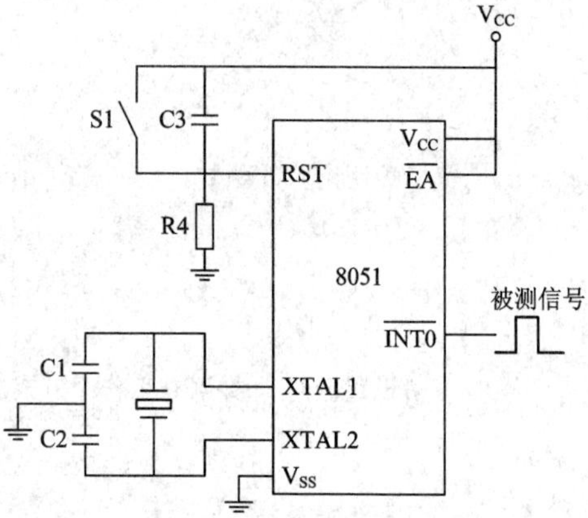

图 4.10　利用定时/计数器 T0 测脉冲宽度

分析：利用 T0，GATE=1 时，定时/计数器的启动或停止由 TR0 和 $\overline{\text{INT0}}$ 共同决定，即

TR0 • $\overline{\text{INT0}}=1$ 时，定时/计数器 T0 才会启动。如果仅设置 TR0 等于“1”，定时/计数器不能被启动，还必须等外部脉冲高电平时，定时/计数器才会启动，否则定时/计数器 T0 停止工作。测试过程控制如图 4.11 所示，在被测信号为低电平期间，让 TR0=1，做好测量准备，此时定时/计数器不会启动，而被测信号高电平到来的那一刻自动启动，直到高电平结束的时刻关闭定时/计数器，被测信号高电平期间统计单片机内部机器周期脉冲个数即可得到相应被测信号正脉冲的宽度。此时定时/计数器 T0 工作于定时模式，即 $C/\overline{T}=0$。考虑到让测量范围尽可能大，选择工作方式 1，此时 M1M0 = 01，初值取 TH0 = 0，TL0 = 0。

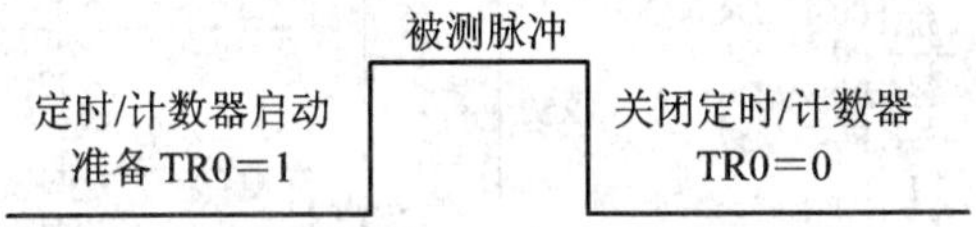

图 4.11　被测脉冲测试过程控制

程序如下：

```
#include <reg51.h>
sbit    P3_2=P3^2;
void   main( )
{
    unsigned   int   i;
    TMOD=0x09;                //T0 用于定时
    TH0=0;
    TL0=0;
    IE=0;
    while(P3_2==1) ;
    TR0=1;                    //被测信号低电平期间，TR0 置 1，做好测量准备
    while(P3_2==0);           //被测信号仍为低电平，则等待
    while(P3_2==1);           //被测信号变为高电平，开始自动测量
    TR0=0;                    //被测信号高电平结束，关闭定时/计数器
    i=256*TH0+TL0;            //读取测量值
}
```

任务 6　人工控制的小灯

1. 任务目的

通过人工控制小灯电路制作和软件设计，了解单片机的中断系统及相关的特殊功能寄存器，掌握单片机外中断的使用，熟悉掌握 C51 中断服务函数的编写。

2. 任务要求

正常情况下，P1 口所接的 8 个 LED 灯单灯循环右移，如果 P3.2 所接的按键按下(外部中断 0)则 P1 口灯变成闪烁 5 次后，恢复中断前的状态，继续单灯循环右移。

3. 硬件电路

硬件电路如图 4.12 所示，在 P3.2(外部中断 0 的中断输入引脚)上接入一个按键，用来产生控制信号，当按键按下，在 $\overline{\text{INT0}}$ 引脚上产生一个下降沿，向 CPU 发出中断请求，利用外部中断 0 来实现任务中所要求的功能。

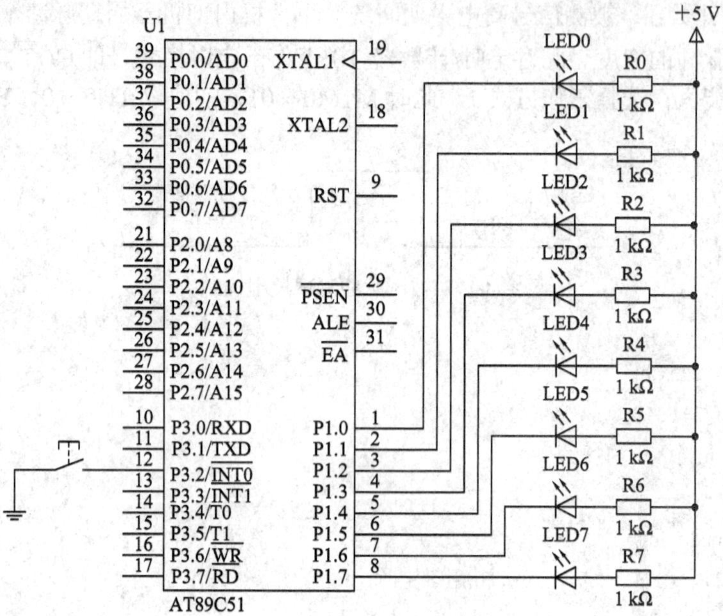

图 4.12　人工控制小灯电路

4. 程序设计

人工控制小灯的源程序如下：

```
/*人工控制小灯，外部中断*/
//=======声明区==============
#include<reg51.h>
#define   uchar   unsigned char   //宏定义
void   delay( );                  //声明延时函数
void   right( );                 //声明单灯右移函数
//======主程序=================
void main(void)
{
    P1=0xff;
    EA=1;                        //开总中断
    IT0=1;                       //外部中断 0 为下降沿触发方式
    EX0=1;                       //开外部中断 0
    while(1)   right( );         //无穷循环，程序一直在运行，单灯右移
}

//======外部中断 0 中断服务函数===========
```

```
void  int0(void)  interrupt 0
{
      uchar  saveled , i;
      saveled=P1;                    //保护现场
      P1=0xff;
      for(i=0; i<10; i++)            //P1 口灯闪烁 5 次
        {
          P1=~P1;
          delay( );
        }
      P1=saveled;                    //恢复现场
}

//======单灯右移函数===========
void  right()
{
      uchar i, k;
      k=0x80;
      for(i=0; i<8; i++)
        {
           P1=~k;
           delay( );
           k>>=1;
        }
}
//======延时函数==============
void delay(    )
{
     uchar m, n;
     for(m=0; m<250; m++)
     for(n=0; n<255; n++);
}
```

小问题：

问：函数 int0 在程序中没有被调用，它是不是没有执行？

答：函数 int0 是一种特殊的函数，叫做中断服务函数。它和一般函数不同，不能在程序中软件调用，而是在中断响应条件满足的情况下，由中断系统硬件自动完成调用的。因此虽然在程序中没有看到调用该函数的语句，但是在满足中断响应条件时，它是会被自动执行的。

5. 任务小结

本任务中，在正常情况下运行主函数，实现P1口对应8个发光管单灯依次右移点亮；当P3.2所接按键按下后，中断当前的显示模式，转去执行中断服务函数，实现P1口对应8个发光管闪烁5次。中断功能的存在很大程度上提高了单片机处理外部或内部事件的能力，使单片机的工作更加灵活、效率更高。中断是为使单片机具有对外部或内部随机发生的事件实时处理而设置的。中断是单片机最重要的功能之一，是学习单片机必须要掌握的内容。

4.3 中断系统

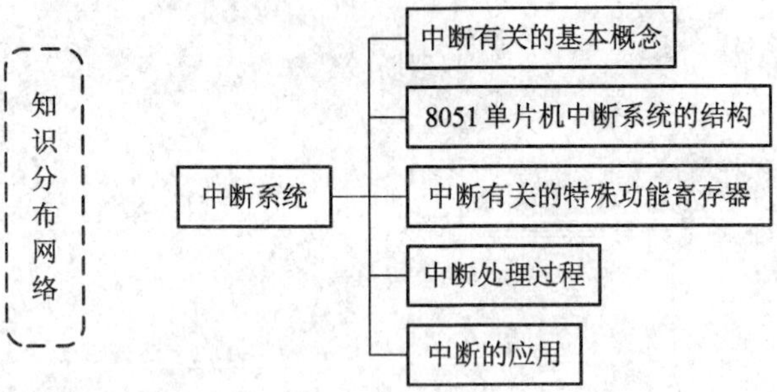

4.3.1 中断有关的基本概念

1. 中断

在生活中会发生一些这样的事情，如你正在家里看书，突然电话铃响了，这时你会放下书本，去接电话，和来电话的交谈，交谈后会放下电话，回去继续看书，其流程如图4.13所示。这就是生活中的“中断”现象，就是正常的工作过程被另外某些事情打断了。

单片机中，所谓中断是指CPU正在处理A事件时，突然发生另外的事件B，请求CPU紧急处理(中断请求)，CPU暂停当前工作(中断响应)，转而处理B事情(中断处理)，处理完后再回到原被打断的地方，继续处理A事件(中断返回)的这一过程，其流程如图4.14所示。

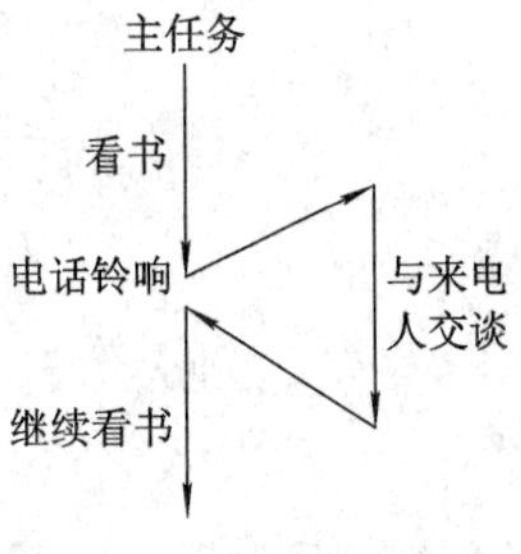

图4.13 生活中断流程

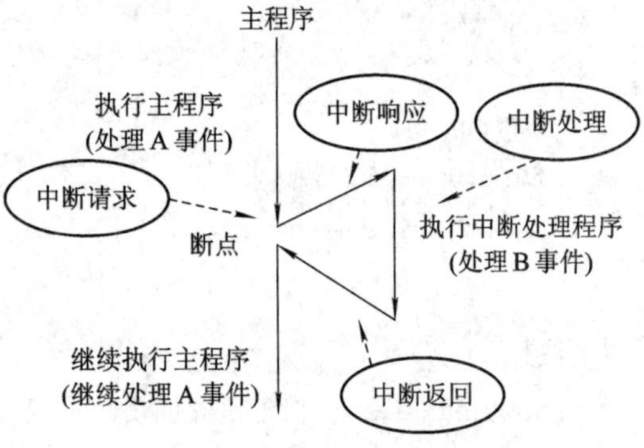

图4.14 单片机中断处理流程

2. 中断源

引起中断的原因或能发出中断请求的来源称为中断源。8051单片机中共有5个中断源：两个外部中断，两个定时/计数器中断，一个串行口中断。

3. 中断技术的优点

(1) 提高 CPU 的利用率。

有了中断功能就能解决快速 CPU 和慢速外设之间的矛盾。CPU 在启动外设工作后，继续执行自己的正常工作，此时外设也在工作，只有当外设做完一件事情发出中断请求时，CPU 才会中断正在执行的程序，转去执行中断服务，中断处理完后再恢复执行原来的工作，而不必始终在等待中。这样 CPU 可以命令多个外设同时工作，从而大大提高了 CPU 的利用率。

(2) 实现实时处理。

在实时控制中，现场的各个参数、信息会随时间和现场情况不断变化，有了中断功能，就可以根据要求，随时向 CPU 发出中断请求，要求 CPU 及时处理，使单片机的工作更加灵活。

(3) 故障处理。

单片机在运行过程中，出现一些事先无法预料的故障是难免的，如电源突跳、存储出错等。有了中断功能，单片机就能自行处理，而不必停机处理。

4.3.2 8051 单片机中断系统的结构

单片机中能实现中断功能的部件称为中断系统。8051 单片机的中断系统由中断源、与中断有关的特殊功能寄存器(TCON、SCON、IE、IP)、中断入口和顺序查询逻辑电路等组成，其结构框图如图 4.15 所示。

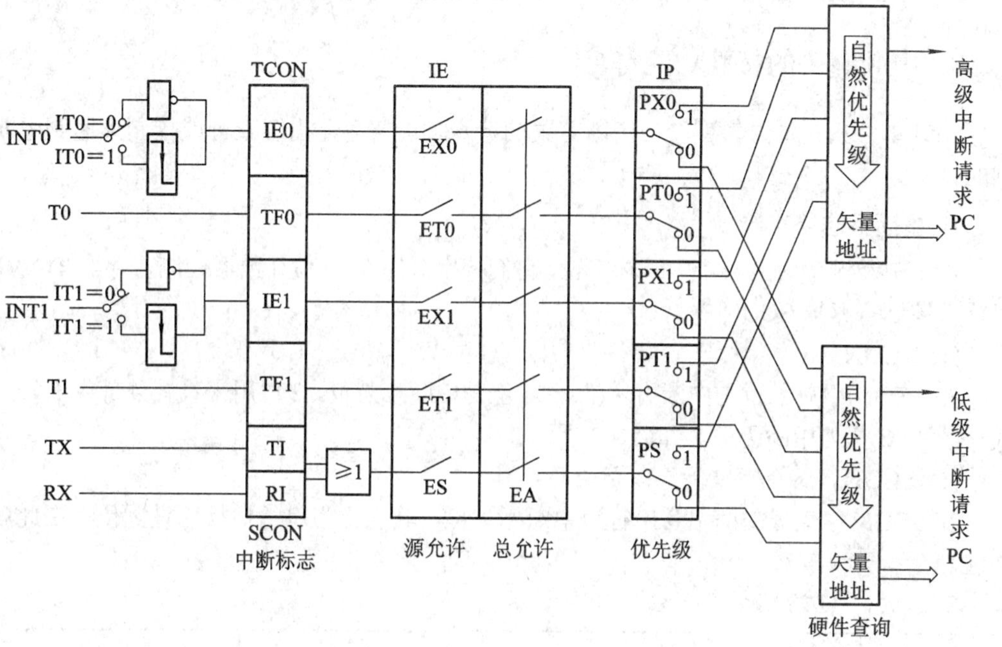

图 4.15 8051 中断系统的内部结构框图

1. 中断源

8051 单片机中断系统有 5 个中断源，分别为外部中断 0 请求 $\overline{\text{INT0}}$、外部中断 1 请求

$\overline{INT1}$、定时/计数器 T0 溢出中断请求、定时/计数器 T1 溢出中断请求、串行口中断请求 RI 或 TI。

2. 与中断有关的特殊功能寄存器

与中断有关的特殊功能寄存器有 4 个，分别为中断标志寄存器 TCON 和 SCON、中断允许控制寄存器 IE 和中断优先级控制寄存器 IP。

3. 顺序查询电路

8051 单片机有两个中断优先级：高优先级和低优先级。同一优先级别的中断源采用内部自然优先级，由顺序查询电路形成。

4. 中断入口

5 个中断源对应着 5 个中断入口，它们之间的对应关系如表 4.4 所示。对 C 语言程序，可以不知道中断入口的真实地址，而用相应的序号来代替。

表 4.4　8051 单片机中断源的入口地址和序号

中断源	中断入口地址	中断序号
$\overline{INT0}$(外部中断 0)	0003H	0
T0(定时/计数器 0 中断)	000BH	1
$\overline{INT1}$(外部中断 1)	0013H	2
T1(定时/计数器 1 中断)	001BH	3
TI/RI(串行口中断)	0023H	4

4.3.3 中断有关的特殊功能寄存器

8051 单片机是通过对四个与中断有关的特殊功能寄存器内容查询或控制来达到中断控制的目的。

1. 中断标志寄存器

每个中断源都对应一个中断标志位，它们分别分布在定时/计数器控制寄存器 TCON 和串行口控制寄存器 SCON 中。

(1) TCON。

在 TCON 中有 6 位与中断有关(其中 4 位是中断标志位，2 位用来设置外部中断触发方式)，另外 2 位与中断无关。如表 4.3 所示。

(2) SCON。

在 SCON 中最低的两位为串行口中断标志位，其它位为串行口控制设置位，在此就不详述。

SCON 的格式如下：

位序号	D7	D6	D5	D4	D3	D2	D1	D0
位地址							99H	98H
位符号							TI	RI

SCON 最低两位的含义如下：

TI：串行发送中断标志，当串行口发送完一帧数据后，该位由硬件自动置 1，供中断系统的查询电路进行中断查询。

RI：串行口接收中断标志位，当串行口接收完一帧数据后，该位由硬件自动置 1，供中断系统的查询电路进行查询。

TI 和 RI 与其他 4 个中断标志位不同的是，串行口中断响应完成后不会自动清 0，必须用软件清 0。

2. 中断允许寄存器 IE

8051 单片机的 5 个中断源都是可屏蔽中断，中断系统内部有一个中断允许寄存器 IE，用于控制各中断源的中断开放或屏蔽。

IE 的格式如下：

位序号	D7	D6	D5	D4	D3	D2	D1	D0
位地址	AFH			ACH	ABH	AAH	A9H	A8H
位符号	EA			ES	ET1	EX1	ET0	EX0

IE 各对应位的含义如表 4.5 所示：

表 4.5　中断允许寄存器 IE 各位的含义

中断允许位	功　能	说　　明
EA	总中断允许位	EA = 1，开放所有中断；EA = 0，禁止所有中断
ES	串行口中断允许位	ES = 1，开放串行口中断；ES = 0，禁止串行口中断
ET1	定时/计数器 T1 中断允许位	ET1 = 1，开放 T1 中断；ET1 = 0，禁止 T1 中断
EX1	外部中断 1 中断允许位	EX1 = 1，开放外部中断 1 中断；EX1 = 0，禁止外部中断 1 中断
ET0	定时/计数器 T0 中断允许位	ET0 = 1，开放 T0 中断；ET0 = 0，禁止 T0 中断
EX0	外部中断 0 中断允许位	EX0 = 1，开放外部中断 0 中断；EX0=0，禁止外部中断 0 中断

3. 中断优先级寄存器 IP

8051 单片机有两个中断优先级：高优先级和低优先级。每个中断源都可以通过对中断优先级控制寄存器 IP 设置为高优先级中断或低优先级中断。

IP 的格式如下：

位序号	D7	D6	D5	D4	D3	D2	D1	D0
位地址				BCH	BBH	BAH	B9H	B8H
位符号				PS	PT1	PX1	PT0	PX0

IP 各对应位的含义如表 4.6 所示。

表 4.6　中断优先级寄存器 IP 各位的含义

控制位	功　能	说　　明
PS	串行口中断优先控制位	PS = 1，串行口中断为高优先级中断；PS = 0，串行口中断为低优先级中断
PT1	定时器 T1 中断优先控制位	PT1 = 1，定时器 T1 中断为高优先级中断；PT1 = 0，定时器 T1 中断为低优先级中断
PX1	外部中断 1 中断优先控制位	PX1 = 1，外部中断 1 中断为高优先级中断；PX1 = 0，外部中断 1 中断为低优先级中断
PT0	定时器 T0 中断优先控制位	PT0 = 1，定时器 T0 中断为高优先级中断；PT0 = 0，定时器 T0 中断为低优先级中断
PX0	外部中断 0 中断优先控制位	PX0 = 1，外部中断 0 中断为高优先级中断；PX0 = 0，外部中断 0 中断为低优先级中断

同一优先级别的中断源可能不止一个，因此也需要进行优先排队。同一优先级别的中断源采用内部自然优先级，它由硬件形成，其优先顺序如下：

中断源	自然优先级
外部中断 0	最高级
定时器 T0 中断	↓
外部中断 1	↓
定时器 T1 中断	↓
串行口中断	最低级

4.3.4　中断处理过程

中断处理过程可分为 3 个阶段：中断响应、中断处理、中断返回。中断响应是 CPU 对中断源中断请求的回答。单片机在运行时，并不是任何时刻都会去响应中断请求，而是在中断响应条件满足之后才会响应。

1. 中断响应条件

CPU 响应中断的基本条件如下：

(1) 有中断源发出中断请求。

(2) 中断总允许位 EA = 1，即 CPU 允许所有中断源申请中断。

(3) 申请中断的中断源的中断允许位为 1，即 CPU 允许响应中断。

若满足上述条件，CPU 一般会响应中断，但如果出现下列任何一种情况，对应中断响应会受到阻断：

(1) CPU 正在执行一个同级或高一级的中断服务函数。

(2) 当前指令未执行完。

(3) 正在执行中断返回或访问寄存器 IE 和 IP。

若存在任何一种阻断情况，中断查询结果即被取消，否则在紧接着的下一个机器周期，就会响应中断。

2. 中断处理过程

如果中断响应条件满足，且不存在中断阻断的情况，则 CPU 就会响应中断，进行相应的中断处理。此时中断系统会自动产生中断函数调用指令，通过硬件查询对应中断入口地址，同时自动把原来断开的位置(断点)保护起来，然后去执行用户编写的实现一定功能的中断服务函数，执行完毕后中断返回原来断点，中断处理过程流程如图 4.16 所示。中断处理过程就是硬件自动调用并执行中断函数的过程。

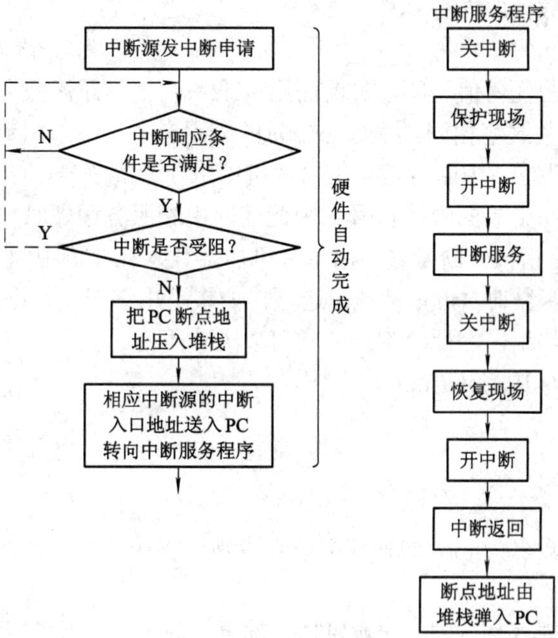

图 4.16　中断处理过程流程图

小提示：中断处理过程中，只会自动保护断点，但不会保护现场，也就是说 CPU 在进入中断服务函数后，有可能会破坏某些寄存器中的内容。因此一般在中断服务函数中，要先保护现场，然后再执行中断处理程序，在返回主程序以前，再恢复现场，如任务 6 中的外部中断函数所示。

3. 中断响应时间

所谓中断响应时间，是从查询中断请求标志位开始到转向中断入口地址所需要的机器周期数。8051 单片机的最短中断响应时间为 3 个机器周期。在系统中只有一个中断源的情况下，中断响应时间都是大于 3 个机器周期而小于 8 个机器周期。但如果出现同级或高级中断正在响应或服务中需等待时，响应时间就要视具体情况来定。

4.3.5　中断的应用

使用中断功能时，程序一般由主函数和中断服务函数组成。CPU 正常工作时运行的程序称为主函数，处理随机事件的程序叫做中断服务函数。中断有关特殊功能寄存器内容的初始化在主函数中进行设置。

1. 中断服务函数编写

中断服务函数是一种特殊的函数。为了在 C 语言源程序中直接编写中断服务函数的需要，C51 编译器对函数的定义进行了扩展，增加了一个扩展关键字 interrupt。关键字 interrupt

是函数定义时的一个选项，加上这个选项就可以将一个函数定义成中断服务函数。C51 中定义中断服务函数的一般格式如下：

```
void 中断函数名( )interrupt 中断号 using 工作组
{
    中断服务程序内容
}
```

中断函数不能返回任何值，所以最前面用 void；后面紧跟函数名，名字可以任意起，但不要与 C 语言中的关键字相同，最好与当时的应用有关；中断函数并不传入参数，所以函数后面的小括号内为空；中断号就是指单片机中中断源的序号，详见前述的表 4.4，这个序号是编译器识别不同中断的唯一符号，因此在写中断服务程序时一定要写正确；最后面的“using 工作组”是指该中断函数使用单片机内部数据存储器中 4 组工作寄存器中的的哪一组，在定义一个函数时 using 是一个选项，如果不用该选项，则由 C51 编译器在编译程序时会自动分配工作组，因此这部分通常可以省略不写。

如：
```
void  int0(void)  interrupt 0
{
    …
}
```

上面的函数为函数名为 int0 的外部中断 0 中断服务函数，在花括号里编写该中断服务函数的内容。

在中断服务程序内容部分中，一般包括三部分：首先需要保护现场，然后是中断程序，中断返回时还需要恢复现场。保护现场和恢复现场是为了不使现场数据遭到破坏或造成混乱，保护现场前要关中断，恢复现场之后再开中断；若有中断嵌套，即保护现场后允许高优先级中断，则保护现场后应开中断，同样恢复现场前应关中断。

小提示： 在编写中断服务函数遵循的原则：能在主程序中完成的功能就不要在中断函数中写，若非要在中断函数中实现功能，那么一定要高效、简洁。

2. 应用举例

【例 4.7】 任务 5 中定时/计数器应用除了可以用查询方式实现以外，还可以用中断方式来实现。

解 程序如下：

```
#include <reg51.h>              //利用定时计数器，中断方式实现定时亮灭
unsigned char i;                //定义全局变量 i
void  main( )                   //主程序
{
    i=0;
    P1=0xff;
    TMOD=0x01;                          //定时/计数器 0 工作于方式 1，用于定时
    TH0=(65536-50000)/256;              //设置计数初值
    TL0=(65536-50000)%256;
```

```
    EA=1;                              //开总中断
    ET0=1;                             //开定时/计数器 0 中断
    TR0=1;                             //启动定时/计数器 0
    while(1)
    {
        if(i==20)
        {    i=0;
             P1=~P1;
        }
    }
}
void  timer0(void) interrupt 1               //定时/计数器 0 中断服务函数
{   i++;                                    //每 50 ms，i 加 1
    TH0=(65536-50000)/256;                  //重装初值
    TL0=(65536-50000)%256;
}
```

【例 4.8】 一交通路口设置有红绿灯以及紧急按钮，正常情况下，红绿灯以 1 s 的间隔轮流点亮，当出现紧急情况(如救护车或者消防车有相应紧急任务，需要通行)时，只要按一下紧急按钮，则道路交通灯就会变成红灯并持续 1 s 时间，以禁止其他车辆通行，使消防车顺利通过。试用单片机系统来模拟实现上述功能。

分析：对于单片机而言，对通用 I/O 口编程可以实现将 I/O 口设置成高低电平来点亮或熄灭发光二极管以模拟红绿灯，按钮可以实现中断控制。

解　电路如图 4.17 所示，将 P1 口的 P1.0～P1.1 分别接绿色和红色发光二极管以模拟道路交通灯，P3.2($\overline{INT0}$)接一按键以模拟紧急按钮。

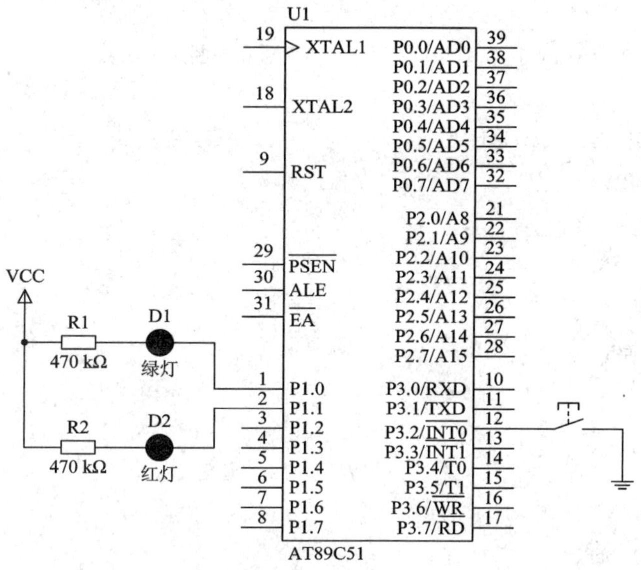

图 4.17　单片机系统来模拟交通灯控制

程序如下：

```
#include <reg51.h>
sbit   P1_0=P1^0;
sbit   P1_1=P1^1;
void delay1s( );                            //声明延时函数
void   main( )
{
      EA=1;                                 //开总中断
      IT0=1;                                //外部中断0下降沿触发方式
      EX0=1;                                //开外部中断0
      TMOD=0x01;                            //定时/计数器0工作于方式1，用于定时
      TH0=(65536-50000)/256;                //设置计数初值
      TL0=(65536-50000)%256;
      TR0=1;                                //启动定时/计数器0
      while(1)
         {
              P1_0=0;                       //绿灯被点亮
              delay1s(    );                //延时1 s
              P1_0=1;                       //绿灯被熄灭
              P1_1=0;                       //红灯被点亮
              delay1s(    );                //延时1 s
              P1_1=1;                       //红灯被熄灭
         }
}

void   intt0(   ) interrupt 0               //外部中断0中断服务函数
{
      unsigned   char   saveled;
      saveled=P1;                           //保护现场
      P1_1=0;                               //红灯被点亮
      delay1s(    );                        //延时1 s
      P1_1=1;                               //红灯被熄灭
      P1=saveled;                           //恢复现场
}

void delay1s(      )                        //延时1 s的延时函数
{
      unsigned char i;
      i=0;
```

```
        while(i!==20)
        {
            if(TF0==1)
            {
                i++;
                TH0=(65536-50000)/256;        //重装计数初值
                TL0=(65536-50000)%256;
                TF0=0;
            }
        }
    }
```

【例 4.9】 如图 4.18 所示为故障判断与显示电路，四路故障信号通过与门连接到单片机的外部中断 0 输入端 $\overline{\text{INT0}}$，同时分别接到 P1.0、P1.2、P1.4、P1.6 上。当系统的各部分正常时，4 个故障源输入端全为高电平，显示灯全灭；若某一部分出现故障，则对应的输入线由高电平变为低电平，从而引起中断，实现系统的故障显示。试编程实现。

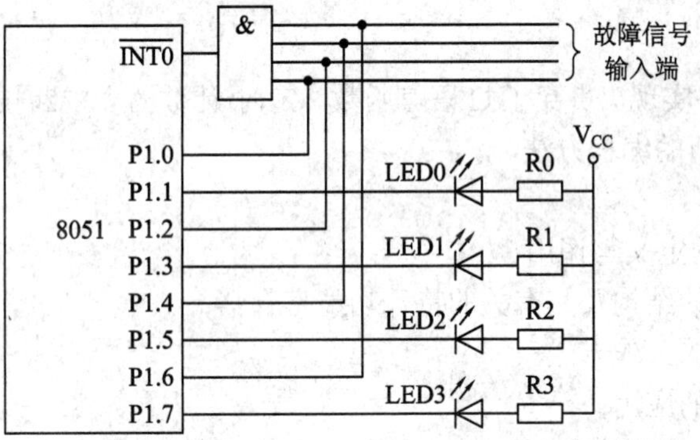

图 4.18　故障判断与显示电路

解　程序如下：

```
#include "reg51.h"                    //包含寄存器定义头文件
sbit   P1_0=P1^0;                     //定义相关的位
sbit   P1_1=P1^1;
sbit   P1_2=P1^2;
sbit   P1_3=P1^3;
sbit   P1_4=P1^4;
sbit   P1_5=P1^5;
sbit   P1_6=P1^6;
sbit   P1_7=P1^7;

void   main( )
{
    unsigned char i;
```

```
    IT0=1;                  //外部中断 0 为边沿触发方式
    EX0=1;                  //允许外部中断 0 中断
    EA=1;                   //允许总中断
    while(1) ;              //循环等待
}

void externint0( ) interrupt 0      //外部中断函数
{
    P1_1= P1_0;                     //灯亮显示对应故障
    P1_3= P1_2;
    P1_5= P1_4;
    P1_7= P1_6;
}
```

阶段小结

本模块通过任务实现，贯穿了 C 语言函数、定时/计数器和中断技术的应用，重点训练了定时/计数器和中断的编程方法。

本模块重点内容：

1. C 语言函数的定义与调用；
2. 定时/计数器的结构及其有关的特殊功能寄存器；
3. 定时/计数器的工作方式；
4. 定时/计数器的应用；
5. 中断的一些基本概念；
6. 中断系统的结构及其有关的特殊功能寄存器；
7. 中断服务函数的编写及中断程序的设计。

习　题　4

1. 选择题

(1) 8051 的 IP 寄存器的功能是(　　)。

A. 设定中断优先级　　　　B. 启用中断功能

C. 设定中断触发信号　　　D. 定义 CPU 的网址

(2) 在 Keil C 里，中断服务函数和普通函数有所不同，下面叙述正确的是(　　)。

A. 中断服务函数不必申明　　　B. 普通函数不必声明

C. 中断服务函数必须有自变量传入　　D. 中断服务函数一定有参数传出

(3) 8051 所提供的中断功能里，(　　)的自然优先级最高。

A. T0　　B. TI/RI　　C. T0　　D. $\overline{\text{INT0}}$

(4) 8051 的定时/计数器中，若使用方式 0，其最大计数量为(　　)。

A. 65536　　B. 8192　　C. 1024　　D. 256

(5) 8051 单片机的定时/计数器 T0 用作定时模式时是(　　)。

A. 对内部时钟频率计数，每一个振荡周期加 1

B. 对内部时钟频率计数，每一个机器周期加 1

C. 对外部时钟频率计数，每一个振荡周期加 1

D. 对外部时钟频率计数，每一个机器周期加 1

(6) 在晶振为 12 MHz 的单片机系统中，哪种工作方式一次可定时 10 ms?(　　)

A. 方式 0　　B. 方式 1　　C. 方式 2　　D. 方式 3

(7) 8051 的定时/计数器的哪种工作方式具有自动重装载初值的功能？(　　)

A. 方式 0　　B. 方式 1　　C. 方式 2　　D. 方式 3

(8) 8051 单片机的定时/计数器 T0 用作计数模式时，计数脉冲是(　　)的。

A. 外部计数脉冲由 T1(P3.5)输入　　B. 外部计数脉冲由 T0(P3.4)输入

C. 外部计数脉冲由内部时钟频率信号提供　　D. 外部计数脉冲由 $\overline{\text{INT0}}$ (P3.2)输入

(9) 8051 单片机的定时/计数器 T1 用作定时模式时，采用工作方式 2，则方式控制字 TMOD 为(　　)。

A. 0x02　　B. 0x20　　C. 0x01　　D. 0x10

2. 填空题

(1) 8051 单片机的中断系统由__________、__________、___________、________四部分组成。

(2) 定时/计数器 1 中断对应的中断序号为_______。

(3) 8051 的中断源有________、________、_________、________、__________共五个。

(4) 中断处理过程中，只会自动保护断点，但不会保护_________，也就是说 CPU 在进入中断服务函数后，有可能会破坏某些寄存器中的内容。

(5) 8051 单片机是通过对四个与中断有关的特殊功能寄存器内容查询或控制来达到中断控制的目的，它们是_________、_________、_________、_________。

(6) 定时/计数器的核心是____________________________。

(7) 定时/计数器设置为___________时，是对外部事件进行计数，计数脉冲来自相应的外部输入引脚 T0 或 T1；设置为_________时，计数脉冲来自于内部时钟脉冲，每个机器周期使计数器加 1。

3. 问答题

(1) 什么叫中断？

(2) 8051 单片机定时/计数器的定时功能和计数功能有什么不同？

(3) 8051 单片机有哪几个中断源？如何设定它们的优先级？

(4) 一个中断请求被响应必须满足什么条件？

(5) 中断响应过程中，为什么通常要保护现场？

(6) 8051单片机四种工作方式的特点有哪些？如何进行选择和设定？

(7) 定时/计数器用作定时方式时，其定时时间与哪些因素有关？作计数时，对外界计数频率有什么限制？

4. 操作题

(1) 已知单片机系统的晶振频率 f_{osc}=6 MHz，利用定时/计数器在 P1.0 上产生周期为 2 ms 的方波。

(2) 已知单片机系统的晶振频率 f_{osc}=12 MHz，利用定时/计数器在P1.1上产生如图4.19所示的矩形波。

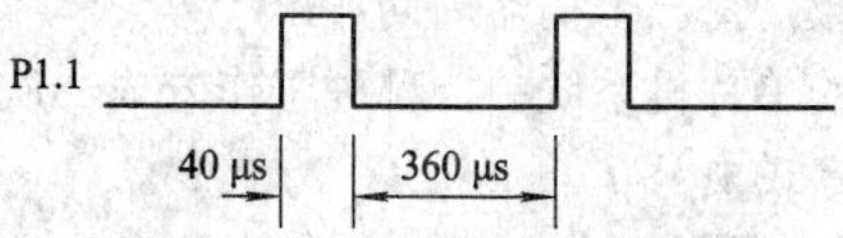

图4.19 P1.1上的矩形波

模块 5　显示和键盘接口技术

任务 7　LED 数码管显示的简易秒表倒计时设计

1. 任务目的

通过对由 LED 数码管显示一位数 0～9 简易倒计时秒表的制作，熟悉单片机与 LED 数码管的接口技术，进一步了解数组的定义、赋值、初始化等操作方法。

2. 任务要求

用单片机实现一位数简易秒表倒计时控制，计时范围为 0～9 s，并将计时时间在一位数码管上显示出来。

3. 电路设计

用单片机控制 LED 数码管显示的简易秒表硬件电路如图 5.1 所示，单片机的 P0 口 8 个引脚接到数码管的 8 个段控制端。图 5.1 中采用的是共阳极数码管，所以 COM 端(公共端)接 P2.7 作为选通端。如果是共阴极数码管，则须将 COM 端接地。

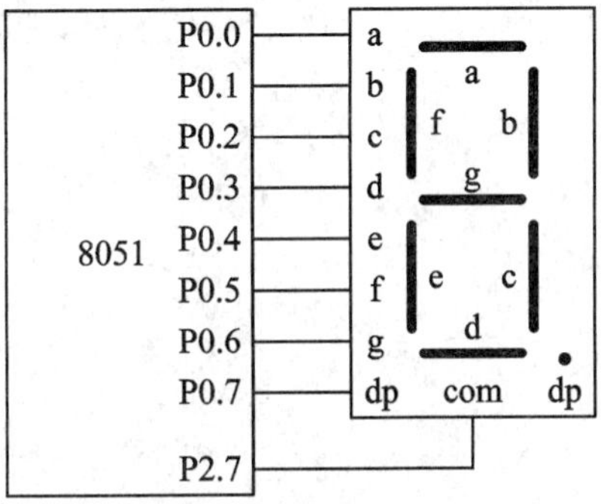

图 5.1　数码管倒计时电路

4. 程序设计

```
/*功能：数码管显示 10 秒倒计时*/
/*数码管硬件结构选择为：三极管驱动 8 位共阳型数码管*/
#include <reg51.h>
#define uchar unsigned char
#define uint unsigned int
#define sm_data   P0   //P0 选择段
```

```
sbit p2_7=P2^7;
void delay1s()
{
    uchar i;
    for(i=0; i<0x14; i++)
    {
        TH1=0x3c;
        TL1=0xb0;
        TR1=1;       //以上三行为单片机设定定时时间，在定时计数章节详细介绍
        while(!TF1);
        TF1=0;
    }
}
void main()
{
    uchar i;
    uint zk[10]={0xc0, 0xf9, 0xa4, 0xb0, 0x99, 0x92, 0x82, 0xf8, 0x80, 0x98}; //共阳型数码管对应的
                                                                               //0 到 9 十六进制编码
    TMOD=0x10;
    while(1)
    {
        p2_7=1;
        for(i=9; i>=0; i--)
        {
            sm_data=zk[i];
            delay1s();
        }
    }
}
```

5. 程序运行测试

编译、链接过程参见任务 2，将二进制文档 ex5_1.hex 下载到单片机的程序存储器中，接通电路板电源，即可观察到一位简易秒表按照 9～0 的顺序显示。

6. 任务小结

本任务采用单片机 P0 口控制共阳极数码管显示，实现显示 0～9 的简易秒表倒计时。在程序 ex5_1.c 中，定义 zk 数组存放数字 0～9(不带点)的显示字型码，将显示字型码通过 P0 口送到 LED 段控制端，显示相应的数字。将数组元素的下标作为循环控制变量是最常用的数组应用方法。

5.1　数　组

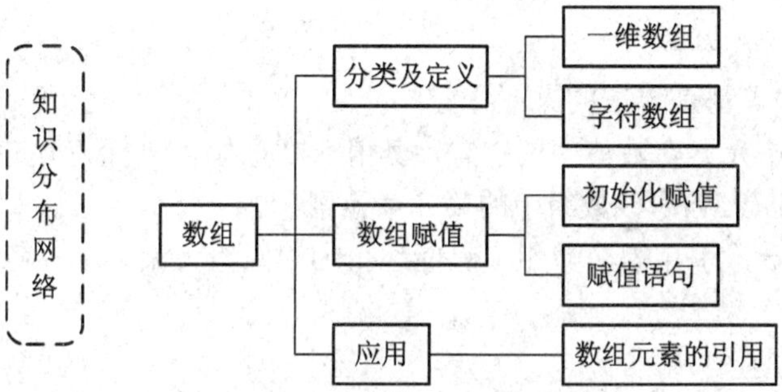

在程序设计中，为了处理方便，把具有相同类型的若干数据项按有序的形式组织起来。这些按序排列的同类数据元素的集合称为数组。组成数组的各个数据分项称为数组元素。

数组属于常用的数据类型，数组中的元素有固定数目和相同的类型，数组元素的数据类型就是该数组的类型。

常用的数组是一维、二维和字符数组。

5.1.1　一维数组

1. 一维数组的定义

定义格式如下：

类型说明符　数组名　[常量表达式];

类型说明符是数组中各个元素的数据类型；数组名是用户定义的数组标识符；常量表达式表示数组元素的个数。

如：

```
int a[4];          //定义整型数组a，有4个元素，a[0] 、a[1]、 a[2]、 a[3]
char b[5];         //定义字符数组b，有5个元素
```

定义数组时，应注意以下几点：

(1) 对于同一数组，所有元素的数据类型都必须是相同的。

(2) 数组名的书写规则应符合标识符的书写规定。

(3) 数组名不能与其他变量名相同。

(4) 方括号中的常量表达式不可以是变量，但可以是符号常数和常量表达式。

如：

```
#define NUM 4
main()
{
    int a[NUM], b[4-2];
    ……
}
```

(5) 可以在一个类型说明中，定义多个数组和变量。

2. 数组元素

数组元素也是一种变量，其标识方法为数组名后跟一个下标，它只能为整型数或整型表达式。定义形式：

数组名[下标]

如：zk[7]，a[i]等都是合法的。

下标表示该数组元素在数值中的位置，其值从 0 开始，下标为 0 的数组元素是数组中的第一个数组元素，zk[7]为该数组中的第 8 个元素。

在程序中不能一次引用整个数组，只能逐个使用数组元素。如任务 7 秒表倒计时程序中程序段：

```
for(i=9; i>=0; i--)
{
    sm_data=zk[i];
    ……
}
```

3. 数组赋值

给数组赋值的方法有赋值语句和初始化赋值两种。

(1) 在程序执行过程中，可用赋值语句对数组元素逐个赋值，如：

```
for(i-0; i<10; i++)
{
    Num[i]=i;
}
```

(2) 数组初始化赋值是指在数组定义时给数组元素赋予初值，如：

```
int num[10]={0, 1, 2, 3, 4, 5, 6, 7, 8, 9};
```

这种赋值方式是在编译阶段完成的，可以减少程序运行时间，提高程序执行效率。

小提示：数组说明和下标变量在形式上有些相似，但这两者具有完全不同的含义。数组说明的方括号给出的是长度，即可取下标的最大值加 1；而数组元素中的下标是该元素在数组中的位置标识。前者只能是常量，后者可以是常量、变量或表达式。

5.1.2 字符数组

前面介绍的数组是数值型的数组，数组中的每一个元素都是用来存放数值型的数据。数组不仅可以是数值型的，也可以是字符型的或其他类型的(如指针型、结构体型)。

字符数组的定义格式与一维数组定义类似，用来存放字符数据的数组是字符数组。字符数组中的一个元素就是一个字符。

可以在定义字符数组时对各元素赋初值，即初始化。例如：

```
char c[10]={'I', ' ', 'a', 'm', ' ', 'h', 'a', 'p', 'p', 'y'};
```

把 10 个字符分别赋给 c[0]～c[9] 这 10 个元素。

如果在定义字符数组时不进行初始化，则数组中各元素的值是不可预知的。如果大括号中提供的初值个数大于数组长度，则按语法错误处理。如果初值个数小于数组长度，则只将这些字符赋给数组中前面那些元素，其余的元素自动定义为空字符(即‘\0’)。

任务 8　编制数码管动态显示程序

1. 任务目的

根据电路编写在 4 个数码管上稳定显示“1234”的程序，了解数码管的动态显示的驱动。

2. 任务要求

采用动态显示方式，用单片机实现 4 位数码管稳定显示“1234”。

3. 电路设计

用动态显示方式点亮 4 个共阳极数码管的电路图如图 5.2 所示。图中将各个共阳极数码管相应的段选控制端并联在一起，仅用一个 P0 口控制。各位数码管的公共端，也称为“位选端”，由 P2 口高四位控制，用 4 个 PNP 型三极管驱动。

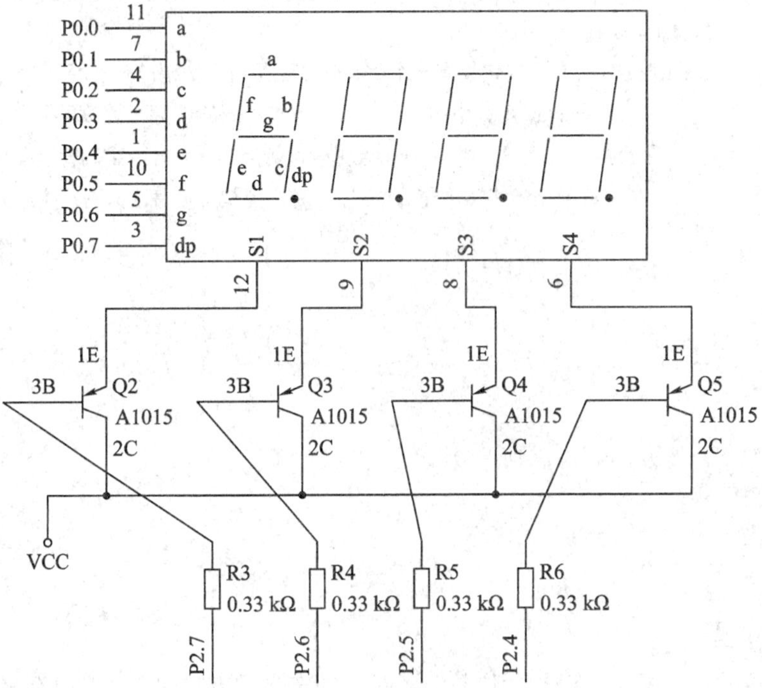

图 5.2　4 个共阳极数码管电路

4. 程序设计

4 位数码管动态显示“1234”的程序如下。

```
/*功能：让 4 个数码管依次显示 1 到 4，调整 delay 函数中的数值，可使数码管全亮或每次只亮
一个。*/
/*数码管硬件结构选择为：三极管驱动 8 位共阳型数码管*/
#include <reg51.h>
#define uchar unsigned char
#define uint unsigned int
#define sm_data    P0    //P0 选择段
#define sm_dp P2         //P2 选择位
void delay(uint n);
void main()
{
    uchar i;
    uint zk[10]={0xc0, 0xf9, 0xa4, 0xb0, 0x99, 0x92, 0x82, 0xf8, 0x80, 0x98}; //共阳型数码管对应的
                                                                             //1 到 9 十六进制编码
    while(1)
    {
        for(i=0; i<4; i++)
        {
            sm_dp=(i==0)?0xEF:(sm_dp<<1)+1; //(sm_dp<<1)+1 保证每次只点亮一个数码管
            sm_data=zk[i];
            delay(5); //延时时间决定只亮一个数码管，还是所有数码管均有显示
                        //改变 delay 函数中的数值，可观察到不同的视觉暂留效果
                       //根据实践所得，当 delay 函数中的数值为 1～5 时，数码管全亮效果最佳
                       //当 delay 函数中的数值为 80 以上时，清楚可见每次只有一个数码管有显示
        }
    }
}
void delay(uint n)
{
    uchar i;
    while(n--)
        for(i=0; i<125; i++);
}
```

5. 任务小结

与静态显示方式相比，当显示位数较多时，动态显示方式可以节省 I/O 端口资源，硬件电路简单，但其显示的亮度低于静态显示方式，由于 CPU 要不断地依次运行扫描显示程序，将占用 CPU 更多的时间。若显示位数较少，采用静态显示方式更加简便。

5.2　单片机与LED数码管接口

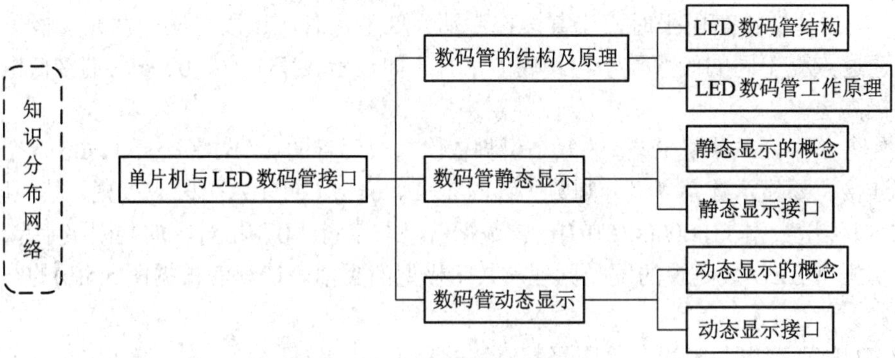

5.2.1　LED数码管的结构及原理

1. LED数码管的结构

在单片机系统中，经常采用LED数码管来显示单片机系统的工作状态、运算结果等各种信息，LED数码管是单片机人机对话的一种重要输出设备。

单个LED数码管的外形如图5.3所示，外部引脚如图5.4所示。LED数码管由8个发光二极管组成，通过不同的发光字段组合可用来显示数字0～9、字符A～F、H、L、P、R、U、Y、符号“—”及小数点“.”等。

按照内部8个发光二极管连接方式的不同，LED数码管可分为共阳极型LED数码管和共阴极型LED数码管两种，其内部结构如图5.5所示。

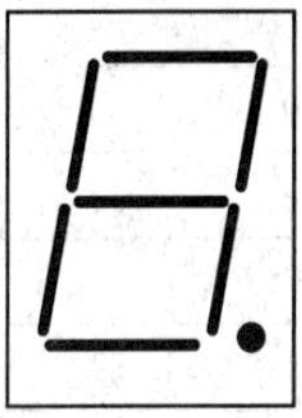

图5.3　数码管外形图

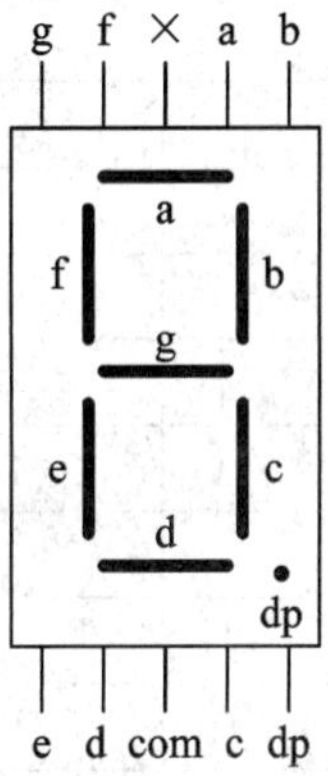

图5.4　数码管引脚图

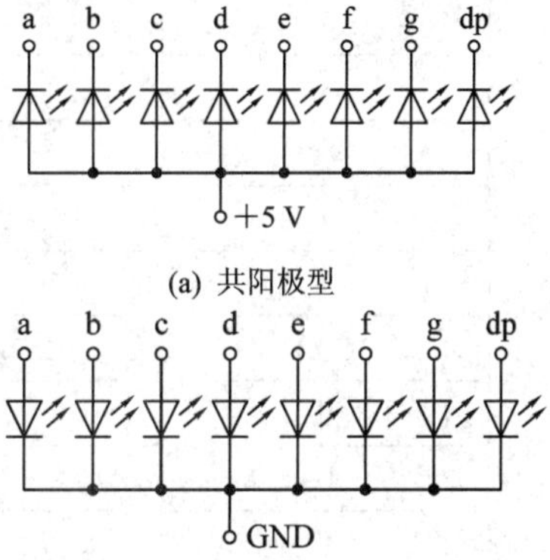

(a) 共阳极型

(b) 共阴极型

图5.5　LED数码管内部结构图

2. LED数码管的工作原理

这里以共阳极型为例说明LED数码管的工作原理。

从任务7中我们知道，若将数值0送至单片机的P0口，数码管上不会显示数字“0”。显然，要使数码管显示出数字或字符，直接将相应的数字或字符送至数码管的段控制端是不行的，必须使段控制端输出相应的字型编码。

如图 5.5(a)所示，共阳极数码管的 8 个发光二极管的阳极连接在一起，作为公共控制端(com)，阴极作为“段”控制端。

(1) 当公共端接低电平时，每个发光二极管都是截止的状态，无法发光。

(2) 当公共端接高电平时，当某段控制端为低电平时，该段对应的发光二极管导通并点亮。通过点亮不同的段，显示出不同的字符。如显示数字 1 时，b、c 两端接低电平，其他各端接高电平。

在任务 7 中，单片机 P0 口的八个引脚依次与数码管的 a、b、……、f、dp 八个段控制引脚相连接。要显示数字“0”，则数码管的 a、b、c、d、e、f 六个段应点亮，其他段熄灭，需向 P0 口传送数据 11000000(C0H)，该数据就是与字符“0”相对应的共阳极字型编码。

共阴极型 LED 数码管的发光原理与共阳极型的类似，请读者根据图 5.5(b)的结构图进行分析。

表 5.1 分别列出共阳极、共阴极数码管的显示字型编码。

表 5.1　数码管字型编码

字型	共阳极 对应编码	共阴极 对应编码
0	0xc0	0x3f
1	0xf9	0x06
2	0xa4	0x5b
3	0xb0	0x4f
4	0x99	0x66
5	0x92	0x6d
6	0x82	0x7d
7	0xf8	0x07
8	0x80	0x7f
9(g)	0x98(0x90)	0x67(0x6f)
A	0x88	0x77
b	0x83	0x7c
C(c)	0xc6(0xa7)	0x39
d	0xa1	0x5e
E	0x86	0x79
F	0x8e	0x71
H(h)	0x89(0x8b)	0x76(0x74)
L	0xc7	0x38
P	0x8c	0x73
U	0xc1	0x3e
•	0x7f	0x80
–	0xbf	0x40

5.2.2　LED 数码管静态显示

1. 静态显示的概念

静态显示是指当数码管显示某一字符时，相应的某段发光二极管恒定导通或恒定截止。这种显示方式的各位数码管的公共端恒定接地(共阴极)或 +5 V 电源(共阳极)。每个数码管的 8 个段位控制引脚分别与一个 8 位 I/O 端口相连。只要 I/O 端口有显示字型码输出，数码管就显示给定字符，并保持不变，直到 I/O 端口输出新的段码。任务 7 采用的就是一位数码管的静态显示方式。

2. 静态显示的接口

采用静态显示方式，较小的电流就可获得较高的亮度，且占用 CPU 时间少，编程简单，显示便于监测和控制，但占用单片机的 I/O 端口线多，n 位数码管的静态显示需占用 8×n 个 I/O 端口，所以限制了单片机连接数码管的个数。同时，硬件电路复杂，成本高，只适合显示位数较少的场合。

静态显示电路和实例见任务 7。

5.2.3　LED 数码管动态显示

1. 动态显示的概念

动态显示是一种按位轮流点亮各位数码管的显示方式，即在某一时段，只让其中一位数码管的“位选端”有效，并送出相应的字型显示编码。此时，其他位的数码管因“位选端”无效而都处于熄灭状态。下一时段按顺序选通另外一位数码管，并送出相应的字型显示编码，按此规律循环下去，即可使各位数码管分别间断的显示出相应的字符。虽然在同一时刻只有一位数码管在点亮，但利用人眼的视觉暂留效应和发光二极管熄灭时的余辉效应，看到的却是多位数码“同时”显示。这一过程称为动态扫描显示。

2. 动态显示的接口

动态显示方式下，数码管的所有段选口共用一个 8 位 I/O 口，而每个数码管显示位要占用一根 I/O 线，因此，n 位动态显示的数码管只占用一个 8 位 I/O 端口和 n 根 I/O 线。显示 n 位数码时，连接段选的 8 位 I/O 端口依次送出 n 位数码的段码数据。同时，依次控制相应位公共端，当公共端电平为“0”(共阴极)或“1”(共阳极)时，该位数码管点亮。

任务 9　字符型 LCD 液晶显示欢迎界面

1. 任务目的

通过对字符型 LCD 液晶欢迎界面的显示，让读者了解 LCD 显示器与单片机的接口方法，理解 LCD 显示程序的设计思路。

2. 任务要求

实现在 1602 液晶的第一行显示“WELCOME!”，第二行显示“WWW.WTC.EDU.CN”。

3. 电路设计

LCD 液晶显示电路如图 5.6 所示，现对接口做简要说明：

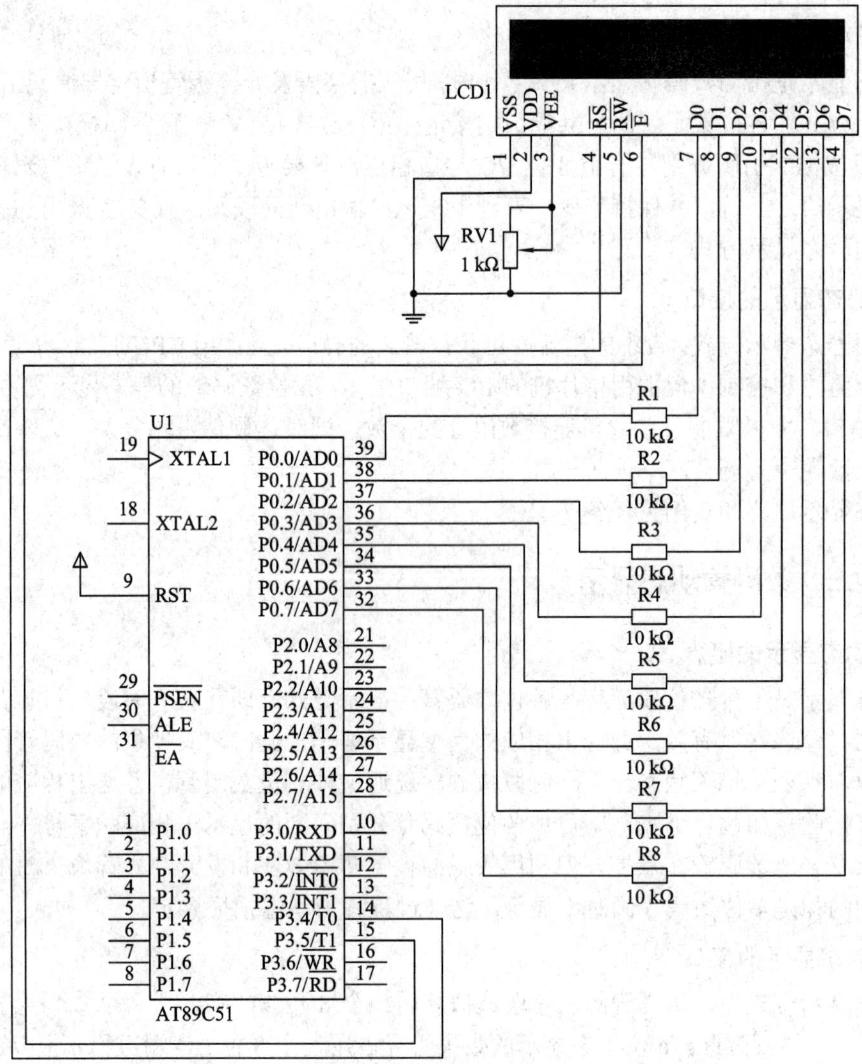

图 5.6　LCD 液晶显示电路

液晶 1、2 端为电源端，15、16 为背光电源端，为防止直接加 5 V 电压会烧坏背光灯，在 15 脚串入一个 10 kΩ 电阻限流。3 端为液晶对比度调节端，通过一个 1 kΩ 的可调电阻来调节显示对比度。4 端为向液晶的控制器写数据或写命令的选择端，接单片机的 P3.5 端口。5 端为读/写选择端，此任务中，只向液晶写入命令和显示数据，所以此端始终为“写”状态，即低电平状态。6 端为使能信号，是操作时必需的信号，接 P3.4 口。

4. 程序设计

```
#include<reg51.h>
#define uchar unsigned char
#define uint unsigned int
```

```
uchar code table[]="WELCOME!";
uchar code table1[]="WWW.WTC.EDU.CN";
sbit lcden=P3^5;            //液晶使能端
sbit lcdrs=P3^4;            //液晶数据命令选择端
uchar num;
void delay(uint z)
{
    uint x, y;
    for(x=z; x>0; x--)
        for(y=110; y>0; y--);
}
void write_command(uchar com)
{
    lcdrs=0;                //选择写命令模式
    P0=com;                 //将要写的命令字送到数据总线上
    delay(5);               //稍做延时以待数据稳定
    lcden=1;                //使能端给一高电平，因为初始化函数中已将 lcden 置为 0
    delay(5);
    lcden=0;                //将使能端置 0 以完成高脉冲
}
void write_data(uchar dat)
{
    lcdrs=1;
    P0=dat;
    delay(5);
    lcden=1;
    delay(5);
    lcden=0;
}
void init()
{
    lcden=0;
    write_command(0x38);    //设置 16*2 显示，5*7 点阵，8 位数据接口
    write_command(0x0c);    //设置开显示，不显示光标
    write_command(0x06);    //写一个字符后地址指针加 1
    write_command(0x01);    //显示清 0，数据指针清 0
}
void main()
{
```

```
        init();
        write_command(0x80);
        for(num=0; num<8; num++)
        {
            write_data(table[num]);
            delay(5);
        }
        write_command(0x80+0x40);
        for(num=0; num<14; num++)
        {
            write_data(table1[num]);
            delay(5);
        }
        while(1);
    }
```

5. 任务小结

本任务通过对字符型 LCD 的显示控制，让读者熟悉字符型 LCD 液晶显示原理，训练单片机并行 I/O 端口和字符串的应用能力。

5.3 单片机与 LCD 液晶显示器接口

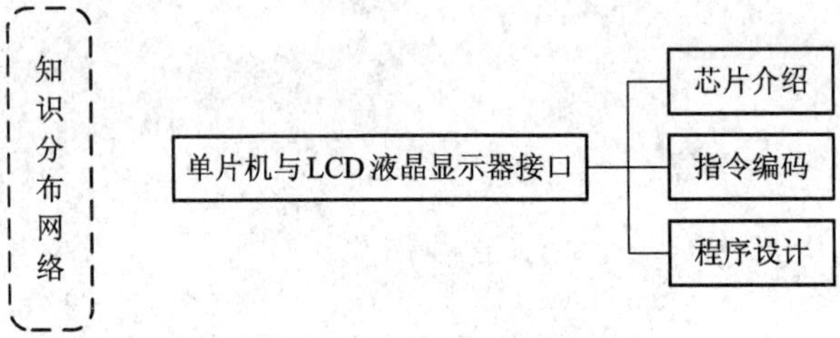

5.3.1 LCD 芯片介绍

液晶是一种高分子材料，因为其特殊的物理、化学、光学特性，20 世纪中叶开始广泛应用在轻薄型显示器上。

液晶显示器(Liquid Crystal Display，LCD)的主要原理是以电流刺激液晶分子产生点、线、面并配合背部灯管构成画面。通常，我们把各种液晶显示器都直接叫做液晶。

各种型号的液晶通常是按照现实字符的行数或液晶点阵的行、列数来命名的。比如：1602 的意思是每行显示 16 个字符，一共可以显示两行，类似的命名还有 0801，0802，1601 等。这类液晶通常都是字符型液晶，只能显示 ASCII 码字符，如数字、大小写字母、各种符号等。12232 液晶属于图形型液晶，它是由 122 列、32 行组成，即共有 122×32 个点来显示各种图形，类似的命名还有 12864、19264、192128 等。根据客户需求，厂家还可以设计出任意数组合的点阵液晶。

字符液晶在实际的产品中运用的较多，对于单片机的学习而言，掌握 1602 的用法是每一个学习者必然要经历的过程。

所谓 1602 是指显示的内容为 16*2，即可以显示两行，每行 16 个字符。目前市面上字符液晶绝大多数是基于 HD44780 液晶芯片的，控制原理是完全相同的，因此基于 HD44780 写的控制程序可以很方便地应用于市面上大部分的字符型液晶。

字符型点阵液晶显示模块 LCD1602 如图 5.7 所示。通常有 14 条引脚线或 16 条引脚线的 LCD，多出来的 2 条线是背光电源线 V_{CC}(15 脚)和地线 GND(16 脚)，其控制原理与 14 脚的 LCD 完全一样，其引脚排列如图 5.8 所示，引脚定义如表 5.2 所示。

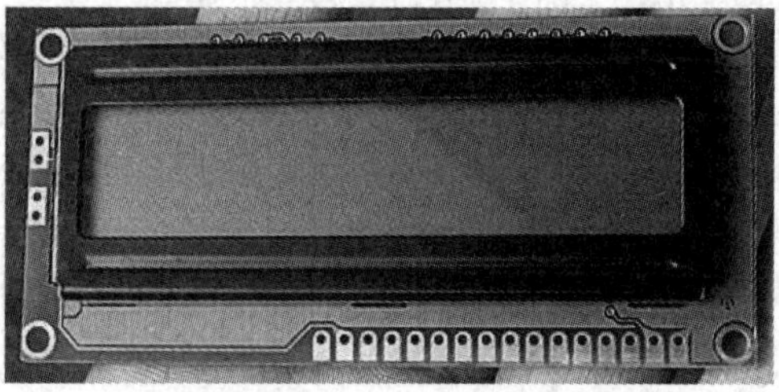

图 5.7　1602 液晶的正面(绿色背光，黑色字体)

图 5.8　1602 液晶显示模块引脚

表 5.2　1602 引脚功能表

引脚号	引脚名	电平	输入/输出	作　用
1	V_{SS}			电源地
2	V_{CC}			电源(+5 V)
3	V_{ee}			对比调整电压
4	RS	0/1	输入	0=输入指令 1=输入数据
5	$R/\overline{W}$	0/1	输入	0=向 LCD 写入指令或数据 1=从 LCD 读取信息
6	E	1，1→0	输入	使能信号，1 时读取信息，1→0(下降沿)执行指令
7	DB0	0/1	输入/输出	数据总线 line0(最低位)
8	DB1	0/1	输入/输出	数据总线 line1
9	DB2	0/1	输入/输出	数据总线 line2
10	DB3	0/1	输入/输出	数据总线 line3
11	DB4	0/1	输入/输出	数据总线 line4
12	DB5	0/1	输入/输出	数据总线 line5
13	DB6	0/1	输入/输出	数据总线 line6
14	DB7	0/1	输入/输出	数据总线 line7(最高位)
15	A	$+V_{CC}$		LCD 背光电源正极
16	K	接地		LCD 背光电源负极

5.3.2 LCD1602中的存储器

LCD1602内置了DDRAM、CGROM和CGRAM。

1. DDRAM

DDRAM就是显示数据RAM，用来寄存待显示的字符代码，共80个字节，其地址和屏幕的对应关系如表5.3所示。

表5.3 地址和屏幕的对应关系

	显示位置	1	2	3	4	5	6	7	…	40
DDRAM地址	第一行	00H	01H	02H	03H	04H	05H	06H	…	27H
	第二行	40H	41H	42H	43H	44H	45H	46H	…	67H

也就是说想要在LCD1602屏幕的第一行第一列显示一个“A”字，就要向DDRAM的00H地址写入“A”字的代码。但具体的写入是要按LCD模块的指令格式来进行的。一行有40个地址，在1602中我们就用前16个就行了。第二行也一样，用前16个地址。对应关系如表5.4所示。

表5.4 DDRAM地址与显示位置的对应关系

00H	01H	02H	03H	04H	05H	06H	07H	08H	09H	0AH	0BH	0CH	0DH	0EH	0FH
40H	41H	42H	43H	44H	45H	46H	47H	48H	49H	4AH	4BH	4CH	4DH	4EH	4FH

事实上我们往DDRAM里的00H地址处送一个数据，譬如0x31(数字1的代码)，并不能显示1出来。原因就是如果你要想在DDRAM的00H地址处显示数据，则必须将00H加上80H，即80H，若要在DDRAM的01H处显示数据，则必须将01H加上80H即81H。依次类推。

2. CGROM

1602液晶模块内部的字符发生存储器(CGROM)已经存储了160个不同的点阵字符图形，如表5.5所示。这些字符有：阿拉伯数字、英文字母的大小写、常用的符号和日文假名等。每一个字符都有一个固定的代码，比如大写的英文字母“A”的代码是01000001B(41H)，显示时模块把地址41H中的点阵字符图形显示出来，我们就能看到字母“A”。

表5.5 CGROM中存储的点阵字符图形

↓	0000	0001	0010	0011	0100	0101	0110	0111	1000	1001	1010	1011	1100	1101	1110	1111
××××0000	CGRAM(1)			0	@	P	`	p				ー	タ	ミ	α	p
××××0001	(2)		!	1	A	Q	a	q			。	ヌ	チ	ム	ä	q
××××0010	(3)		“	2	B	R	b	r			「	イ	ツ	メ	β	θ
××××0011	(4)		#	3	C	S	c	s			」	ウ	テ	モ	ε	∞
××××0100	(5)		$	4	D	T	d	t			\	エ	ト	ヤ	μ	Ω
××××0101	(6)		%	5	E	U	e	u			•	オ	ナ	ユ	σ	ü

续表

	0000	0001	0010	0011	0100	0101	0110	0111	1000	1001	1010	1011	1100	1101	1110	1111
××××0110	(7)		&	6	F	V	f	v			ヲ	カ	ニ	ヨ	ρ	Σ
××××0111	(8)		’	7	G	W	g	w			ァ	キ	ヌ	ラ	g	π
××××1000	(1)		(	8	H	X	h	x			ィ	ク	ネ	リ	√	$\bar{x}$
××××1001	(2)		)	9	I	Y	i	y			ゥ	ケ	ノ	ル	−1	y
××××1010	(3)		*	:	J	Z	j	z			ェ	コ	ハ	レ	j	チ
××××1011	(4)		+	;	K	[	k	(			ォ	サ	ヒ	ロ	×	万
××××1100	(5)		,	<	L	¥	l	|			ャ	シ	フ	ワ	ϕ	円
××××1101	(6)		−	=	M	]	m	}			ュ	ス	ヘ	ン	キ	÷
××××1110	(7)		.	>	N	^	n	→			ョ	セ	ホ	゛	$\bar{n}$	
××××1111	(8)		/	?	O	_	o	←			ッ	ソ	マ	゜	ö	■

上表中的字符代码与我们 PC 中的字符代码是基本一致的。因此我们在向 DDRAM 写 C51 字符代码程序时甚至可以直接用 P1 = 'A' 这样的方法。PC 在编译时就把“A”先转为 41H 代码了。

3. CGRAM

字符代码 0x00～0x0F 为用户自定义的字符图形 RAM，就是 CGRAM 了。

0x20～0x7F 为标准的 ASCII 码，0xA0～0xFF 为日文字符和希腊文字符，其余字符码(0x10～0x1F 及 0x80～0x9F)没有定义。

5.3.3 LCD1602 指令说明

LCD1602 模块内部有 11 条控制指令，见表 5.6。

表 5.6　控制命令表

指令功能	指令编码									
	RS	R/$\overline{W}$	DB7	DB6	DB5	DB4	DB3	DB2	DB1	DB0
清屏	0	0	0	0	0	0	0	0	0	1
归位	0	0	0	0	0	0	0	0	1	x
输入方式设置	0	0	0	0	0	0	0	1	I/D	S
显示开关控制	0	0	0	0	0	0	1	D	C	B
光标画面移位	0	0	0	0	0	1	S/C	R/L	x	x
功能设置	0	0	0	0	1	DL	N	F	x	x
CGRAM 地址设置	0	0	0	1	CGRAM 的地址(6 位)					
DDRAM 地址设置	0	0	1	DDRAM 的地址(7 位)						
读 BF 及 AC 值	0	1	BF	AC 内容(7 位)						
写数据	1	0	要写入的数据(DB7～DB0)							
读数据	1	1	要读出的数据(DB7～DB0)							

1. 清屏指令

指令功能	指令编码										执行时间/ns
	RS	R/$\overline{W}$	DB7	DB6	DB5	DB4	DB3	DB2	DB1	DB0	
清屏	0	0	0	0	0	0	0	0	0	1	1.64

功能：(1) 清除液晶显示器，即将DDRAM的内容全部填入“空白”的ASCII码20H。

(2) 光标归位，即将光标撤回液晶显示屏的左上方。

(3) 将地址计数器(AC)的值设为0。

2. 光标归位指令

指令功能	指令编码										执行时间/ns
	RS	R/$\overline{W}$	DB7	DB6	DB5	DB4	DB3	DB2	DB1	DB0	
光标归位	0	0	0	0	0	0	0	0	1	×	1.64

功能：(1) 把光标撤回到显示器的左上方。

(2) 把地址计数器(AC)的值设置为0。

(3) 保持DDRAM的内容不变。

3. 进入模式设置指令

指令功能	指令编码										执行时间/μs
	RS	R/$\overline{W}$	DB7	DB6	DB5	DB4	DB3	DB2	DB1	DB0	
进入模式设置	0	0	0	0	0	0	0	1	I/D	S	40

功能：设定每次写入1位数据后光标的移位方向，并且设定每次写入的一个字符是否移动。参数设定的情况如下所示：

位名	设置
I/D	0 = 写入新数据后光标左移
	1 = 写入新数据后光标右移
S	0 = 写入新数据后显示屏不移动
	1 = 写入新数据后显示屏整体右移1个字

4. 显示开关控制指令

指令功能	指令编码										执行时间/μs
	RS	R/$\overline{W}$	DB7	DB6	DB5	DB4	DB3	DB2	DB1	DB0	
显示开关控制	0	0	0	0	0	0	1	D	C	B	40

功能：控制显示器开/关、光标显示/关闭以及光标是否闪烁。参数设定的情况如下：

位名	设置	
D	0 = 显示功能关	1 = 显示功能开
C	0 = 无光标	1 = 有光标
B	0 = 光标闪烁	1 = 光标不闪烁

5. 设定显示屏或光标移动方向指令

指令功能	指令编码										执行时间/μs
	RS	R/$\overline{W}$	DB7	DB6	DB5	DB4	DB3	DB2	DB1	DB0	
设定显示屏或光标移动方向	0	0	0	0	0	1	S/C	R/L	×	×	40

功能：使光标移位或使整个显示屏幕移位。参数设定的情况如下：

S/C	R/L	设定情况
0	0	光标左移 1 格，且 AC 值减 1
0	1	光标右移 1 格，且 AC 值加 1
1	0	显示器上字符全部左移一格，但光标不动
1	1	显示器上字符全部右移一格，但光标不动

6. 功能设定指令

指令功能	指令编码										执行时间/μs
	RS	R/$\overline{W}$	DB7	DB6	DB5	DB4	DB3	DB2	DB1	DB0	
功能设定	0	0	0	0	1	DL	N	F	×	×	40

功能：设定数据总线位数、显示的行数及字型。参数设定的情况如下：

位名	设置
DL	0 = 数据总线为 4 位
	1 = 数据总线为 8 位
N	0 = 显示 1 行
	1 = 显示 2 行
F	0 =5 × 7 点阵/每字符
	1 = 5 × 10 点阵/每字符

7. 设定 CGRAM 地址指令

指令功能	指令编码										执行时间/μs
	RS	R/$\overline{W}$	DB7	DB6	DB5	DB4	DB3	DB2	DB1	DB0	
设定 CGRAM 地址	0	0	0	1	CGRAM 的地址(6 位)						40

功能：设定下一个要存入数据的 CGRAM 的地址。

8. 设定 DDRAM 地址指令

指令功能	指令编码										执行时间/μs
	RS	R/$\overline{W}$	DB7	DB6	DB5	DB4	DB3	DB2	DB1	DB0	
设定 CGRAM 地址	0	0	1	DDRAM 的地址(7 位)							40

功能：设定下一个要存入数据的 DDRAM 的地址。

注意：这里我们送地址的时候应该是 0x80+Address，这也是前面说到写地址命令的时候要加上 0x80 的原因。

9. 读取忙信号或 AC 地址指令

指令功能	指令编码										执行时间/μs
	RS	R/$\overline{W}$	DB7	DB6	DB5	DB4	DB3	DB2	DB1	DB0	
读取忙碌信号或 AC 地址	0	1	FB	AC 内容(7 位)							40

功能：(1) 读取忙碌信号 FB 的内容，FB = 1 表示液晶显示器忙，暂时无法接收单片机送来的数据或指令；当 FB = 0 时，液晶显示器可以接收单片机送来的数据或指令。

(2) 读取地址计数器(AC)的内容。

小提示：原则上每次对控制器进行读/写操作之前，都必须进行读/写检测，确保 DB7 为 0。实际上，由于单片机的操作速度慢于液晶控制器的反应速度，因此可以不进行读/写检测，或只进行简短的延时即可。

10. 数据写入 DDRAM 或 CGRAM 指令一览

指令功能	指令编码										执行时间/μs
	RS	R/$\overline{W}$	DB7	DB6	DB5	DB4	DB3	DB2	DB1	DB0	
数据写入到 DDRAM 或 CGRAM	1	0	要写入的数据 D7～D0								40

功能：(1) 将字符码写入 DDRAM，以使液晶显示屏显示出相对应的字符。

(2) 将使用者自己设计的图形存入 CGRAM。

11. 从 CGRAM 或 DDRAM 读出数据的指令一览

指令功能	指令编码										执行时间/μs
	RS	R/$\overline{W}$	DB7	DB6	DB5	DB4	DB3	DB2	DB1	DB0	
从 CGRAM 或 DDRAM 读出数据	1	1	要读出的数据 D7～D0								40

功能：读取 DDRAM 或 CGRAM 中的内容。

5.3.4 字符型 LCD1602 的基本操作及时序

LCD1602 的基本操作有四种：写命令、写数据、读状态和读数据。基本操作时序见表 5.7。

表 5.7　基本时序操作

基本操作	E	RS	R/$\overline{W}$	DB7-DB0	说　明
读状态	1	0	1	状态字	读液晶的状态和地址计数器
写命令	1→0		0	指令码	将指令代码写入到指令寄存器中
读数据	1	1	1	数据	读液晶的数据寄存器
写数据	1→0		0		将显示数据写入到数据寄存器中

例如，要驱动液晶显示器实现清屏、光标闪烁等功能，就要对显示器执行写命令操作。任务 9 中，写命令指令如下，首先将 RS 引脚置 0，选择为写命令模式，然后将命令代码送入并行口，延时，等待数据稳定，将使能端 E 先置 1 再置 0，得到一个下降沿信号，完成写命令操作。

```
void write_command(uchar com)
{
    lcdrs=0;        //将 RS 设置为 0，表示选择写命令模式
    P0=com;         //将要写的命令字送到数据总线上
    delay(5);       //稍做延时以待数据稳定
    lcden=1;        //使能端给一高电平
    delay(5);
    lcden=0;        //将使能端置 0 以完成下降沿信号，执行 P0 口送来指令
}
```

同理，写数据操作也是给相应的端口送上不同的电平或脉冲信号，来实现该操作。

```
void write_data(uchar dat)
{
    lcdrs=1;        //选择写数据模式
    P0=dat;         //将数据送到总线
    delay(5);       //延时，等待数据稳定
    lcden=1;        //使能端置 1
    delay(5);
    lcden=0;        //使能端置 0 以完成一个下降沿信号
}
```

任务 10　用矩阵键盘控制 8 路跑马灯

1. 任务目的

通过本任务，掌握矩阵键盘按键的识别方法。

2. 任务要求

采用列扫描法，按下 S0 时，第 1 位灯亮；按下 S1 时，第 2 位灯亮；按下 S2 时，第 3 位灯亮；按下 S3 时，第 4 位灯亮；按下 S4 时，第 5 位灯亮；按下 S5 时，第 6 位灯亮；

按下S6时，第7位灯亮；按下S7时，第8位灯亮；按下S8时，第1、2位灯亮；按下S9时，第2、3位灯亮；按下S10时，第3、4位灯亮；按下S11时，第4、5位灯亮；按下S12时，第5、6位灯亮；按下S13时，第6、7位灯亮；按下S14时，第7、8位灯亮；按下S15时，8位灯全亮。

3. 电路设计

采用矩阵键盘控制8路跑马灯的电路如图5.9所示，16个矩阵按键由P2口的8根I/O线联合控制，8路跑马灯由P1口控制。

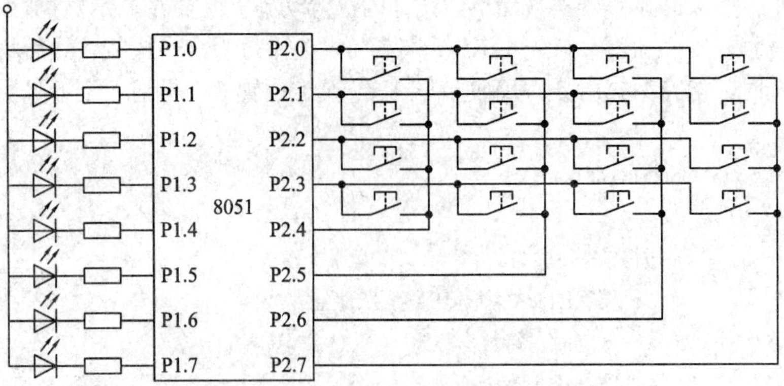

图5.9 矩阵键盘控制8路跑马灯电路

4. 程序设计

```
//功能：采用列扫描法，每按下一个按键，则由对应的1位或2位灯亮。
//这种方法基于了单片机输出断口未被置0或1时，均保持高电平(端口为1)的特性
//P2.0控制第1行，P2.1控制第2行，P2.2控制第3行，P2.3控制第4行；
//P2.4控制第1列，P2.5控制第2列，P2.6控制第3列，P2.7控制第4列。
#include <reg51.h>
#include <intrins.h>
#define uchar unsigned char
#define uint unsigned int
#define sm_data P1    //P1控制8路跑马灯
sbit c0=P2^0;
sbit c1=P2^1;
sbit c2=P2^2;
sbit c3=P2^3;
sbit c4=P2^4;
sbit c5=P2^5;
sbit c6=P2^6;
sbit c7=P2^7;
void delay1(uchar time);
uchar jianpanzhi( );    //确定按键编号，返回的a值表示按键的编号。这是一个通用的程序，若想按下
                        //某个按键，实现某个功能，只要传递a值即可
```

```
void display(uchar b);

void main( )
{
    uchar x;
    while(1)
    {
        x=jianpanzhi( );
        delay1(50); //按键释放后，去抖
        display(x);
    }
}

uchar jianpanzhi( )
{
    uint i, a;
    c4=0;            //初始化 P2 口，使 P2_4-P2_7 均为 0，创造出判断是否有键按下的初试条件
    c5=0;
    c6=0;
    c7=0;

    if(P2!=0x0f)         //判断是否有键按下
    {
        delay1(50);      //按下按键时，去抖
        if(P2!=0x0f)     //再次判断是否有键按下
        for(i=0; i<4; i++)
        {
            switch(i)    //列扫描
            {
                case 0:  //只将 P2.4 置 0，如果第一列有键按下，则 P2.0—P2.3 某个端口为 0;
                         //其余端口保持高电平
                c4=0;
                c5=1;
                c6=1;
                c7=1;
                break;

                case 1:  //只将 P2.5 置 0，如果第二列有键按下，则 P2.0—P2.3 某个端口为 0;
                         //其余端口保持高电平
                c4=1;
```

```
        c5=0;
        c6=1;
        c7=1;
        break;

        case 2:    //只将 P2.6 置 0，如果第三列有键按下，则 P2.0—P2.3 某个端口为 0；
                   //其余端口保持高电平
        c4=1;
        c5=1;
        c6=0;
        c7=1;
        break;

        case 3:    //只将 P2.7 置 0，如果第四列有键按下，则 P2.0—P2.3 某个端口为 0；
                   //其余端口保持高电平
        c4=1;
        c5=1;
        c6=1;
        c7=0;
        break;

        default:
        break;
    }

    //计算法得到键值即确定 a 值，即被按下的按键编号，S0：a=1，S1：a=2……S15：a=16
    if(!c0)         //若 P2.0=0, 则表示 s0(i 为 0 时)或 s1(i 为 1 时)或 s2(i 为 2 时)或 s3(i 为 3
                    //时)被按下
        a=i+1;
    break;
}

if(!c1) //若 P2.1=0, 则表示 s4(i 为 0 时)或 s5(i 为 1 时)或 s6(i 为 2 时)或 s7(i 为 3 时)被按下。
{
    a=i+5;
    break;
}

if(!c2)     //若 P2.2=0, 则表示 s8(i 为 0 时)或 s9(i 为 1 时)或 s10(i 为 2 时)或 s11(i 为 3 时)
            //被按下
{
```

```
            a=i+9;
            break;
        }

        if(!c3)    //若 P2.3=0, 则表示 s12(i 为 0 时)或 s13(i 为 1 时)或 s14(i 为 2 时)或 s15(i 为 3 时)
                   //被按下
        {
            a=i+13;
            break;
        }
    }
}
    //若在此处加上 else a=0; 则当键盘按下时，有数值显示；按键释放后，数值消失。
  return a;
}

//显示程序，按下 S0 时，第 1 位灯亮；按下 S1 时，第 2 位灯亮；按下 S2 时，第 3 位灯亮；按下
S3 时，第 4 位灯亮
//**********按下 S4 时，第 5 位灯亮；按下 S5 时，第 6 位灯亮；按下 S6 时，第 7 位灯亮；按下
S7 时，第 8 位灯亮
//**********按下 S8 时，第 1、2 位灯亮；按下 S9 时，第 2、3 位灯亮；按下 S10 时，第 3、4 位
灯亮；按下 S11 时，第 4、5 位灯亮
//**********按下 S12 时，第 5、6 位灯亮；按下 S13 时，第 6、7 位灯亮；按下 S14 时，第 7、8
位灯亮；按下 S15 时，8 位灯全亮
void display(uchar b)
{
    switch(b)
    {
        case 1:
        sm_data=0xFE;
        break;

        case 2:
        sm_data=0xFD;
        break;

        case 3:
        sm_data=0xFB;
        break;
```

```
case 4:
sm_data=0xF7;
break;

case 5:
sm_data=0xEF;
break;

case 6:
sm_data=0xDF;
break;

case 7:
sm_data=0xBF;
break;

case 8:
sm_data=0x7F;
break;

case 9:
sm_data=0xFC;
break;

case 10:
sm_data=0xF9;
break;

case 11:
sm_data=0xF3;
break;

case 12:
sm_data=0xE7;
break;

case 13:
sm_data=0xCF;
break;

case 14:
sm_data=0x9F;
break;
```

```
            case 15:
            sm_data=0x3F;
            break;

            case 16:
            sm_data=0x00;
            break;

            default:
            sm_data=0xff;
            break;
        }
    }

    void delay1(uchar time)
    {
        while(time--)
            _nop_();
    }
```

5. 任务小结

本任务综合应用了单片机的跑马灯、键盘接口技术，进一步训练了单片机并行 I/O 口的应用能力、键盘查询程序设计的能力，同时让读者初步了解了单片机键盘接口技术和程序设计的方法。

5.4　单片机与键盘接口

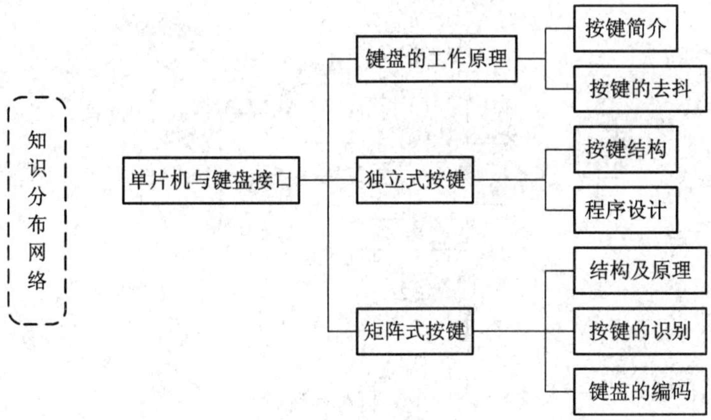

各种单片机常用开关如图 5.10 所示。如轻触开关、拨动开关、按键开关、微动开关、直键开关及滑动式开关等，广泛应用于各种电子玩具、视听、数码相机、手机、笔记本电脑、MP3、MP4、DV 及家用电器等。在单片机中，按键式开关的使用最为广泛。

图 5.10　各种单片机常用开关

5.4.1　按键的去抖

1. 按键抖动的原理

机械式按键在按下或释放时，由于机械弹性作用的影响，通常伴随有一定时间的触点机械抖动，如图 5.11 所示，然后其触点再稳定下来，抖动时间一般为 5～10 ms。在触点抖动期间监测按键的通与断的状态，可能会导致判断出错。

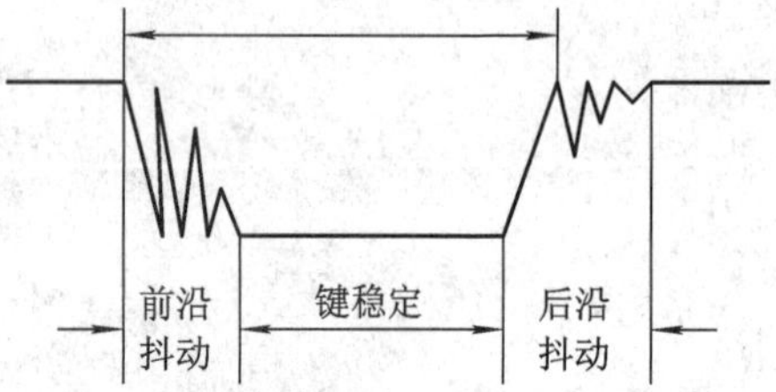

图 5.11　按键触点的机械抖动

2. 按键去抖的方法

(1) 硬件去抖。

在键数较少时可用硬件方法消除键抖动。如图 5.12 所示的 RS 触发器为常用的硬件去抖。

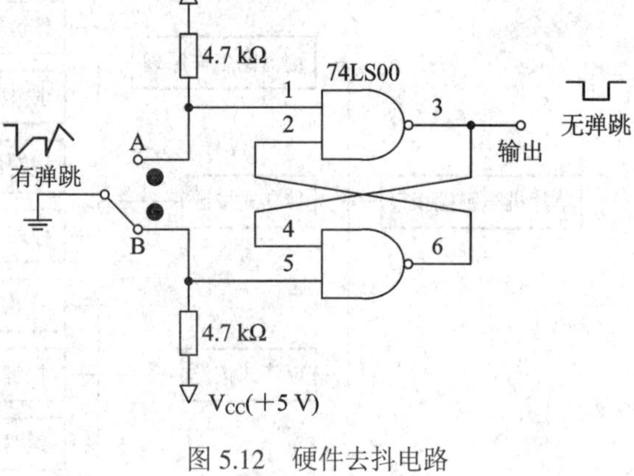

图 5.12　硬件去抖电路

图中两个“与非”门构成一个 RS 触发器。当按键未按下时，输出为 1；当键按下时，输出为 0。此时即使用按键的机械性能，使按键因弹性抖动而产生瞬时断开(抖动跳开 B)，只要按键不返回原始状态 A，双稳态电路的状态就不改变，输出保持为 0，则不会产生抖动的波形。也就是说，即使 B 点的电压波形是抖动的，但经双稳态电路之后，其输出为正规的矩形波。

(2) 软件去抖。

如果按键较多，常用软件方法去抖，即检测出键闭合后执行一个延时程序，产生 5～10 ms 的延时，让前沿抖动消失后再一次检测键的状态，如果仍保持闭合状态电平，则确认为真正有键按下。当检测到按键释放后，也要给 5～10 ms 的延时，待后沿抖动消失后才能转入该键的处理程序。

5.4.2　独立式按键

1. 独立式按键介绍

如图 5.13 所示电路为单片机与独立式按键的接口电路，直接用单片机的 I/O 端口线 P3.2～P3.5 控制按键。每个按键单独占用一根 I/O 端口线，相互独立，每个按键工作不会影响其他 I/O 端口线的状态。

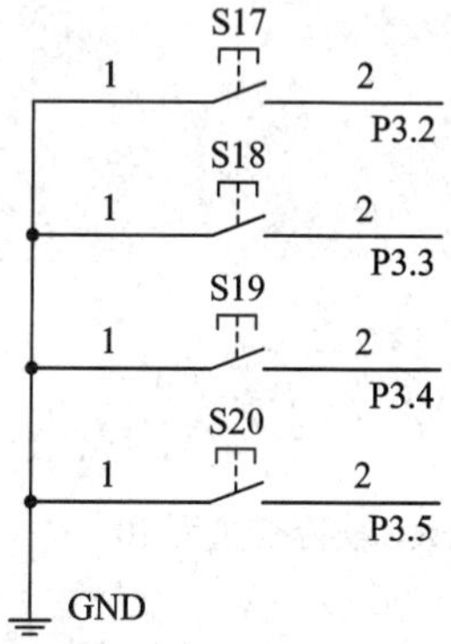

图 5.13　独立按键电路

独立式按键的电路配置灵活，软件结构简单，但每个按键必须占用一根 I/O 端口线。因此，在按键较多时，I/O 端口线浪费较大，不宜采用。

2. 程序设计

【例 5.1】 通过编写程序模拟出汽车左右转向的控制，了解独立式按键的工作原理及控制原理。

独立式按键程序设计可采用中断方式，也可采用查询方式。中断方式在模块 4 中已提及，此处仅以查询方式为例进行介绍。

查询方式的思路是逐位查询每根 I/O 端口线的输入状态，如果某一根 I/O 端口线输入为低电平，则可确认该 I/O 端口线所对应的按键已按下，然后，再转向该按键的功能处理程序。

如图 5.14 所示的模拟汽车转向灯就是由两个独立式按键(S17 和 S18)控制两个发光二极管(VD1 和 VD8)，程序如下。

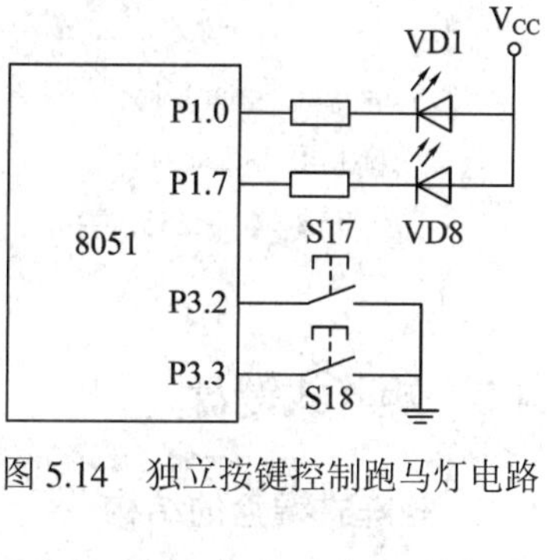

图 5.14　独立按键控制跑马灯电路

```
//程序：lrlight.c
//功能：按键控制信号灯亮灭
#include <reg51.h> //包含头文件 reg51.h，定义了 MCS-51 的特殊功能寄存器

sbit p1_0=P1^0;
sbit p1_7=P1^7;
sbit p3_2=P3^2;
sbit p3_3=P3^3;

void    delay(unsigned char i);              //延时函数声明

void    main()            //主函数
{
    bit left, right;
    while(1){
        left=p3_2;
        right=p3_3;
        p1_0=left;
        p1_7=right;
        delay(200);
        p1_0=1;
        p1_7=1;
        delay(200); //调用延时函数，实际变量为 10
    }
}
//函数名：delay
//函数功能：实现软件延时
//形式参数：unsigned char i
//              i 控制空循环的外循环次数，共循环 i*255 次
//返回值：无
void delay(unsigned char i)
{
    unsigned char j, k;
    for(k=0; k<i; k++)
        for(j=0; j<255; j++);
}
```

5.4.3 矩阵式键盘

1. 矩阵式键盘的结构

矩阵式键盘最大的特点是减少了对单片机 I/O 端口的占用，适用于按键数较多的系统。

矩阵式键盘种的按键实际上与独立式键盘种的按键原理相同，都是一个机械开关，只不过在矩阵式键盘种按键位于行线和列线的交汇处。如图 5.15 所示为矩阵式键盘的结构，由 4 根行线和 4 根列线组成，按键位于行、列线的交叉点上，行线和列线分别连接到按键的两端，且行线通过上拉电阻接到+5 V 电源上，构成了一个 4×4(16 个按键)的矩阵式键盘。

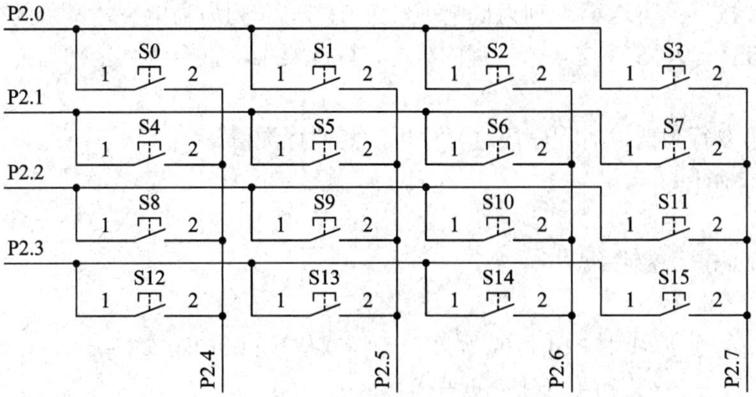

图 5.15 矩阵式键盘结构

通常，矩阵式键盘的列线由单片机输出口控制，行线连接单片机的输入口。

小经验：在单片机应用系统设计中，如使用按键较多时(一般多于 8 个按键)，通常采用矩阵式键盘，较之独立式按键键盘要节省很多 I/O 端口。

2. 矩阵式键盘按键的识别

最常用的矩阵式键盘识别按键方法是编程行列扫描法，这里采用列扫描法。按键的识别可以分为以下两个步骤。

(1) 判断有无按键按下。

向所有的列线上输出低电平，再读入所有的行信号。如果 16 个按键中任意一个被按下，那么读入的行电平则不全为高；如果 16 个按键中无按键被按下，则读入的行电平全为高。如图 5.15 所示。如果 S10 键被按下，则 S10 键所在的第 2 行与第 2 列导通，第 2 行被拉低，读入的行信号为低电平，表示有键被按下。

例如，以下程序段即根据以上思路来判断有无按键被按下。

```
uchar jianpanzhi( )
{
    uint i, a;
    c4=0; //初始化 P2 口，使 P2_4～P2_7 均为 0(即列线置 0)，创造出判断是否有键按下的初始条件
    c5=0;
    c6=0;
    c7=0;

    if(P2!=0x0f)  //因为行线接高电平，列线初始化时置 0，如果没有按键按下，P2 的值应为 0x0f，
                  //如果不是，则有按键被按下
……
```

(2) 判断具体的按键。

方法是往列线上逐列送低电平，查询对应行线是否为 0，若为 0，则对应行列按键被按下。具体做法如下：先送第 0 列为低电平，第 1、2、3 列为高电平，读入的行电平的状态就显示了位于第 0 列的 S0、S4、S8、S12 这 4 个按键的状态，若读入的行值为全高，则表示没有按键被按下；再送第 1 列为低电平，第 0、2、3 列为高电平，读入的行电平状态则显示了 S1、S5、S9、S13 这 4 个按键的状态，以此类推，直至 4 列全部扫描完，再重新从第 0 列开始。

此处以第 0 行为例，对程序段进行分析，其他行类似。

```
for(i=0; i<4; i++)
{
    switch(i)   //逐列扫描
    {
        case 0:    //只将 P2.4 置 0，如果第一列有键按下，则 P2.0～P2.3 某个端口为 0；
                   //其余端口保持高电平
        c4=0;
        c5=1;
        c6=1;
        c7=1;
        break;
        ……
```

逐列扫描以后，对行线进行判断，如果第 0 行为 0，则该行对应某个按键被按下，具体程序如下：

```
if(!c0)   //若 P2.0=0, 则表示 s0(i 为 0 时)或 s1(i 为 1 时)或 s2(i 为 2 时)或 s3(i 为 3 时)被按下
{
    a=i+1;
    break;
}
……
```

由此可见，键盘编程扫描法识别按键一般应包括以下内容：

(一) 判断有无按键按下。

(二) 键盘扫描，取得闭合按键的行、列号。

(三) 用计算法或查表法得到键值。

(四) 判断闭合按键是否被释放，如没释放则继续等待。

(五) 将闭合键的键值保存，同时转去执行该闭合键的功能。

阶段小结

本模块从任务制作入手，介绍了单片机与 LED 数码管、LCD 液晶显示器等常见的显

示输出器件及键盘等输入浅见之间的接口及编程应用。

重点内容如下：

1. LED 数码管静态显示。
2. LED 数码管动态显示。
3. LCD 液晶显示接口。
4. 独立式按键接口。
5. 矩阵式按键接口。

习　题　5

1. 选择题

(1) 在单片机应用系统中，LED 数码管显示电路通常有(　　)显示方式。

A. 静态　　B. 动态　　C. 静态和动态　　D. 查询

(2) 共阳极 LED 数码管加反相器驱动时显示字符“6”的段码是(　　)。

A. 06H　　B. 7DH　　C. 82H　　D. FAH

(3) 矩阵式键盘的工作方式主要有(　　)。

A. 程序扫描方式和中断扫描方式　　B. 独立查询方式和中断扫描方式

C. 中断扫描方式和直接访问方式　　D. 直接输入方式和直接访问方式

2. 问答题

(1) 7 段 LED 静态显示和动态在硬件连接上分别具有什么特点？实际设计时应如何选择使用？

(2) 机械式按键组成的键盘，应如何消除按键抖动？

(3) 独立式按键和矩阵式键盘分别有什么特点？适用什么场合？

模块6 串行口通信技术

任务11 单片机之间双机通信

在两个51单片机之间，通过其串行口实现双方的数据交换在实践中是很常见的。硬件实现方便，软件编程也很简单。

1. 任务目的

了解51系列单片机串行口的结构，掌握其使用方法。

2. 任务要求

发送方向接收方发送数据，接收方接收数据并将数据在P1口通过8个LED发光二极管以二进制形式显示出来。

3. 硬件电路

U1为发送方，U2为接收方，将双方的RXD(P3.0)和TXD(P3.1)交叉互连即可，如图6.1所示。图中最小系统没有画，本任务仅涉及单向通信，所以只需将发送方的TXD连接至接收方的RXD即可。

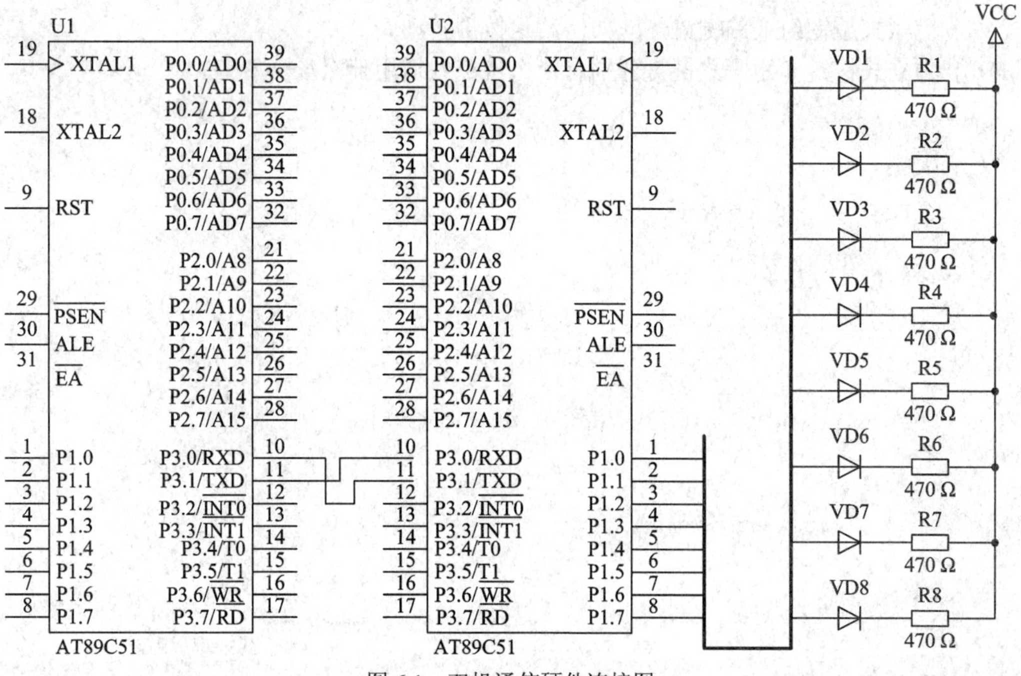

图6.1 双机通信硬件连接图

4. 程序设计

软件编程分为接收方和发送方。发送方程序如下：

```
#include<reg51.h>
//下面定义将发送给接收方的数据
unsigned char code num[ ]={0xFE, 0xFD, 0xFB, 0xF7, 0xEF, 0xDF, 0xBF, 0x7F};

void delay(int ms);

void main()
{
    unsigned char i;
    TMOD = 0x20;              //TMOD=0010 0000B，定时器 T1 工作于方式 2
    SCON = 0x40;              //SCON=0100 0000B，串口工作方式 1
    PCON = 0x00;              //PCON=0000 0000B，波特率 9600
    TH1 = 0xfd;               //根据规定给定时器 T1 赋初值
    TL1 = 0xfd;               //根据规定给定时器 T1 赋初值
    TR1 = 1;                  //启动定时器 T1
    while(1)
    {
      for(i = 0; i < 8; i++)
      {
          SBUF = num[i];                  //发送数据 i
              while(TI == 0){    }        //等待数据发送完毕
          TI = 0;                         //准备下一次发送
          delay(400);
      }
    }
}

void delay(int ms)
{
   int i, j;
   for(i = 0; i < ms; i++)
         for(j = 0; j < 120; j++);
}
```

在编写软件之前，应该确定双方通信的波特率。对于 51 系列的双机通信，典型的应用是采用 11.0592 MHz 的芯片，波特率设定为 9600 b/s。在程序里面，根据波特率，首先设定定时器的初始值，然后设定串行口的工作模式。

小提示：通信双方的波特率和串行口的工作方式应设定一致。

主程序中，for 循环体一次发送一个字节的数据，整个 for 循环发送 8 个字节的预定义数据。程序里面串口采用的是查询方式，通过语句 while(TI == 0){}查询 TI 的状态，可以了解数据是否发送完成。TI 为 0 时，数据未发送完成；TI 为 1 时，发送结束。为了能够再次发送，通过语句 TI = 0；将串口设定为空载状态。

接收方程序如下：

```
#include<reg51.h>
void main(void)
{
    TMOD = 0x20;        //定时器 T1 工作于方式 2
    SCON = 0x50;        //SCON=0101 0000B，串口工作方式 1，允许接收(REN=1)
    PCON = 0x00;        //PCON=0000 0000B，波特率 9600
    TH1 = 0xfd;         //根据规定给定时器 T1 赋初值
    TL1 = 0xfd;         //根据规定给定时器 T1 赋初值
    TR1 = 1;            //启动定时器 T1
    while(1)
    {
        while(RI == 0){}        //等待，直至一次数据接收完毕(RI=1)
        RI = 0;                 //为了接收下一帧数据，需将 RI 清 0
        P1 = SBUF;              //将接收缓冲器中的数据通过 P 1 口显示出来
    }
}
```

同发送方一样，接收方采用的也是查询方式，通过语句 while(RI == 0){}查询 RI 的状态，可以了解数据是否接收到了数据。RI 为 0 时，未收到数据；RI 为 1 时，收到数据。为了能够再次接收数据，通过语句 RI = 0；将串口设定为空载状态。

小提示： 发送方采用查询方式，接收方没必要也一定采用查询方式。通信双方可任意采用查询或中断方式，但是波特率和串行口的工作方式应设定一致。

查询或中断方式只是对串行口的使用者(这里就是发送和接收方程序)而言的，不会影响到具体的通信过程。

接收方也可以采用中断方式。代码如下：

```
#include<reg51.h>          //包含单片机寄存器的头文件

void main(void)
{
    TMOD = 0x20;     //定时器 T1 工作于方式 2
    SCON = 0x50;     //SCON=0101 0000B，串口工作方式 1，允许接收(REN=1)
    PCON = 0x00;     //PCON=0000 0000B，波特率 9600
    TH1 = 0xfd;      //根据规定给定时器 T1 赋初值
    TL1 = 0xfd;      //根据规定给定时器 T1 赋初值
```

```
    TR1 = 1;            //启动定时器 T1
    EA = 1;             //开总中断允许位
    ES = 1;             //开串行中断允许位
    while(1);
}

//定义串行中断处理程序
void com() interrupt 4
{
    if(RI == 1)         //如果有数据到来
    {
        P1 = SBUF;
        RI = 0;
    }
}
```

相比查询方式，初始化时通过语句 EA = 1 和 ES = 1 开放了相应的中断控制位。主程序执行语句 while(1)进入无限循环，此循环不做任何实质工作，仅仅是为了不让程序跑飞。主要的处理工作在串行中断处理程序中完成，每当接收完一帧数据，就会进入串行中断处理程序。因为发送接收共享同一个中断，因此在串行中断处理程序中，要判断是接收中断还是发送中断，这是通过语句 if(RI == 1)来实现的。当然，由于程序不会通过串口发送数据，因此在串行中断处理程序中即使不做判断也不会有任何问题。

6.1 串行通信基础

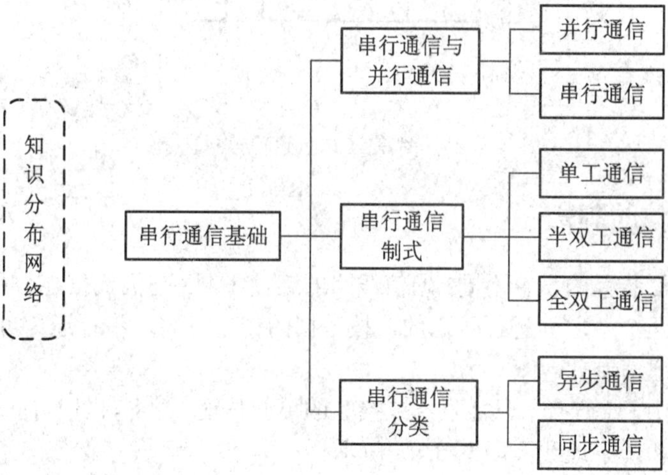

在数据通信、计算机网络以及分布式工业控制系统中，经常采用串行通信来交换数据和信息。

单片机广泛应用于工业控制领域，通过串行通信不但可以实现将单片机的数据传输到计算机端，而且也能实现计算机对单片机的控制。由于其所需电缆线少，接线简单，所以在远距离传输中，得到了广泛的运用。

本模块从开发单片机之间双机通信的应用程序入手，介绍51单片机的串行口内部结构及其使用方法，然后介绍了常用的I^2C总线及其应用。

6.1.1 串行通信与并行通信

计算机与计算机或计算机与终端之间的数据传送可以采用串行通信和并行通信两种方式。

并行通信是多位数据同时通过多根数据线传送，如图6.2所示。其优点是传送速度快，缺点是数据有多少位，就需要用多少根传送线。并行通信适用于近距离通信。

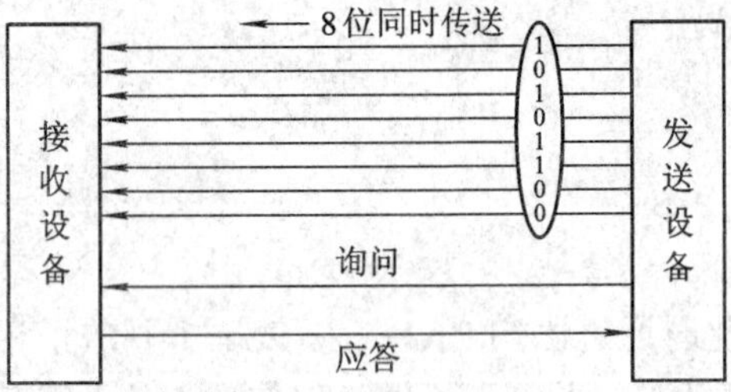

图6.2 8位并行通信

串行通信是数据通过一根数据线，一位一位地传送，如图6.3所示。串行通信方式具有使用线路少，只需一对传输线，成本低的优点，特别是在远程传输时，避免了多条线路特性的不一致而被广泛采用。但其缺点是传输速度慢。因此串行通信适用于远距离通信。在串行通信时，要求通信双方都采用一个标准接口，使不同的设备可以方便地连接起来进行通信。

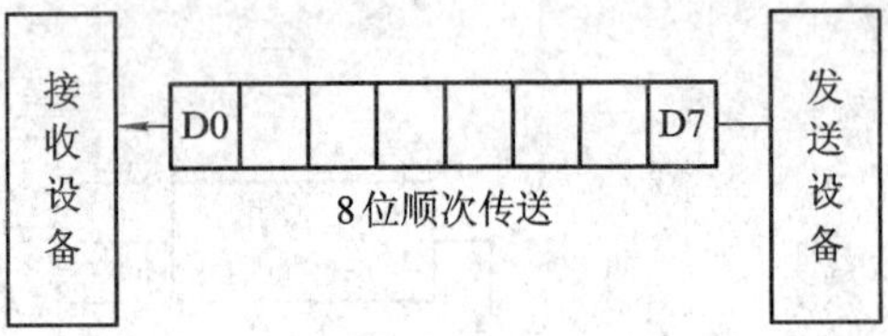

图6.3 串行通信

6.1.2 串行通信的制式

由于串行通信装置的设置不同，通信线路的连接不同，它们通信能力是不同的。在串行通信中数据是在两个站之间进行传送的，按数据的传送方向，串行通信可分为单工、半双工、全双工三种通信制式。

在单工制式中，通信接口只能发送或接收的单向传送，只允许数据向一个方向传送，它只需一条通信线和一条地线，如图6.4(a)所示。

在半双工制式中，通信接口在任一时刻，只能发送或者只能接收信息，两个方向上的数据传送不能同时进行。但允许数据双向传送，只是需要分时进行。在这种制式下，也只需要一条通信线和一条地线，其收发开关一般是由软件控制的电子开关，如图6.4(b)所示。

在全双工制式中，通信接口可以同时发送和接收，即数据可以在两个方向同时传送，接收和发送需采用两条不同的通信线和一条地线，如图 6.4(c)所示。

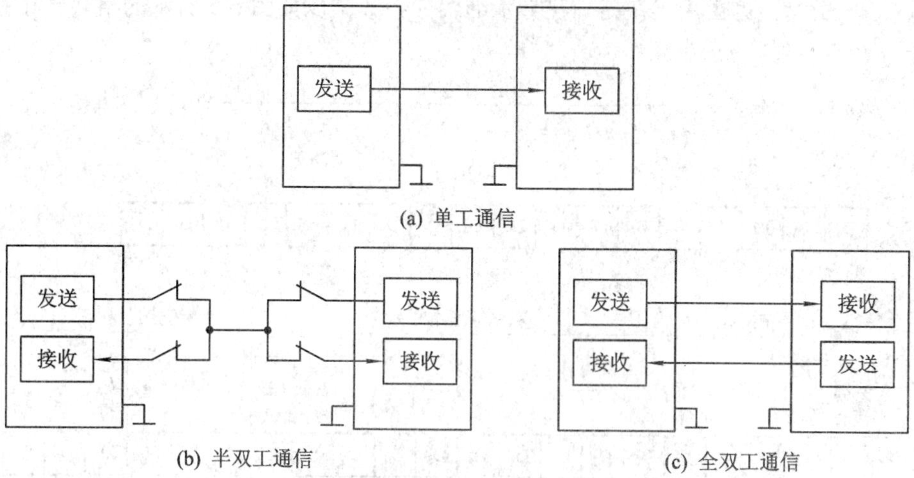

图 6.4　串行通信方式示意图

6.1.3　串行通信分类

按照串行数据的时钟控制方式，串行通信可分为同步通信和异步通信。

1. 异步通信(Asynchronous Communication)

在异步通信中，数据都是以特定的帧形式由发送端一帧一帧地发送，每一帧数据是低位在前，高位在后，通过传输线被接收端一帧一帧地接收。一次通信传输一帧数据，一帧数据包含 8 到 11 个二进制位，通常一次传输一个字节数据，数据在通信线上一位一位地串行传送。发送端和接收端可以由独立的时钟来控制数据的发送和接收，这两个时钟彼此独立，不要求严格同步。发送端发送完一个字节后，可经过任意长的时间间隔再发送下一个字节。

在异步通信中通信双方时钟不必严格同步(在一定的时间范围以内)，对硬件的要求较低，因而实现起来较为简单，其缺点是效率较低。

异步通信中有两个重要指标：数据帧格式和波特率。

1) 数据帧格式

数据帧通常由起始位、数据位、奇偶校验位和停止位四部分组成。

(1) 起始位：表示传送一个数据的开始，用低电平表示，占一位。

(2) 数据位：要传送的数据的具体内容，典型的数据位数是 7 位或 8 位，一般为 7 位(ASCII 码)，数据从低位开始传送。

(3) 奇偶校验位：位于数据位之后，仅占一位，用来表征串行通信中采用奇校验还是采用偶校验，可由用户编程决定。是为了保证数据传输的正确性，在数据位之后紧跟一位奇偶校验位，该位可用于有限差错检测，微机在通信时双方约定一致的奇偶校验方式。

(4) 停止位：表示发送一个数据的结束，用高电平表示，占一位、一位半或两位。这里的一位对应于一定的发送时间，故有半位。

由以上可知，一帧数据可由 10 位、10.5 位或 11 位组成。

在串行通信中，两相邻数据帧之间可以没有空闲位如图 6.5(a)所示，也可以有若干空闲位如图 6.5(b)所示，这由用户决定。在异步通信中，数据以如图 6.5 所示的格式一个接一个地传送。

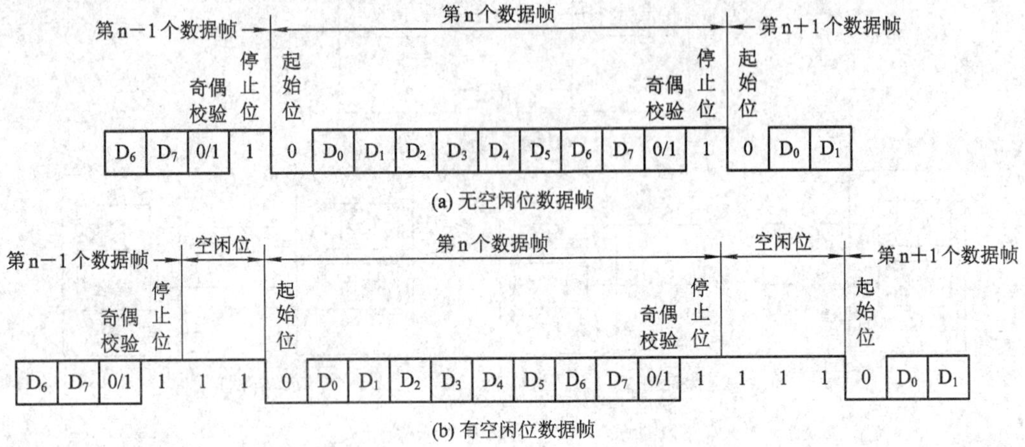

图 6.5　异步通信中数据传送的格式

小知识：

在发送数据时，数据位尾随的一位数据为奇偶校验位(1 或 0)。当设置为奇校验时，数据中 1 的个数与校验位 1 的个数之和应为奇数；当设置为偶校验时，数据中 1 的个数与校验位中 1 的个数之和应为偶数。接收时，接收方应具有与发送方一致的差错检验设置，当接收一个字符时，对 1 的个数进行校验，若二者不一致，则说明数据传送出现了差错。

奇偶校验是按字符校验，数据传输速度将受到影响。这种特性使得它一般只用于异步串行通信中。

2) 波特率

在串行通信中，收发双方对发送或接收的数据速率要有一定的约定。

波特率是串行通信中的一个重要概念。波特率是对信号传输速率的一种度量，就是规定通信双方的通信速度，只有当通信双方采用相同的波特率时，通信才不会发生混乱。

波特率是指每秒钟传送二进制数码的位数，单位为 b/s(位/秒)。例如，当采用每个字符为 8 位数据的异步串行通信(根据帧格式，每个 8 位数据的字符加上起始位和停止位，一帧共 10 位)，每秒发送 100 个字符时，波特率为：10 位/字符×100 字符/秒=1000 位/秒。

串行通信常用的标准波特率在 RS-232C 标准中已有规定，如波特率为 600 b/s、1200 b/s、2400 b/s、4800 b/s、9600 b/s、19200 b/s 等。实际应用中应根据数据量的大小、线路质量的好坏等因素综合选择合适的波特率。

小知识：

51 系列单片机中含有通用异步收发传输器(Universal Asynchronous Receiver /Transmitter)，通常称作 UART。UART(是一种通用串行数据总线)，用于异步通信。该总线双向通信，可以实现全双工传输和接收。

2. 同步通信(Synchronous Communication)

在异步通信中，由于每个数据都包含起始位和停止位，它们占用了传送的时间，当数据量较大时，这一点更为突出，所以在大量数据传输时采用同步通信方式来传送数据。

同步通信依靠同步字符在每个数据块传送开始时使收发双方同步，同步字符可由用户选定的某个特殊的 8 位二进制代码来表示，收发双方必须使用相同的同步字符，当线路空闲时不断发送同步字符。如图 6.6 所示。同步通信要求由时钟来实现发送端与接收端之间的同步，故硬件较复杂.

在同步通信中，每一数据块发送开始时，先发送一个或两个同步字符，使发送与接收取得同步，然后再顺序发送数据。数据块的各个字符间取消起始位和停止位，所以通信速度得以提高。

同步字符	数据字符1	数据字符2	数据字符3			数据字符n	校验字符1	校验字符2

(a) 单同步字符帧格式

同步字符1	同步字符2	数据字符1	数据字符2			数据字符n	校验字符1	校验字符2

(b) 双同步字符帧格式

图 6.6　同步通信中数据传送的格式

实际应用中异步通信常用于少量数据的传送且传送速度要求较低的场合；同步通信常用于大量数据的传送且传送速度要求较快的场合。

6.2　MCS-51 的串行接口

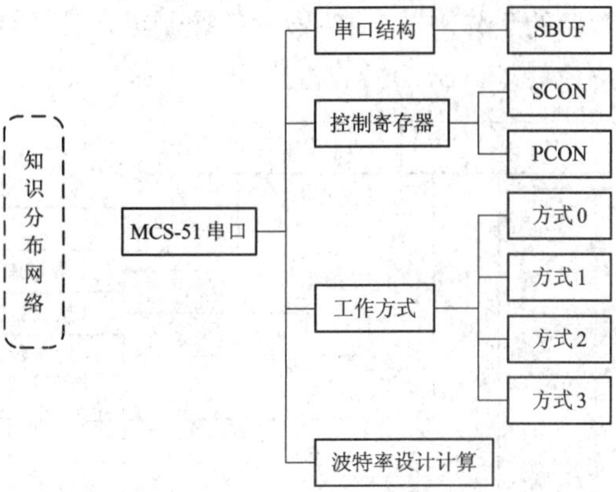

6.2.1　MCS-51 串行口的结构

MCS-51 单片机的串行接口主要由发送/接收缓冲器 SBUF、发送控制器、接收控制器、波特率发生器、接收移位寄存器和发送控制门组成，如图 6.7 所示。

SBUF 是两个在物理上独立缓冲器，一个为发送数据缓冲器，一个是接收数据缓冲器。

但它们共用地址 99H，在编程应用中就如同使用一个寄存器 SBUF 一样。其中发送数据缓冲器只能写入，不能读出；接收数据缓冲器只能读出，不能写入。CPU 通过数据总线写 SBUF，就是修改发送缓冲器；读 SBUF，就是读接收缓冲器。可通过指令对 SBUF 的读写来区分是对接收缓冲器的操作还是对发送缓冲器的操作。如有指令 SBUF = 0X01，即为写 SBUF，此时是对发送缓冲器进行操作；如有指令 P0 = SBUF，即为读 SBUF，此时是对接收缓冲器进行操作。在接收缓冲器之前还有输入移位寄存器，从而构成了串行接收的双缓冲结构，以避免在数据接收过程中出现帧重叠错误。与接收数据情况不同，发送数据时，由于 CPU 是主动的，不会发生帧重叠错误，因此发送电路不需要双缓冲结构。

波特率可由软件设置，通过片内的定时/计数器产生的。

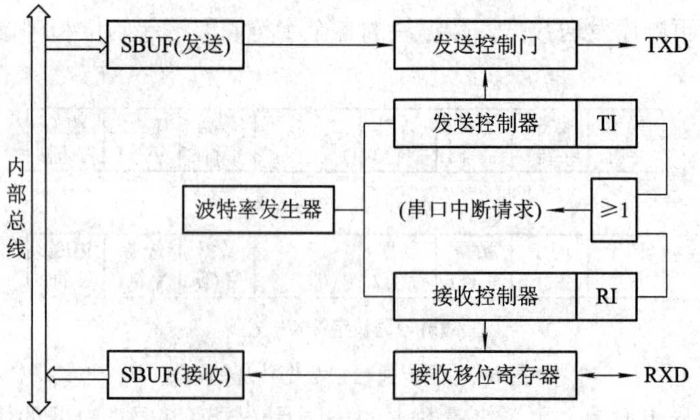

图 6.7　串行接口电路的组成

6.2.2　串行口的控制寄存器

1. 串行口控制寄存器 SCON

SCON 用于设定串行口的工作方式、接收/发送控制以及设置状态标志等。

其字节地址 98H，可位寻址。SCON 的格式为

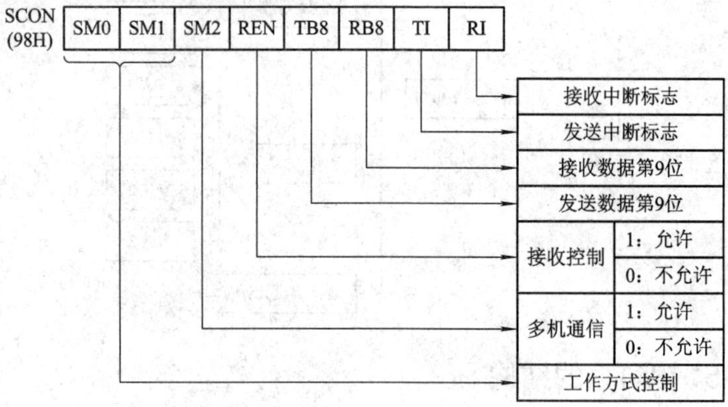

各位意义如下：

(1) SM0、SM1：串行口工作方式控制位，用来选择串行口的四种工作方式，如表 6.1 所示。

表 6.1　串行口工作方式

方式控制位		方式	功　能	波特率
SM0	SM1			
0	0	0	同步移位寄存器方式	$f_{osc}/12$
0	1	1	10 位异步收发方式(8 位数据)	可调，由定时器控制
1	0	2	11 位异步收发方式(9 位数据)	$f_{osc}/64$ 或 $f_{osc}/32$
1	1	3	11 位异步收发方式(9 位数据)	可调，由定时器控制

(2) SM2：多机通信控制位，允许方式 2 和方式 3 进行多机通信的控制位。在方式 2 或方式 3 中，如 SM2 = 1，则接收到第 9 位数据(RB8)为 0 时，不启动接收中断标志 RI(RI = 0)。在方式 1 时，如 SM2 = 1，则只有在接收到有效停止位时才启动 RI，若没有接收到有效停止位, 则 RI 清零。在方式 0 中，SM2 应为 0。

(3) REN：允许串行接收控制位，由软件置位时允许接收，由软件清零时禁止接收。

(4) TB8：在方式 2 或方式 3 中所要发送的第九位数据，需要时由软件置位或复位。

(5) RB8：在方式 2 或方式 3 中所要接收到的第九位数据。在方式 1 中，若 SM2 = 0，则 RB8 是接收到的停止位。在方式 0 中，不使用 RB8。

(6) TI：发送中断标志位，由片内硬件在方式 0 串行发送到第八位结束时置位，或在其他方式串行发送停止位的开始时置位。必须由软件清零。

(7) RI：接收中断标志位，由片内硬件在方式 0 串行接收到第八位结束时置位，或在其他方式串行接收到停止位的中间状态时置位。必须由软件清零。SCON 的所有位复位时被清零。

2. 电源控制寄存器 PCON

PCON 主要是为 CHMOS 型单片机的电源控制而设置的专用寄存器，其字节地址为 87H，没有位寻址功能。

PCON 的格式为

D7	D6	D5	D4	D3	D2	D1	D0
SMOD							

在 CHMOS 型单片机中，除 SMOD 位外，其他位均为虚设的。

SMOD 是波特率加倍控制位。当 SMOD = 1 时，使波特率加倍。系统复位时，SMOD = 0。所以如需使波特率加倍，则需用指令 PCON = 0X80 使 SMOD 为 1。若不需加倍，则可以不初始化 PCON。

6.2.3　串行口的工作方式

1. 方式 0

如图 6.8 所示，为方式 0 时的串口内部组成。此时波特率固定为 $f_{osc}/12$，串行口作同步移位寄存器使用，串行数据从 RXD(P3.0)端输入或输出，同步移位脉冲由 TXD(P3.1)端输出。这种方式通常用于扩展 I/O 端口。

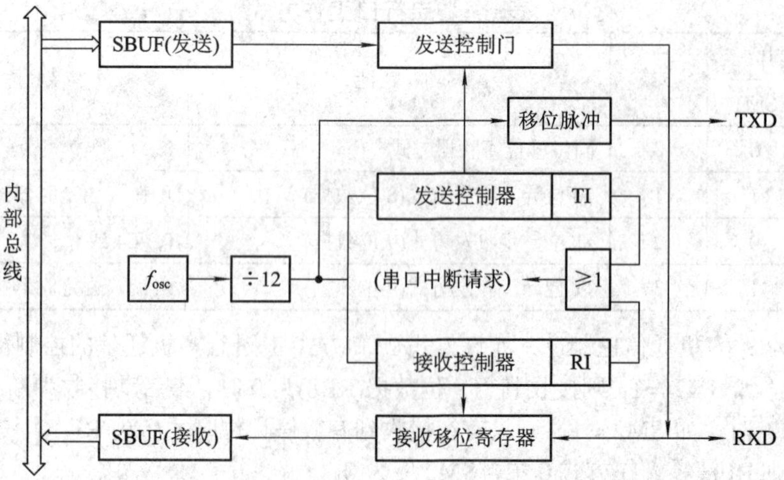

图 6.8　方式 0 时串口内部组成

【例 6.1】 单片机串行口工作在方式 0 下，利用串口控制 8 个 LED 灯的循环显示。基本连线如图 6.9 所示，电路中采用 74HC164(串行输入并行输出移位寄存器，双列直插 14 引脚)，串行口的数据通过 RXD 引脚加到 74HC 164 的输入端，移位时钟通过 TXD 引脚加到 74HC 164 的时钟端，并用 AT89C51 的 P2.3 控制 74HC 164 的选通端，当 P2.3 = 1 时，选通 74HC 164 芯片，接收串行输入数据且并行输出控制 LED 发光二极管的显示。

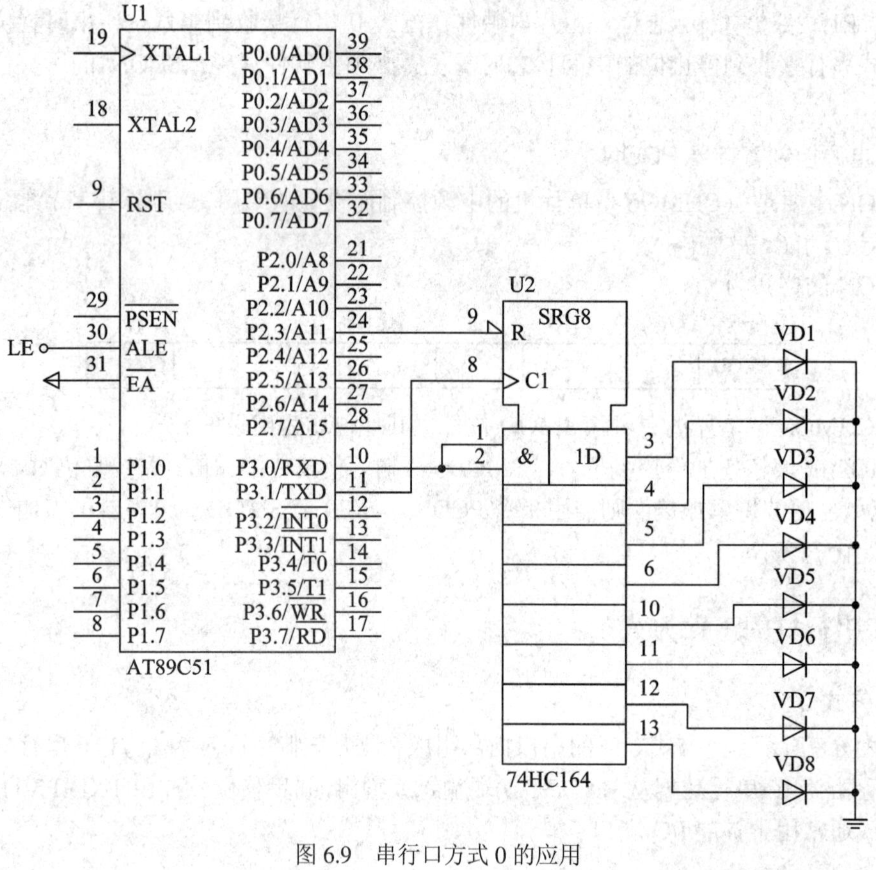

图 6.9　串行口方式 0 的应用

程序如下：

```
#include <reg51.h>
#include <intrins.h>

sbit Enable = P2^3;

void Sleep(int ms);
void main()
{
    unsigned char led;

    SCON = 0;                       /*串行口方式 0 工作*/
    ES = 0;                         /*禁止串行中断*/
    Enable = 1;                     /*选通 74HC164*/

    led = 0x01;
    while(1)
    {
        SBUF = led;                 /*串行输出*/
        led = _crol_(led, 1);
        while(!TI){}                /*等待数据传送完毕*/
        TI = 0;                     /*清发送完成标志*/
        Sleep(400);
    }
}

void Sleep(int ms)
{
    int i, j;
    for(i = 0; i < ms; i++)
        for(j = 0; j < 120; j++);
}
```

小知识：

74HC164 是带有串行数据输入和并行输出的 8 位边沿触发移位寄存器。

逻辑符号如图 6.10 所示。数据通过两个输入端(DSA 和 DSB)中的任一个串行输入。当其中一端作为数据输入时，另一端可作为高有效使能端。两输入端必须连接在一起，或者把未使用的端口绑定为高。

在时钟脉冲(CP)的每个上升沿，数据将向右移动一位，并输入至 Q0，Q0 是两个数据输入端(DSA 和 DSB)进行逻辑与运算后的结果，在时钟脉冲上升沿来临之前存在一段就绪时间。

主复位(CR)输入为低电平，所有其他输入将被无视，并且异步清零寄存器，强制所有输出为低电平。

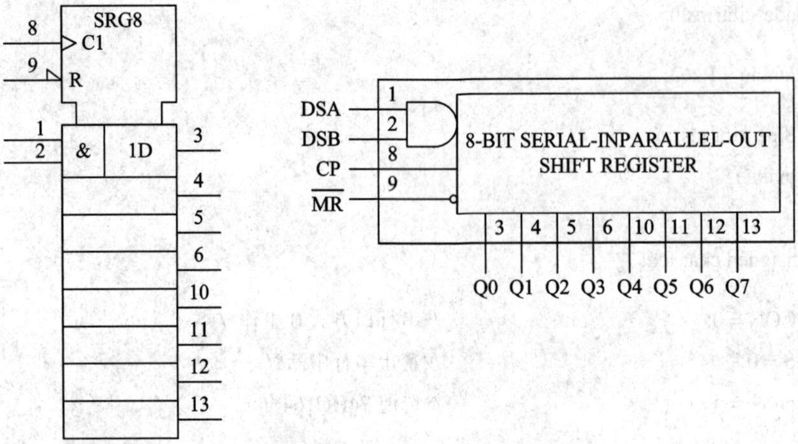

图 6.10　74HC164 的逻辑符号

2. 方式 1

方式 1 时，串行口为波特率可调的 10 位异步通信接口。

此时，发送数据帧格式如图 6.11 所示，发送或接收的一帧信息包括 1 位起始位 0，8 位数据位和 1 位停止位 1。

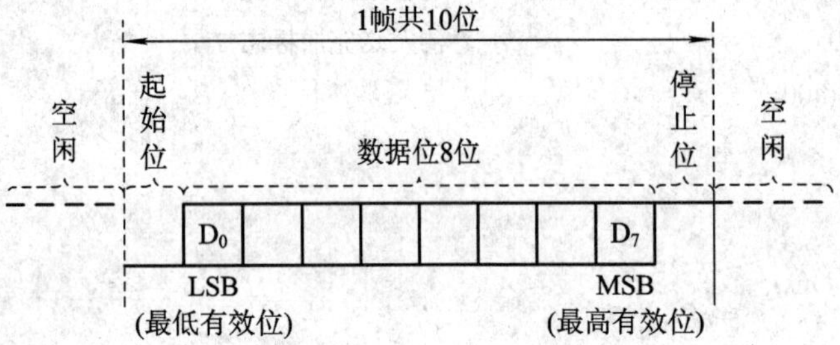

图 6.11　串口方式 1 的数据帧格式

对应的波特率发生如图 6.12 所示，波特率由定时/计数器 T1 的溢出率和 SMOD 共同决定，即：

$$串行口方式1的波特率=\frac{2^{SMOD}}{32}\times定时器1的溢出率$$

T1 溢出率是指定时器 T1 每秒钟溢出的次数。

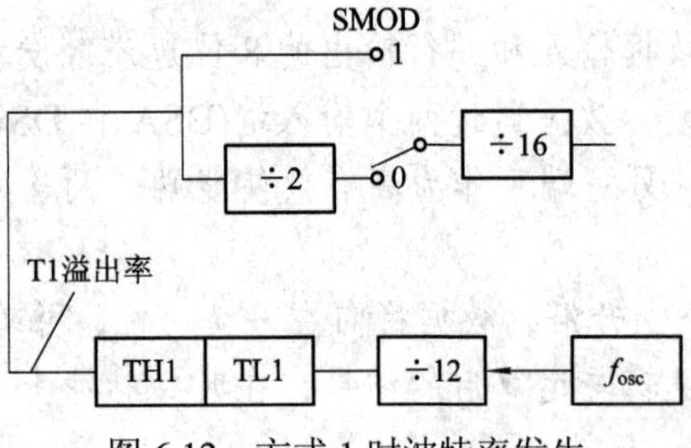

图 6.12　方式 1 时波特率发生

3. 方式 2

当串行口工作于方式 2 时，串行口定义为 11 位异步通信接口，对应数据帧格式如图 6.13 所示，发送或接收的一帧信息为 11 位：一位起始位(0)，八位数据位(先低位)，一位可程控为 1 或 0 的第九位数据位，一位停止位(1)。

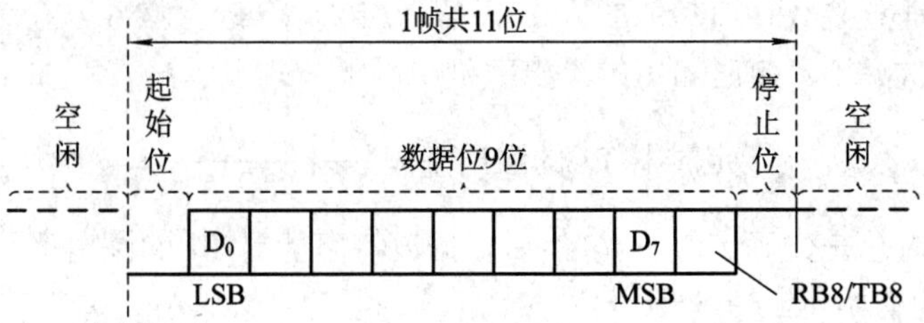

图 6.13　串口方式 2 的数据帧格式

发送数据时，先根据通信协议由软件设置 TB8，然后将要发送的数据写入 SBUF，再启动发送，一帧数据即从 TXD 发送。附加的第九位数据即 SCON 中的 TB8 位，可由软件置位或清零, 它可以作为多机通信中的地址、数据标志位，也可以作为数据的奇偶校验位。发送完一帧数据后，TI 被自动置 1。在发送下一帧数据之前，TI 必须在中断服务程序或查询程序中清零。

当 REN=1 时，允许串行口接收数据。在接收器采样到 RXD 端的负跳变(从 1 到 0 的跳变)并判断起始位有效时，数据由 RXD 端输入，开始接收一帧数据。当接收器接收到第九位数据后，若同时满足以下两个条件，RI = 0，且 SM2 = 0 或接收到的第九位数据为 1，则接收数据有效，将 8 位数据送入 SBUF，第 9 位送入 RB8，并置 RI = 1。若不满足上述两个条件，则信息丢失。

方式 2 的波特率发生如图 6.14 所示，波特率取决于 SMOD，当 SMOD = 0 时，波特率为 $\frac{f_{osc}}{64}$；当 SMOD = 1 时，波特率为 $\frac{f_{osc}}{32}$，即波特率 $=\frac{2^{SMOD}}{64}f_{osc}$

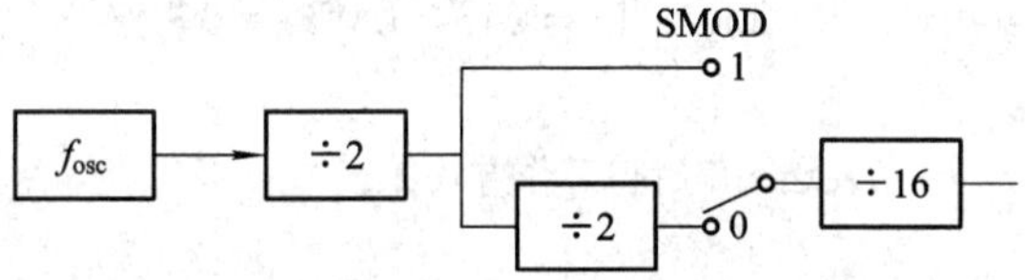

图 6.14　方式 2 时波特率发生

4. 方式 3

当串行口工作于方式 3 时, 串行口定义为波特率可变的 11 位异步通信接口，方式 3 与方式 2 相同。其波特率和方式 1 相同，由下式决定:

$$\text{串行口方式3的波特率} = \frac{2^{SMOD}}{32} \times \text{定时器1的溢出率}$$

6.2.4　波特率设计计算与常用波特率

1. 波特率设计计算

在串行通信中，收发双方对发送或接收的数据速率要有一定的约定，通过软件对串行口编程可约定 4 种工作方式。其中方式 0 和方式 2 的波特率是固定的，而方式 1 和方式 3 的波特率是可调的，由定时器的溢出率决定。

对方式 1 和方式 3 的波特率设计，实际上是通过对定时器设计实现的。定时器 1 的溢出率取决于单片机定时器 1 的工作方式和计数初值 X。定时器 1 作波特率发生器使用时，通常选用具有自动重装载初值功能的方式 2，那么定时器每过“256−X”个机器周期，定时器 1 就会产生一次溢出。定时器 1 的溢出率可用以下公式表示：

$$\text{定时器 T1 的溢出率} = \frac{f_{osc}}{12} \times \frac{1}{256 - X}$$

在实际使用时总是先确定波特率，然后根据波特率计算 T1 的溢出率，再求出计数初值，最后再进行 T1 的初始化。

例如：当晶振频率为 6 MHz 时，想把波特率设计为 1200 b/s，波特率不加倍，串行口方式为工作方式 1，写出串行口发送端的初始化程序。

分析：

根据设定的波特率可求出定时器的溢出率：

定时器 1 的溢出率为：

$$\frac{32 \times \text{方式1的波特率}}{2^0} = \frac{32 \times 1200}{1} = 38400$$

再根据得到的定时器的溢出率求出定时器所需的计数值：

定时器 1 的计数值为：

$$\frac{f_{osc}}{12} \div \text{定时器1的溢出率} = \frac{6 \times 10^6}{12} \div 38400 = 13.02$$

定时器 1 作波特率发生器使用时，选用具有自动重装载初值功能的方式 2。

由于定时器 T1 的初始值只能为整数，定时器 1 的初始值为：

$$256 - 13 = 243 = 0xf3。$$

初始化程序如下：

```
SCON=0X40;            //发送端串行口工作方式 2
PCON=0X00;
TMOD = 0x20;          //定时器 1 使用工作方式 2
TH1 = 0xf3;
TL1 = 0xf3;
```

当定时器 1 的初始值设置为 0xf3，不可避免要产生一定的波特率误差。为了降低误差，一般采用的晶振频率为 11.0592 MHz 的晶振。

2. 常用波特率及其参数选择

在双机或多机通信中，波特率的选择也不是任意的，有一系列离散的值可供选择。为了保证通信的可靠性，通常波特率的相对误差不能超过 2.5%。表 6.2 给出了常用波特率及相应的振荡频率 f_{osc} 和定时器 T1 的状态。表 6.3 给出了不同振荡频率时定时器 TH1 所产生的波特率。表 6.4 给出了波特率误差。

表 6.2　常用的波特率值

波特率(b/s)	f_{osc}/MHz	SMOD	定时器 T1		
			C/T	方式	重装值
19 200	11.059	1	0	2	FDH
9600	11.059	0	0	2	FDH
4800	11.059	0	0	2	FAH
2400	11.059	0	0	2	F4H
1200	11.059	0	0	2	F8H
137.5	11.986	0	0	2	1DH
110	6	0	0	2	72H
110	12	0	0	1	FEEBH

表 6.3　不同振荡频率时的波特率

晶振频率/MHz 波特率/(b/s) TH1	7.3728	8	11.0592	12.00	14.751 56	16.00
E0	600	651	900	976	1200	1302
F0	1200	1302	1800	1953	2400	2604
F8	2400	2604	3600	3906	4800	5208
F9	2743	2976	8229	4464	5486	5952
FA	3200	3472	9600	5208	6400	6944
FF	19 200	20 833	57 600	62 500		41 666

表 6.4　波 特 率 误 差

波特率(b/s)	晶振频率/MHz	SMOD	TH1 重装载值	实际波特率	误差
9600	12.000	1	−7(P9H)	8923	7%
2400	12.000	0	−13(F3H)	2404	0.16%
1200	12.000	0	−26(E6H)	1202	0.16%
19 200	11.059	1	−3(FDH)	19 200	0
9600	11.059	0	−3(FDH)	9600	0
2400	11.059	0	−12(F4H)	2400	0
1200	11.059	0	−24(E8H)	1200	0

小提示：通信之前双方应该商定一个通信速率，这样才能正确的同步。

51 串口在四种工作模式下有不同的波特率计算方法。在选择波特率的时候需要考虑两点。首先，系统需要的通信速率，这要根据系统的运作特点，确定通信的频率范围。然后考虑通信时钟误差，使用同一晶振频率在选择不同的通信速率时通信时钟误差会有很大差别。为了通信的稳定，我们应该尽量选择时钟误差最小的频率进行通信。通常如果硬件允许，我们可以选择较高的通信速率。典型的，如果单片机的晶振频率为 11.0592 MHz，我们可以选择 9600 b/s。

由于四舍五入，波特率的结果会有微小误差。通常，在异步通信时，允许误差为 5%。使用 11.0592 MHz 晶振可以获得精确的波特率。

任务 12　单片机和 PC 之间一对一通信

1. 任务目的

了解 51 系列单片机与 PC 之间通过串行口通信的方法。

2. 任务要求

单片机连续向 PC 机发送字符数据。

3. 硬件电路

单片机通过 MAX232 连接至 PC 机的串行口，如图 6.15 所示。

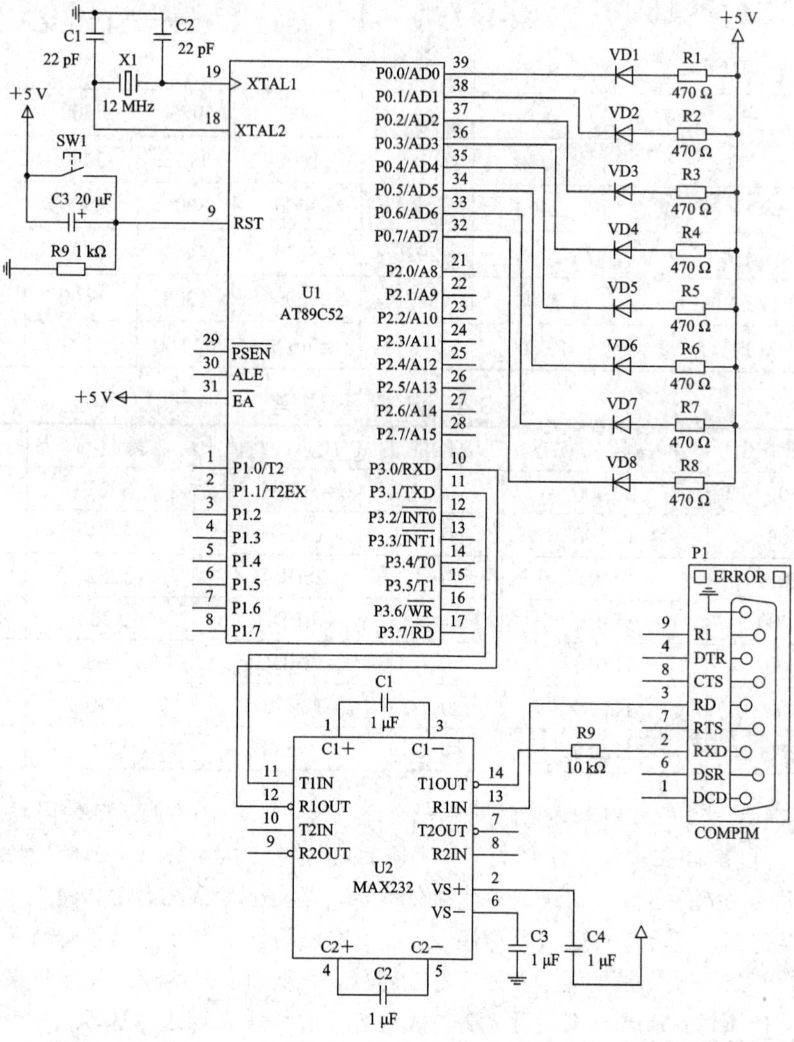

图 6.15　单片机连接 RS232C 的接口电路

4. 程序设计

单片机与PC机之间通过串口通信的过程与单片机与单片机之间的通信过程是类似的。一般而言，通信的双方应制定通信协议以保证正确的交换数据。

小提示：通信协议是通信双方在通信前的约定，包括要交换的数据格式以及通信的过程(先交换送什么数据，后交换什么数据等等)。通信实际上就是通信双方交换数据的过程，为了双方能够相互理解，双方应该事先制定通信数据的格式以及数据交换的顺序等。

下面是单片机一方的程序。

```
#include <reg51.h>
void delay(int ms)
{
    int i, j;
    for(i = 0; i < ms; i++)
        for(j = 0; j < 120; j++);
}
//发送函数。参数为待发送的字符串
void send(unsigned char *s)
{
    while(*s != '\0')
    {
        SBUF = *s++;
        while(TI == 0);          //采用查询方式发送数据
        TI = 0;
    }
}
void main()
{
    unsigned char letters[3], c;
    letters[2] = '\0';
    letters[1] = ' ';
    SCON = 0x40;
    TMOD = 0x20;
    PCON = 0x00;
    TH1   = 0xfd;
    TL1   = 0xfd;
    TI    = 0;
    TR1   = 1;
    delay(50);
```

```
    send("receiving data from mcs-8051...\r\n");          //发送消息至串行口
    send("-----------------------------\r\n");
    delay(50);
    while(1)                                              //循环发送消息
    {
        for(c = 'A'; c <= 'Z'; c++)                       //依次发送大写字母
        {
            letters[0] = c;
            send(letters);
            delay(50);
        }
        send("\r\n-----------------------------\r\n");
    }
}
```

程序循环发送大写字母到串行口。程序中定义了字符数组 letters，大小 3 字节，用于发送单个字母。第一个元素是要发送的字母，后跟一个空格，第三个元素是字符串结束标记。

5. 程序调试

为了调试程序，可将程序下载后，将单片机连接至 PC 机的串行口，打开 PC 机的串口调试工具(一个免费的串口调试工具，可到网上下载)，设置好串口参数(波特率 9600 b/s，8 位数据，1 位停止位)后，打开单片机，就可以在串口调试工具中看到来自单片机的消息。

也可以脱离硬件环境，直接在 Proteus 里面仿真调试。这要求 PC 机上有 2 个可用的串行口，一个用于 Proteus 仿真使用，另外一个用于 PC 机的串口调试工具，连接这 2 个串行口，就可以仿真调试了。

现在的 PC 机一般而言没有 2 个串口，这时可以通过虚拟串口软件(例如：Virtual Serial Port Driver)在 PC 机上虚拟出多个串口进行调试。

6.3 单片机和 PC 之间的串行通信

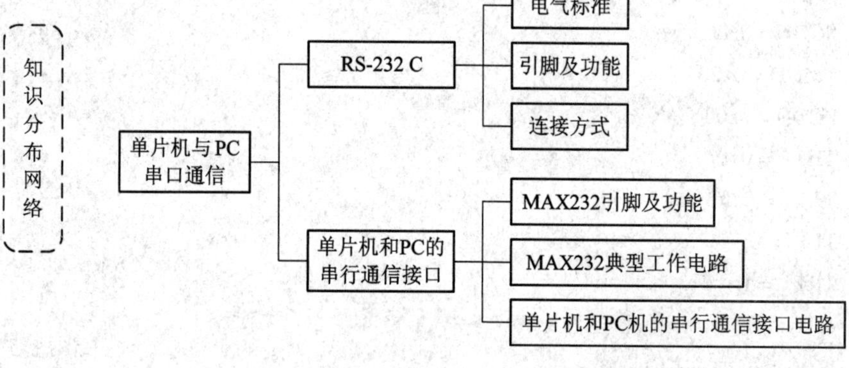

随着计算机技术尤其是单片微型机技术的发展，人们已越来越多地采用单片机来对一些工业控制系统中如温度、流量和压力等参数进行检测和控制。PC机具有强大的监控和管理功能，而单片机则具有快速及灵活的控制特点，通过PC机的RS-232串行接口与外部设备进行通信，是许多测控系统中常用的一种通信解决方案。

在串行通信时，要求通信双方都采用一个标准接口，使不同的设备可以方便地连接起来进行通信。RS-232C接口(又称EIARS-232C)是目前最常用的一种串行通信接口。

6.3.1　RS-232C串行通信总线标准

RS-232一共有3个版本：RS-232A、RS-232B、RS-232C。RS-232C是现在最常使用的串行接口标准。1969年，美国电子工业协会(EIA)公布了RS-232C作为串行通信接口的电气标准。该标准定义了数据终端设备(DTE)和数据通信设备(DCE)间按位串行传输的接口信息，合理安排了接口的电气信号和机械要求，在世界范围内得到了广泛的应用。

1. RS-232C的电气特性

RS-232C采用负逻辑，要求高、低两信号有较大幅度，其电平标准如下：

逻辑1：−3～−15 V (单片机一般为 −10 V)；

逻辑0：+3～+15 V (单片机一般为 +10 V)。

2. RS-232C的接口引脚及引脚功能

现在常用的PC上的串口COM都采用的是RS-232C接口，9针接口如图6.16所示，接口引脚定义如表6.5所示。

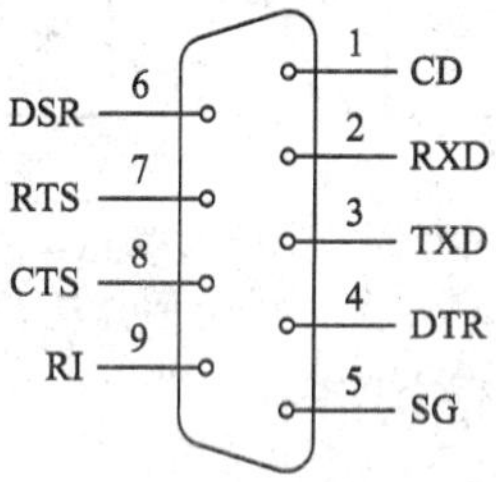

图6.16　RS-232C 9针连接器引脚及外形

表6.5　RS-232C接口引脚功能(9针)

引脚号	符　号	I/O方向	功 能 描 述
1	CD	I	数据载波检测
2	RXD	I	接收数据
3	TXD	O	发送数据
4	DTR	O	数据终端就绪
5	SG		信号地
6	DSR	I	数据设备就绪
7	RTS	O	请求发送
8	CTS	I	允许发送
9	RI	I	振铃指示

3. PC 机与 RS-232C 的连接

RS-232C 最大通信距离是 15 m，最大传输速率 19.2 Kb/s。使用 RS-232C 连接系统时，当通信距离小于 15 m 时，可以直接利用电缆进行连接，如图 6.17 所示。

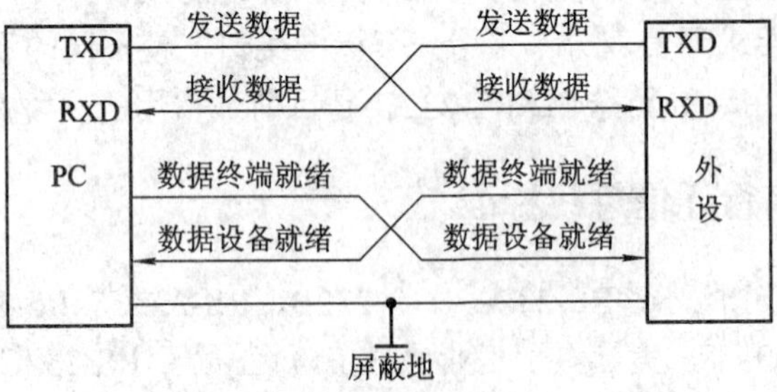

图 6.17　PC 与外设的 RS-232 直接连接

由于采用单端驱动非差分接收电路，因而存在着传输距离不太远(最大传输距离 15 m)和传送速率不太高(最大位速率为 20 Kb/s)的问题，当通信距离大于 15 m 时，就必须使用调制解调器(MODEM)来进行连接了，其连接图如图 6.18 所示，这样增加了成本。

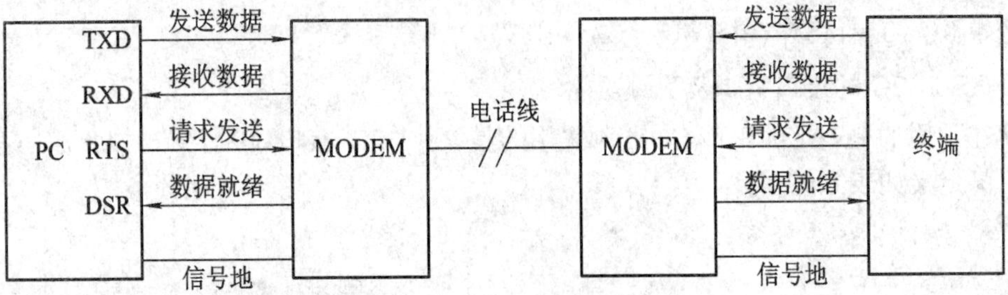

图 6.18　PC 与终端的远程 RC-232C 连接

6.3.2　单片机和 PC 的串行通信接口

单片机中的串行口采用 TTL 电平，PC 机串口采用 RS-232C 电气标准。RS-232C 是用正负电压来表示逻辑状态的，与 TTL 以高低电平表示逻辑状态的规定不同。单片机中的信号电平是 TTL 电平，即 2.4～5 V 为高电平“1”，0～0.4 V 为低电平“0”。通常 RS-232C 总线的逻辑“0”用 +10 V 表示，逻辑“1”用 −10 V 表示，与 TTL 以高低电平表示逻辑状态的规定不同。

为了让单片机与 PC 机能相互通信，必须在 RS-232C 与 TTL 电路之间进行电平和逻辑关系的转换，如图 6.19 所示。

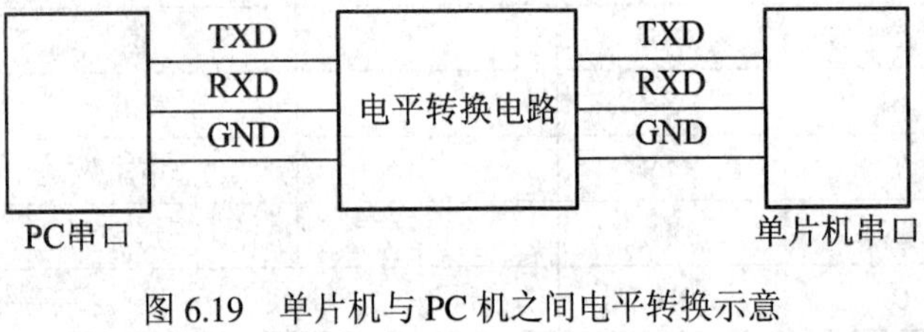

图 6.19　单片机与 PC 机之间电平转换示意

MAX232 芯片是专门为电脑的 RS-232 标准串口设计的接口电路，MAX232 芯片内部有一个电源电压变换器，可以把输入的 +5 V 电源变换成 RS-232C 输出电平所需 ±10 V 电压。使用 +5 V 单电源供电，即可同时实现 TTL 电平与 RS-232C 电平的双向转换。单片机应用中广泛使用 MAX232 转换电平后与 RS-232 连接。

1. MAX232 引脚及功能

MAX232 的引脚如图 6.20 所示。

MAX232 的引脚及使用说明：V_{CC} 为电源端(+5 V)；GND 为电源地；$C1_+$、$C1_-$、$C2_+$、$C2_-$为外接电容端；V+为经电容接 +5 V 电源端；V−为经电容接地端；$R1_{IN}$、$R2_{IN}$ 为 2 路 RS-232 电平信号接收输入端；$R1_{OUT}$、$R2_{OUT}$ 为 2 路转换后的 TTL 电平接收信号输出端，送单片机的 RXD 接收端；$T1_{IN}$、$T2_{IN}$ 为 2 路 TTL 电平发送输入端，接单片机的 TXD 发送端；$T1_{OUT}$、$T2_{OUT}$ 为 2 路转换后的发送 RS-232 电平信号输出端，接传输线。

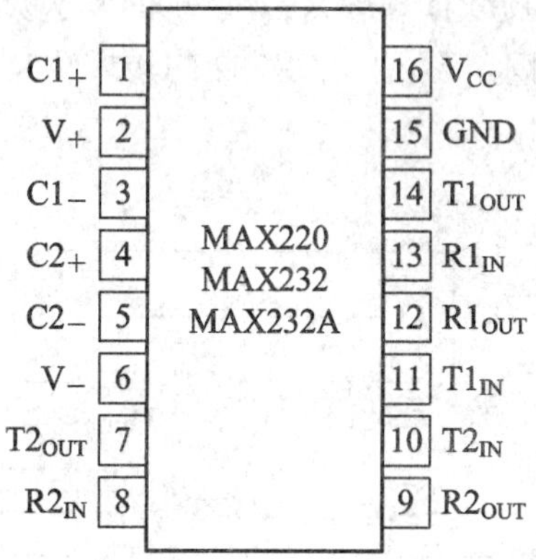

图 6.20 MAX232 引脚

2. MAX232 典型工作电路

MAX232 的典型工作电路如图 6.21 所示。利用它进行电平转换，可以实现单片机和 PC 机的串行通信。

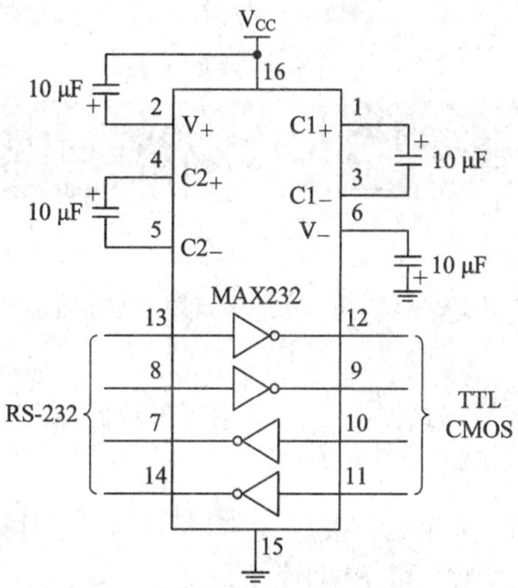

图 6.21 MAX232 典型工作电路

MAX232 工作电路共包括三部分。第一部分是供电电路，包括 15 脚 GND 和 16 脚 V_{CC} (+5 V)。第二部分是电源电路，由 1、2、3、4、5、6 脚和 4 只电容构成，其功能是产生 +12 V 和−12 V 两个电源，提供给 RS-232 串口电平的需要。第三部分是数据转换通道。由 7、8、9、10、11、12、13、14 脚构成两个数据通道。其中 13 脚($R1_{IN}$)、12 脚($R1_{OUT}$)、11 脚($T1_{IN}$)、14 脚($T1_{OUT}$)为第一数据通道。8 脚($R2_{IN}$)、9 脚($R2_{OUT}$)、10 脚($T2_{IN}$)、7 脚($T2_{OUT}$)为第二数据通道。TTL/CMOS 数据从 $T1_{IN}$、$T2_{IN}$ 输入转换成 RS-232 数据从 $T1_{OUT}$、$T2_{OUT}$ 送到电脑 DB9 插头；DB9 插头的 RS-232 数据从 $R1_{IN}$、$R2_{IN}$ 输入转换成 TTL/CMOS 数据后从 $R1_{OUT}$、$R2_{OUT}$ 输出。

3. 单片机和 PC 机的串行通信接口电路

单片机通过 MAX232 的转换与 PC 机实现串行通信的接口电路如图 6.22 所示。单片机的发送数据从单片机的 TXD 端发送出去经 MAX232 芯片的 $T1_{IN}$ 输入，经过 MAX232 的转换从 $T1_{OUT}$ 输出到 PC 机的 RXD 端输入；PC 机的发送数据从 PC 机的 TXD 端发送出去经 MAX232 芯片的 $R1_{IN}$ 输入，经过 MAX232 的转换从 $R1_{OUT}$ 输出到单片机的 RXD 端输入。

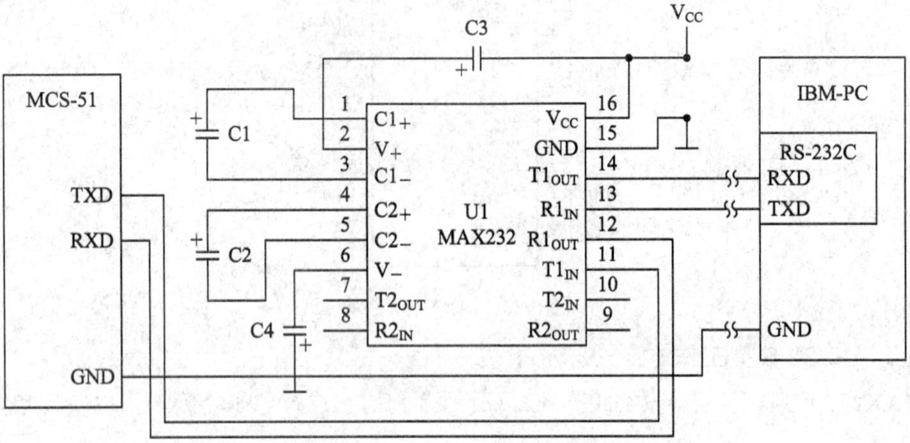

图 6.22　单片机和 PC 机的串行通信接口电路

任务 13　基于 I²C 串行总线的 E²PROM 读写

1. 任务目的

了解 51 系列单片机模拟 I²C 总线接口与 I²C 总线设备通信的方法。

2. 任务要求

利用 I²C 串行数据通信的方式往 AT24C02 中写入数据并读出，再在数码管上显示出来。

3. 硬件电路

MCS-51 系列单片机本身没有 I²C 接口电路，可以通过软件来模拟 I²C 接口。比如使用 2 个并行引脚(本任务使用 P1.0 和 P1.1)连接到 SCL 和 SDA 总线上，将地址线连接成 000(A2A1A0 均接低电平)，读出的结果通过数码管显示出来。

电路图如图 6.23 所示。

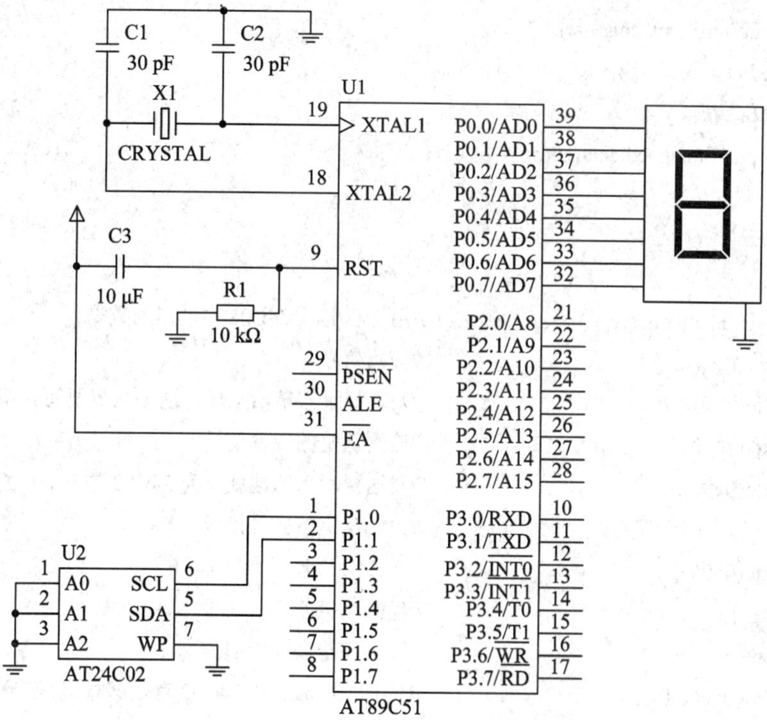

图 6.23　AT24C02 与 AT89C51 的电路图

4. 程序设计

小提示：将程序按其逻辑划分为多个模块是分解软件复杂性的一个有效的办法，这样可以使软件结构看起来更清晰，且容易维护。

//功能：对 24C02 的内部地址 0X00 处写入数值 0x71(“F”对应的数码管显示码)，然后从 24C02 的内部地址 0X00 处读出数值，最后由数码管显示这个读出的数值：F。

//注意：由于 24C02 的容量是 256 个字节，所以它的内部地址范围为 0～255，即 0X00～0XFF。

```
#include<reg51.h>
#include<intrins.h>
sbit sda=P1^1;                          //SDA 线
sbit scl=P1^0;                          //SCL 线
unsigned char code display_table[16]={0x3f, 0x06, 0x5b, 0x4f,
                                      0x66, 0x6d, 0x7d, 0x07,
                                      0x7f, 0x6f, 0x77, 0x7c,
                                      0x39, 0x5e, 0x79, 0x71}; //0～F 等 16 个数码管显示编码
void delay_ms(unsigned int t);
void _nop5_( )  ;
void start(  );
void ack(  )  ;
```

```
void send_no_ack(    );
void write(unsigned char dat);
unsigned char read(    );
void stop(    );
void display(unsigned char num);

void main(    )
{
    unsigned char dat1;              //用于存储从 24C02 中读出的数据
    start( );                        //开始信号
    write(0xa0);                     //发送寻址字节给从机，通知从机要写数据
    ack( );                          //检测从机的应答信号
    write(0x00);                     //发送要写入的地址，为 24C02 的 0x00 位置
    ack( );                          //检测从机的应答信号
    write(0x0F);                     //向 24C02 发送数据 0x0F
    ack( );                          //检测从机的应答信号
    stop( );                         //写入完毕，停止通信
    delay_ms(100);                   //延时 100 ms，让 24C02 有足够时间写入刚收到的数据

    start( );                        //开始
    write(0xa0);                     //发送寻址字节给从机，通知从机要写数据
    ack( );                          //检测从机的应答信号
    write(0x00);                     //发送要读的地址，为 24C02 的 0x00 位置
    ack( );                          //检测从机的应答信号

    start( );                        //重复一次开始信号
    write(0xa1);                     //发送寻址字节给从机，通知从机要读刚才地址中的数据
    ack( );                          //检测从机的应答信号
    dat1=read( );                    //读出数据，并把数据存到 dat1 中
    send_no_ack( );                  //读数据完毕，发送非应答信号
    stop( );                         //发送停止信号，停止通信
    while(1)
    {
        display(dat1);               //将数据显示到数码管中
        while(1);
    }
}

void delay_ms(unsigned int t)        //tms 的延时函数
```

```
{
    unsigned int i, j;
    for(i=0; i<t; i++)
        for(j=0; j<113; j++);
}

void _nop5_( )                          //5 个机器周期的延时，大约延时 5 μs
{
    _nop_( );
    _nop_( );
    _nop_( );
    _nop_( );
    _nop_( );
}

void start( )                           //起始信号函数
{
    scl=0;
    sda=1;
    scl=1;
    _nop5_( );
    sda=0;
    _nop5_( );
}

void stop( )                            //停止信号函数
{
    scl=0;
    sda=0;
    scl=1;
    _nop5_( );
    sda=1;
    _nop5_( );
}

void ack( )                             //检测从机应答信号的函数
{
    unsigned char i;
    i=255;
```

```
    scl=0;
    sda=1;
    while(sda==1)
    {
        if(i>0)
        i--;
        else return;
    }
    scl=1;
    _nop5_( );
    scl=0;
}

void send_no_ack( )                 //主机给从机发送非应答信号
{
    scl=0;                          //SCL 线拉低，以便让 SDA 线准备变化
    sda=1;                          //SDA 线拉高，即将发送非应答信号给从机
    scl=1;                          //SCL 线拉高，将应答信号发送过去
    _nop5_( );                      //SDA 线高电平持续 5 μs，符合非应答信号要求(>4 μs)
}

void write(unsigned char dat)       //主机向从机写操作函数
{
    unsigned char i;
    for(i=0; i<8; i++)
    {
        scl=0;                          //SCL 线拉低，以便让 SDA 线准备变化
        sda=(bit)(0x80&dat);            //取字节数据的最高位，发送到 SDA 线
        dat=dat<<1;                     //发送的数据都是由高位到低位顺序发送的，要将所
                                        //需发送的那位移到数据的最高位，以发送到 SDA 线上
        scl=1;                          //SCL 线拉高，数据被发送过去
    }
}

unsigned char read(    )                //主机向从机读操作的函数
{
    unsigned char i;
    unsigned char dat2;                 //定义一个字节变量，用来存储读出的从机数据
    dat1=0;
```

```
    for(i=0; i<8; i++)
    {
        dat2=dat2<<1;                          //将位数据往高位移动，将位数据转换为字节数据
        scl=0;                                 //SCL 线拉低，以便让 SDA 线准备变化
        dat2=dat2|(unsigned char)sda;          //将位数据强制转换成字节数据，并存到 dat2 中
        scl=1;                                 //SCL 线拉高，接收下一位数据
    }
    return dat2;                               //数据接收完毕，带数据返回
}

void display(unsigned char num)
{
    P0=display_table[num];                     //将数值的编码送入数码管显示
}
```

6.4　I²C 串行通信

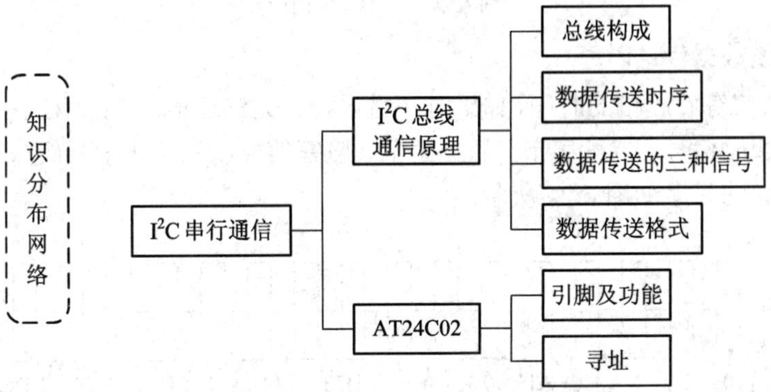

I^2C(内部集成电路总线，Inter Integrated Circuit BUS)总线是一种由 PHILIPS 公司开发的两线式串行总线，用于连接微控制器及其外围设备。I^2C 总线产生于 20 世纪 80 年代，最初为音频和视频设备开发，如今主要在服务器管理中使用，其中包括单个组件状态的通信。例如管理员可对各个组件进行查询，以管理系统的配置或掌握组件的功能状态，如电源和系统风扇。可随时监控内存、硬盘、网络、系统温度等多个参数，增加了系统的安全性，方便了管理。

I^2C 总线最主要的优点是其简单性和有效性。由于接口直接在组件之上，因此 I^2C 总线占用的空间非常小，减少了电路板的空间和芯片管脚的数量，降低了互联成本。总线的长度可高达 25 英尺，并且能够以 10 Kb/s 的最大传输速率支持 40 个组件。I^2C 总线的另一个优点是，它支持多主控(multimastering)，其中任何能够进行发送和接收的设备都可以成为主总线。一个主控能够控制信号的传输和时钟频率。当然，在任何时间点上只能有一个主控。

6.4.1 I²C 串行通信的原理

1. 总线的构成

I²C 总线是由数据线 SDA 和时钟线 SCL 构成的串行总线，可发送和接收数据，其构成如图 6.24 所示。数据可在 CPU 与被控 IC 之间、IC 与 IC 之间进行双向传送，最高传送速率 100 Kb/s。各种被控制电路均并联在这条总线上，但就像电话机一样只有拨通各自的号码才能工作，所以每个电路和模块都有唯一的地址，在信息的传输过程中，I²C 总线上并接的每一模块电路既是主控器(或被控器)，又是发送器(或接收器)，这取决于它所要完成的功能。CPU 发出的控制信号分为地址码和控制量两部分。地址码用来选址，即接通需要控制的电路，确定控制的种类；控制量决定该调整的类别(如对比度、亮度等)及需要调整的量。这样，各控制电路虽然挂在同一条总线上，却彼此独立，互不相关。

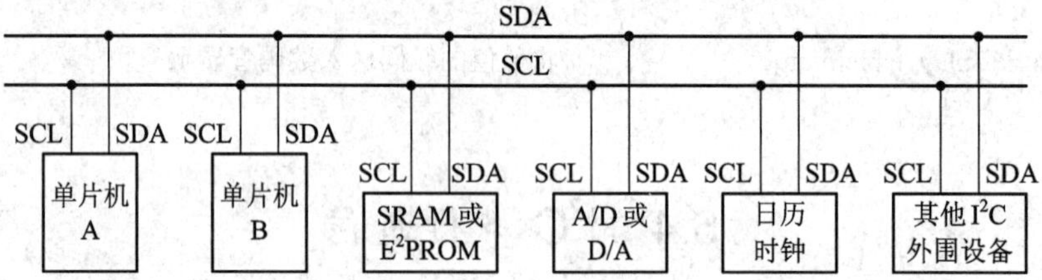

图 6.24 I²C 总线构成

2. I²C 总线数据传送时序

I²C 总线通信有着严格的时序，如果时序错误将会无法通信。按照 I²C 总线规范的约定，传送的数据由起始信号、寻址字节、数据字节、应答信号以及停止信号组成。I²C 总线上进行一次数据传送的时序如图 6.25 所示。

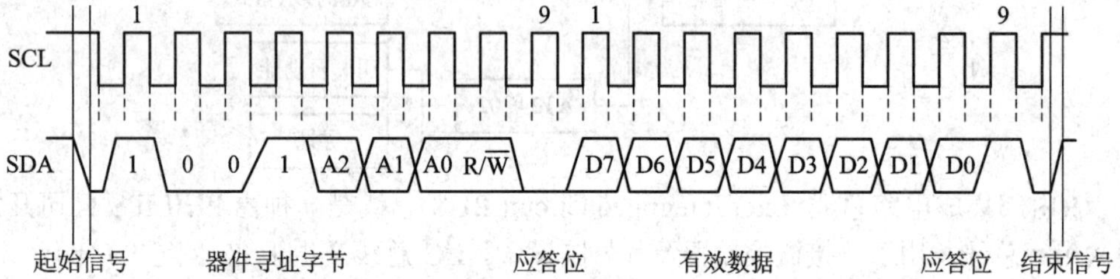

图 6.25 I²C 总线上进行一次数据传送的时序

数据位的有效性规定：I²C 总线进行数据传送时，时钟信号 SCL 为高电平，数据线上的信号 SDA 必须保持稳定。

只有 SCL 为低电平期间 SDA 上的电平才允许变化。因此在写数据时，要在 SCL 为低的时候改变 SDA。读数据时要在 SCL 为高的时候读 SDA。

3. I²C 总线数据传送过程中的三种信号

I²C 总线在传送数据过程中有三种类型信号，它们分别是起始信号、结束信号和应答信号。

(1) 起始信号：SCL 为高电平时，SDA 由高电平向低电平跳变，开始传送数据，时序如图 6.26 所示。

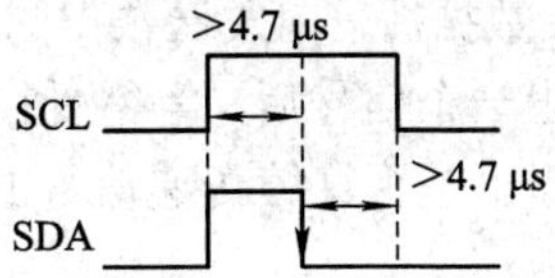

图 6.26 I^2C 总线起始信号时序

对应的起始信号函数：

```
void start( )
{
    scl=0;          //SCL 线拉低，以便让 SDA 线准备变化
    sda=1;          //SDA 线拉高，准备产生开始信号
    scl=1;          //SCL 线拉高
    _nop5_( );      //SDA 线高电平持续 5us, 以符合起始信号定义的要求(>4.7 μs)
    sda=0;          //SDA 线拉低，产生开始信号
    _nop5_( );      //SDA 线低电平持续 5us,  以符合起始信号定义的要求(>4 μs)
}
```

(2) 结束信号：SCL 为高电平时，SDA 由低电平向高电平跳变，结束传送数据，时序如图 6.27 所示。

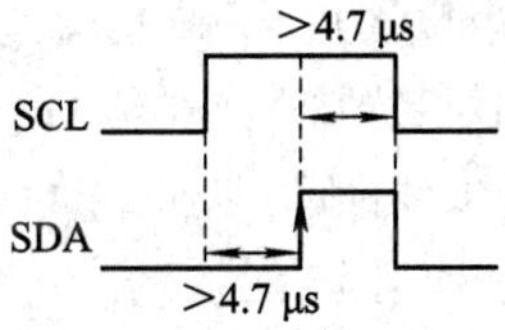

图 6.27 I^2C 总线起始信号时序

结束信号函数：

```
void stop( )
{
    scl=0;          //SCL 线拉低，以便让 SDA 线准备变化
    sda=0;          //SDA 线拉低，准备产生停止信号
    scl=1;          //SCL 线拉高
    _nop5_( );      //SDA 线低电平持续 5 μs, 以符合停止信号定义的要求(>4.7 μs)
    sda=1;          //SDA 线拉高，产生停止信号
    _nop5_( );      //SDA 线的高电平持续 5 μs,      以符合停止信号定义的要求(>4.7 μs)
}
```

(3) 应答信号：应答信号由接受设备产生，在 SCL 为高电平时，接受设备将 SDA 拉为低电平表示传输正确，产生应答；否则为非应答，时序如图 6.28 所示。

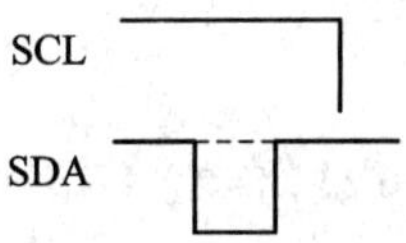

图 6.28 I^2C 总线应答信号时序

接收数据的IC在接收到8 bit数据后，向发送数据的IC发出特定的低电平脉冲，表示已收到数据。CPU向受控单元发出一个信号后，等待受控单元发出一个应答信号，CPU接收到应答信号后，根据实际情况作出是否继续传递信号的判断。若未收到应答信号，由判断为受控单元出现故障。

应答信号函数：

```
void ack( )                    //检测从机应答信号的函数
{
    unsigned char i;
    i=255;
    scl=0;                     //SCL线拉低，以便让SDA线准备变化
    sda=1;                     //SDA线拉高，准备检测从机的应答信号
    while(sda==1)              //当SDA为高电平时，则等待从机的应答将SDA拉低
    {
        if(i>0)
        i--;
        else return;           //如果i自减到0了，从机还没响应，则不再等待，返回
    }                          //这种情况极少发生，一般是从机器件出问题了才会发生
    scl=1;                     //从机已经应答，将SDA线拉低了
    _nop5_( );                 //SDA线的低电平持续5us, 符合应答信号要求(>4us)
    scl=0;                     //SCL线拉低，以便让从机把SDA线释放
}
```

接收器件收到一个完整的数据字节后，有可能需要完成一些其它工作，如处理内部中断服务等，可能无法立刻接收下一个字节，这时接收器件可以将SCL线拉成低电平，从而使主机处于等待状态。直到接收器件准备好接收下一个字节时，再释放SCL线使之为高电平，从而使数据传送可以继续进行。

4. 数据传送格式

1) 字节传送与应答

每一个字节必须保证是8位长度。数据传送时，先传送最高位(MSB)，每一个被传送的字节后面都必须跟随一位应答位(即一帧共有9位)。传送一字节的时序如图6.29所示。

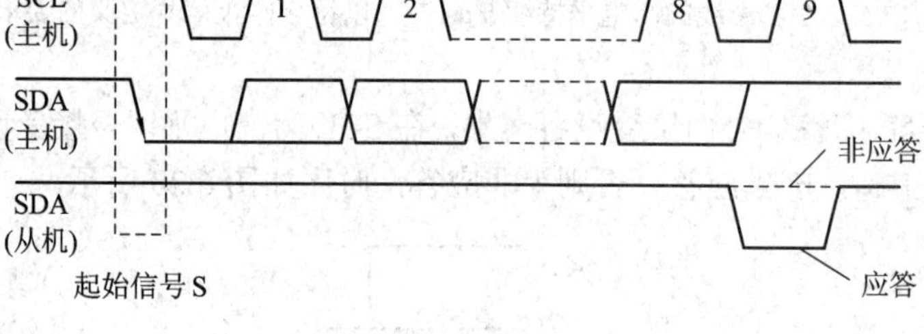

图6.29　传送一字节时序

写一个8位数到24C02函数：

```
void write_8bit_24c02(uchar sentdata)
{
    uchar i;
    for(i=0; i<8; i++)
    {
        sda=(bit)(sentdata&0x80);
        scl=1;
        scl=0;
        sentdata<<=1;
    }
}
```

写一个字节到 24C02 函数：

```
void write_1byte_24c02(uchar ch, uchar address)
{
    start( );                                //起始信号
    write_8bit_24c02(WriteDeviceAddress);    //写器件的芯片地址
    ack( );                                  //应答信号
    write_8bit_24c02(address);               //写芯片的片内地址
    ack( );                                  //应答信号
    write_8bit_24c02(ch);                    //写 8 位有效数据
    ack( );                                  //应答信号
    stop( );                                 //结束信号
    delay(10);                               //此处必须有延时，因为 24C02 在写数据时，需
                                             //要 5 ms；否则 24C02 无法进行内部数据的擦写
}
```

由于某种原因从机不对主机寻址信号应答时(如从机正在进行实时性的处理工作而无法接收总线上的数据)，它必须将数据线置于高电平，而由主机产生一个终止信号以结束总线的数据传送。

如果从机对主机进行了应答，但在数据传送一段时间后无法继续接收更多的数据时，从机可以通过对无法接收的第一个数据字节的“非应答”通知主机，主机则应发出终止信号以结束数据的继续传送。

当主机接收数据时，它收到最后一个数据字节后，必须向从机发出一个结束传送的信号。这个信号是由对从机的“非应答”来实现的。然后，从机释放 SDA 线，以允许主机产生终止信号。

2) 总线的寻址

连接到 I^2C 总线上的每个器件，根据其功能都具有自己的专门地址。每个器件均可作为接收器或发送器，在主从通信中，可以有多个 I^2C 总线器件同时接到 I^2C 总线上，通过

地址来识别通信对象。

I^2C 总线协议有明确的规定：采用 7 位的寻址字节(寻址字节是起始信号后的第一个字节)。寻址字节的位定义：

位：	D7	D6	D5	D4	D3	D2	D1	D0
	从机地址							R/$\overline{W}$

D7～D1 位组成从机的地址。D0 位是数据传送方向位，为“0”时表示主机向从机写数据，为“1”时表示主机由从机读数据。

(1) 主机发送地址时，总线上的每个从机都将这 7 位地址码与自己的地址进行比较，如果相同，则认为自己正被主机寻址，根据 R/T 位将自己确定为发送器或接收器。

(2) 从机的地址由固定部分和可编程部分组成。

在一个系统中可能希望接入多个相同的从机，从机地址中可编程部分决定了可接入总线该类器件的最大数目。器件类型由 D7～D4 共 4 位决定。这是由半导公司生产时就已固定此类型的了，也就是说，这 4 位已是固定的；用户自定义地址码 D3～D1 共 3 位。这是由用户自己设置的，通常的做法(如 E^2PROM 这些器件)是由外部 IC 的 3 个引脚所组合电平决定的(用常用的名字如 A0，A1，A2)。这也就是寻址码。如一个从机的 7 位寻址位有 4 位是固定位，3 位是可编程位，这时仅能寻址 8 个同样的器件，即可以有 8 个同样的器件接入到该 I^2C 总线系统中。

6.4.2 AT24C02

AT24C02 是美国 Atmel 公司的低功耗 CMOS 型 E^2PROM，内含 256×8 位存储空间，具有工作电压宽(2.5～5.5 V)，擦写次数多(大于 10000 次)，写入速度快(小于 10 ms)，抗干扰能力强，数据不易丢失，体积小等特点。

AT24C02 支持总线数据传送协议 I^2C，可以采用 I^2C 总线式进行数据读写的串行操作，只占用很少的资源和 I/O 线。

I^2C 总线协议规定任何将数据传送到总线的器件为发送器。任何从总线接收数据的器件为接收器。数据传送是由产生串行时钟和所有起始停止信号的主器件控制的。主器件和从器件都可以作为发送器或接收器，但由主器件控制传送数据(发送或接收)的模式。由于 A0、A1 和 A2 可以组成 000～111 八种情况，即通过器件地址输入端 A0、A1 和 A2 可以实现将最多 8 个 AT24C02 器件连接到总线上，通过进行不同的配置进行选择器件。

1. AT24C02 的引脚及功能

AT24C02 的引脚如图 6.30 所示，引脚的功能如表 6.6 所示。

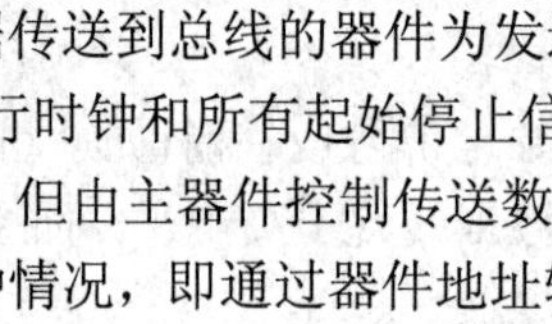

图 6.30　AT24C02 的引脚

表 6.6　AT24C02 的引脚及功能

管脚名称	功　　能
A0、A1、A2	器件地址选择
SDA	串行数据、地址
SCL	串行时钟
WP	写保护
V_{CC}	+1.8～6.0 V 工作电压
GND	地

2. AT24C02 的寻址

AT24C02 的存储容量为 2Kb，内容分成 32 页，每页 8B，共 256B，操作时有芯片寻址和片内子地址寻址两种寻址方式。

(1) 芯片寻址：AT24C02 的芯片地址为 1010，其地址控制字格式为 1010A2A1A0R/W。其中 A2，A1，A0 可编程地址选择位。A2，A1，A0 引脚接高、低电平后得到确定的三位编码，与 1010 形成 7 位编码，即为该器件的地址码。R/W 为芯片读写控制位，该位为 0，表示芯片进行写操作。

1	0	1	0	A_2	A_1	A_0	R/W
MSB							LSB

T24C02的芯片地址(0xa0为写，0xa1为读)

```
void write(unsigned char dat)             //主机向从机写操作函数
{
    unsigned char i;
    for(i=0; i<8; i++)
    {
        scl=0;                            //SCL 线拉低，以便让 SDA 线准备变化
        sda=(bit)(0x80&dat);              //取字节数据的最高位，发送到 SDA 线
        dat=dat<<1;                       //发送的数据都是由高位到低位顺序发送的，要将所
                                          //需发送的那位移到数据的最高位，以发送到 SDA 线上
        scl=1;                            //SCL 线拉高，数据被发送过去
    }
}
write(0xa0);                              //发送寻址字节给从机，通知从机要写数据
write(0xa1);                              //发送寻址字节给从机，通知从机要读数据
```

(2) 片内子地址寻址：芯片寻址可对内部 256B 中的任一个进行读/写操作，其寻址范围为 00～FF，共 256 个寻址单位。

阶段小结

本模块首先介绍来串行通信的基础知识，然后详细介绍了 MCS-51 系列单片机的串行口的基本结构、功能以及使用方式。通过多个任务入手，介绍了单片机与单片机之间、单片机与 PC 机之间的通信，最后介绍了实践中广泛使用的串行总线 I^2C 在单片机上的应用。

本模块重点内容如下：

(1) 串行通信的基础知识。

(2) MCS-51 系列单片机串行口的结构和功能。

(3) MCS-51 系列单片机串行口的应用。

(4) 串行总线 I^2C 在单片机上的应用。

习　题　6

1. 选择题

(1) 表示串行数据传输速度的指标为(　　)。

A. USART　　　　B. URAT

C. 字符帧　　　　D. 波特率

(2) 串行通信的传送速率单位是波特，而波特的单位是(　)。

A. 字符/秒　　　　B. 位/秒

C. 帧/秒　　　　D. 帧/分

(3) 80C51 有一个全双工的串行口，下列功能中该串行口不能完成的是(　)。

A. 网络通信　　　　B. 异步串行通信

C. 作为同步移位寄存器　　　　D. 位地址寄存器

(4) 帧格式为 1 个起始位、8 个数据位和 1 个停止位的异步串行通信方式是(　)。

A. 方式 0　　　　B. 方式 1

C. 方式 2　　　　D. 方式 3

(5) 以下所列特点中，不属于串行工作方式 2 的是(　)。

A. 11 位帧格式　　　　B. 有第 9 数据位

C. 使用一种固定的波特率　　　　D. 使用两种固定的波特率

(6) 单片机输出信号为(　)电平。

A. RS-232C　　　　B. TTL

C. RS-449　　　　D. RS-232

(7) 串行口的发送数据端和接收端为(　)。

A. TXD 和 RXD　　　　B. TI 和 RI

C. TB8 和 RB8　　　　D. REN

(8) 串行口工作在方式 0 时，串行数据从(　)输入或输出。

A. RI　　　　B. RXD

C. TXD　　　　D. REN

(9) 以下有关第 9 数据位的说明中，错误的是(　)。

A. 第 9 数据位的功能可由用户定义

B. 发送数据的第 9 数据位内容在 SCON 寄存器的 TB8 位中预先准备好

C. 帧发送时使用指令把 TB8 位的状态送入发送 SBUF 中

D. 接收到的第 9 数据位送 SCON 寄存器的 RB8 中保存

(10) 串行口的控制寄存器为(　)。

A. SBUF　　　　B. SMOD

C. PCON　　　　D. SCON

(11) 当采用中断方式进行串行数据的发送时，发送完一帧数据后，TI 标志要(　　)。

A. 硬件清零　　　　B. 自动清零

C. 软件清零　　　　D. 软件、硬件均可

(12) 串行工作方式 1 的波特率是(　)。

A. 固定的，为时钟频率的 1/12

B. 固定的，为时钟频率的 1/32

C. 固定的，为时钟频率的 1/64

D. 可变的，通过定时器 / 计数器 1 的溢出率设定

2. 填空题

(1) 计算机的数据传送有两种方式，即______方式和______方式，其中具有成本低特点的是__________数据传送。

(2) 异步串行数据通信的帧格式由 ______位、______位、______位和 ______位组成。

(3) 异步串行数据通信有______ 、______和 ______共 3 种数据通路形式。

(4) 串行接口电路的主要功能是______化和______化，把帧中格式信息滤除而保留数据位的操作是______化。

(5) 专用寄存器“串行数据缓冲寄存器”，实际上是______寄存器和______寄存器的总称。

(6) MCS-51 的串行口在工作方式 0 下，是把串行口作为______寄存器来使用。这样，在串入并出移位寄存器的配合下，就可以把串行口作为______使用，在并入串出移位寄存器的配合下，就可以把串行口作为______使用。

(7) 在串行通信中，收发双方对波特率的设定应该是______的。

(8) 使用定时器/计数器设置串行通信的波特率时，应把定时器/计数器 1 定为工作方式______，即______方式。

3. 应用题

(1) 串行通信与并行通信各有什么优缺点？它们分别适用于什么场合？

(2) 异步通信和同步通信的工作原理是什么？

(3) 串行通信有几种通信方式？

(4) 串行口有几种工作方式？它们各有什么特点？

(5) 简述 MCS-51 系列单片机发送、接收数据的过程。

(6) 用波特率为 1200 波特进行串行通信，采用工作方式 1，单片机所采用的晶振频率为 $f_{osc} = 6$ MHz，设定时器 T1 工作在定时工作方式 2，并取 SMOD=0，试计算计数初值。

(7) 两台 8051 单片机进行点对点通信, 设波特率为 2400 bps，$f_{osc} = 11.059$ MHz，串行口工作于方式 1，T1 工作于方式 2，试编写 A 机将片内 RAM 31H～3FH 单元中的数据通过串行口中断方式发送到 B 机 30H～3FH 单元中的通信程序。

模块7 综 合 应 用

任务14 多点温度测量系统设计

1. 任务目的

培养利用温度传感器、液晶显示器、串行通信等多种外围器件进行综合应用的能力。

2. 任务要求

下位机利用一线总线技术使用多个 DS18B20 温度传感器进行多点温度测量，利用串行数据通信的方式将多点温度信号传送至上位机，并在 LCD1602 液晶显示器上显示出所测温度。

3. 硬件设计

五片 DS18B20 采集五个不同点的温度，利用单总线技术将测量结果通过下位机的 P1.3 输入。下位机和上位机采用串行通信方式，将双方的 RXD(P3.0)和 TXD(P3.1)交叉互连，下位机采集到的温度数据传送到上位机。上位机通过液晶显示器 LCD1602 将温度显示，上位机的 P2.0、P2.1 及 P2.2 分别和 LCD1602 的寄存器选择端(RS)、读写控制端($R/\overline{W}$)及使能端(E)相连，P0 口和 LCD1602 的数据输入/输出端相连。

具体电路设计如图 7.1 所示。

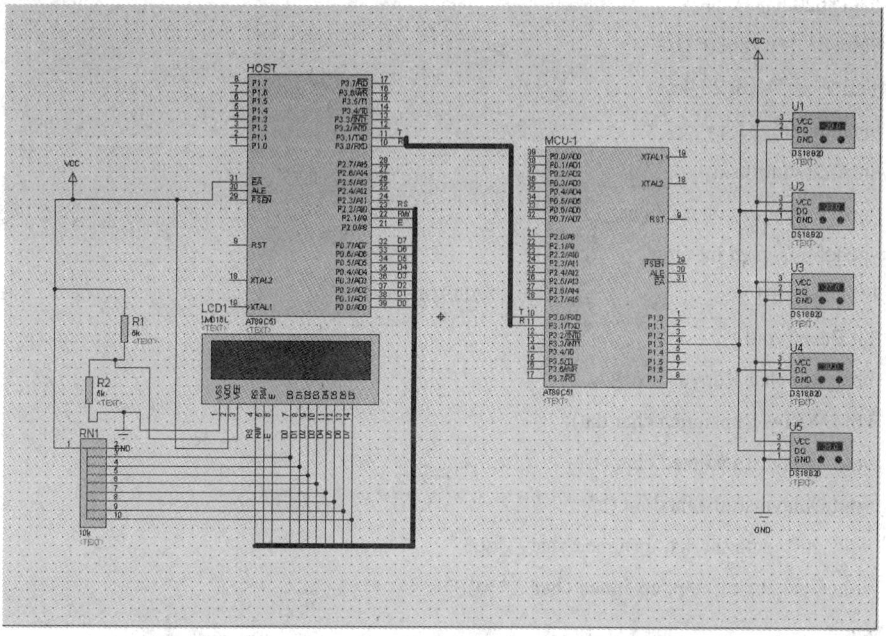

图 7.1 多点温度测量系统电路原理图

4. 程序设计

程序分为两个大部分，上位机程序和下位机程序。

(1) 下位机程序。

```
//serial.h 串行口通信代码文件
#include <reg52.h>
unsigned char Recv_data(void)                    //接收数据
{
    unsigned char dat;
    dat=SBUF;
    while(!RI);
    RI=0;                                        //为下次接收做准备
    return dat;
}
void Serial_init(void)                           //串口初始化
{
    SCON=0x50;                                   //串口工作于方式 2
    TMOD=0x20;                                   //T1 工作于方式 2
    PCON=0x00;                                   //波特率为 9600
    TH1=0xfd;                                    //定时器高 8 位
    TL1=0xfd;                                    //定时器低 8 位
    TR1=1;                                       //启动定时器
}
//Ds18b20.h 头文件
#ifndef    _Ds18b20_H
#define    _Ds18b20_H
#include <reg52.h>
#include <intrins.h>
typedef unsigned char uchar;
typedef unsigned int uint;
sbit DQ=    P1^3;                                //DS18B20 数据位
 bit Reset(void);
 unsigned char Rdbyte(void);
 void WRbyte(unsigned char dat);
 void Delayus(unsigned char t);
 void Delayms(unsigned int t);
 void shift_data(int dat, unsigned char    *str);
 void Convert(int    *p, unsigned char    **q);
#endif
//Ds18b20.c 代码文件
```

```
#include "Ds18b20.h"
void Delayms(unsigned int t)          //毫秒延时
{
unsigned char i=100;
do{
    while(--i);
    t--;
    }while(t);
}
void Delayus(unsigned char t)         //5*t 微秒延时
{
do{
    _nop_();
    _nop_();
    _nop_();
    _nop_();
    _nop_();
  }while(t--);
}
bit Reset(void)
{
    bit err;
    DQ = 0;                           //DQ 复位
    Delayus(120);                     //稍做延时 600 μs
    DQ = 1;                           //释放总线变为高电平
    Delayus(12);
    err=DQ;
    Delayus(96);                      //精确延时 大于 480 μs
    return err;
}
//读一个字节
unsigned char Rdbyte(void)
{
    unsigned char i=0;
    unsigned char dat = 0;
    for (i=8; i>0; i--)
    {
        DQ = 0;                       //给脉冲信号
        dat>>=1;
```

```
        DQ = 1;                        // 给脉冲信号
        Delayus(3);
        if(DQ)
            dat|=0x80;

    }
    return(dat);
}
//写一个字节
void WRbyte(unsigned char dat)
{
    unsigned char i=0;
    for (i=8; i>0; i--)
    {
        DQ = 0;
        Delayus(3);
        DQ = dat&0x01;
        DQ = 1;
        dat>>=1;
    }
}
void Convert(int *p, unsigned char   **q)
{
    bit flag;
    unsigned char i, j, H, L;
    flag=Reset();                           //复位
    if(!flag){
    WRbyte(0xcc);                           //跳过 ROM
    WRbyte(0x44);                           //启动温度转换
    Delayms(120);
    for(i=0; i<5; i++){
    Reset();                                //再次复位
    WRbyte(0x55);                           //匹配序列号
    for(j=0; j<8; j++)
    WRbyte(*(*(q+i)+j));                    //发送识别码
    WRbyte(0xbe);                           //读暂存器命令
    L=Rdbyte();                             //读低 8 位
    H=Rdbyte();                             //读高 8 位
    *(p+i)=(int )(H*256+L);                 //保存温度值
```

```
        }
    }
}
//温度值转换
void shift_data(int dat, unsigned char   *str)
{
    bit flag;                                   //正负标志
    if(dat<0)
    {
        flag=1;                                 //负数
        dat=-dat;                               //取绝对值
    }
    else{
        flag=0;                                 //正数
    }
    dat/=16.0;
    str[5]=(dat&0x0f)+0x30;                     //百位 ASCII 码
    dat>>=4;
    str[1]=(dat/100)+0x30;                      //十位 ASCII 码
    dat%=100;
    str[2]=(dat/10)+0x30;                       //个位 ASCII 码
    str[3]=(dat%10)+0x30;                       //小数位 ASCII 码
    str[4]='.';
    if(flag) str[0]='-';
    else str[0]=' ';
    if(!str[1])                                 //百位为零
    {
        if(str[2])
        {
            str[1]=str[2];
            str[2]=str[3];
            str[3]=str[4];
            str[4]=str[5];
        }
        else                                    //十位为零
        {
            str[1]=str[3];
            str[2]=str[4];
            str[3]=str[5];
```

```
        }
    }
}
//硬件相关操作 hardware.h 头文件
#ifndef _HARDWARE_H
#define _HARDWARE_H
struct DS18B20
{
    unsigned char   (*rd_byte)(void);                           //读一个字节
    void   (*wr_byte)(unsigned char);                           //写一个字节
    void   (*convert)(int data *, unsigned char data **);       //启动温度转换
    void   (*shift)(int, unsigned char data *);                 //温度转换
};
typedef struct DS18B20 ds_t;
struct LCD1602
{
    void   (*lcd_init)(void);                                   //初始化
    void   (*lcd_cmd)(unsigned char);                           //写命令
    void   (*lcd_dat)(unsigned char);                           //写数据
    bit   (*rd_buzy)(void);                                     //读忙
    void   (*display)(unsigned char, unsigned char, unsigned char *);    //显示字符串
};
typedef struct LCD1602 lcd_t;
struct serial
{
    void   (*send)(unsigned char);                              //发送一字节
    void   (*serial_init)(void);                                //初始化
    unsigned char (*recv)(void);                                //接受一字节
    void   (*snd_bulk)(unsigned char *, unsigned char);         //批量发送
};
typedef struct serial serial_t;
#endif

//下位机主程序文件
#include <reg52.h>
#include "Ds18b20.h"
#include "Serial.h"
#include "hardware.h"
```

```
uchar   id_table[][8]={{0x00, 0x00, 0x00, 0x00, 0x00, 0xb8, 0xc5, 0x30},
                       {0x00, 0x00, 0x00, 0x00, 0x00, 0xb8, 0xc5, 0x31},
                       {0x00, 0x00, 0x00, 0x00, 0x00, 0xb8, 0xc5, 0x32},
                       {0x00, 0x00, 0x00, 0x00, 0x00, 0xb8, 0xc5, 0x33},
                       {0x00, 0x00, 0x00, 0x00, 0x00, 0xb8, 0xc5, 0x34} }; //DS18B20识别码
int temp_data[5]={0};     //保存各个温度计的值
uchar form[6]={0};        //显示格式
void main(void)
{
    uchar i;
    Serial_init();
    while(1){
        Convert(temp_data, id_table);
        for(i=0; i<5; i++){
            shift_data(temp_data[i], form);
            Snd_bulk(form, 6);
        }
    }
}
```

(2) 上位机程序。

```
// LCD1602 驱动 Lcd1602.h 头文件
#ifndef   _Lcd1602_h
#define   _Lcd1602_h
#include <reg52.h>
#include <intrins.h>
#define DAT P0            //LCD1602 数据口
typedef unsigned char uchar;
typedef unsigned int uint;
sbit RS=   P2^2;          //LCD1602 控制位
sbit RW=   P2^1;
sbit E=    P2^0;
void LCD_cmd(uchar cmd);
void LCD_dat(uchar dat) ;
void Display(unsigned char x, unsigned char y, unsigned char *p);
void LCD_init(void);
#endif
//LCD 代码文件 Lcd1602.C
#include "Lcd1602.h"
```

```
void RD_buzy(void)                 //读状态
{
    DAT=0xff;                      //拉高数据总线
    RS=0;                          //选择指令寄存器
    RW=1;                          //读操作
    E=0;                           //执行
    delayus(1);
    E=1;
    while(DAT&0x80);               //判断忙状态
}
void LCD_cmd(uchar cmd)            //写指令
{
    bit flag;
    DAT=cmd;                       //送指令
    RS=0;                          //选择指令寄存器
    RW=0;                          //写操作
    E=1;                           //执行
    delayus(1);
    E=0;
    RD_buzy();                     //读忙
}
void LCD_dat(uchar dat)            //写一字节的数据
{
    DAT=dat;                       //送数据
    RS=1;                          //选择数据寄存器
    RW=0;                          //写操作
    E=1;                           //执行
    delayus(1);
    E=0;  //
    RD_buzy();                     //读忙
}
void Diaplay(unsigned char x, unsigned char y, unsigned char *p)          //显示字符串
{
    if(x==1)                       //显示在第一行
    {
        LCD_cmd(0x80+y);           //显示在第一列
        while(*p++)                //显示字符串
        LCD_dat(p);
```

```
    }
    else if(x==2)                       //显示在第二行
    {
      LCD_cmd(0xc0+y);
      while(*p++)
      LCD_dat(p);
    }
}
void LCD_init(void)                     // LCD1602 初始化
{
    LCD_cmd(0x01);                      //清屏
    LCD_cmd(0x3c);                      //设置 5*10 双行显示
    LCD_cmd(0x0c);                      //打开显示开关
}
//串行口通信代码文件 Serial.h
#include <reg52.h>
void Send_data(unsigned char dat)       //发送数据
{
    SBUF=dat;
    while(!TI);
    TI=0;                               //为下次发送做准备
}
unsigned char Recv_data(void)           //接收数据
{
    unsigned char dat;

    dat=SBUF;
    while(!RI);
    RI=0;                               //为下次接收做准备
    return dat;
}
void Snd_bulk(unsigned char *pt, unsigned char N)    //发送 N 字节的数据
{
    unsigned char i;
    for(i=0; i<N; i++)
        Send_data(*(pt+i));
}
void Serial_init(void)                  //串口初始化
```

```
{
    SCON=0x50;                    //串口工作于方式 2
    TMOD=0x20;                    //T1 工作于方式 2
    PCON=0x00;                    //波特率为 9600
    TH1=0xfd;                     //定时器高 8 位
    TL1=0xfd;                     //定时器低 8 位
    TR1=1;                        //启动定时器
}
//上位机主程序
#include <reg52.h>
#include "Lcd1602.h"
#include "Serial.h"
uchar code seg[]=" the black cat";
void main(void)
{
    LCD_init();
    Display(1, 2, seg);
    while(1);
}
```

5. DS18B20 相关知识

数字温暖度传感器 DS18B20 是 DALLAS 公司生产的 1－Wire，即单总线器件，具有线路简单，体积小的特点。因此用它来组成一个测温系统，线路简单，在一根通信线，可以挂很多这样的数字温度计，十分方便。

DS18B20 的核心功能是它的直接读数字的温度传感器。温度传感器的精度为用户可编程的 9、10、11 或 12 位，分别以 0.5℃、0.25℃、0.125℃和 0.0625℃增量递增。

1) DS18B20 的引脚及功能

DS18B20 的引脚如图 7.2 所示，对应功能如表 7.1 所示。

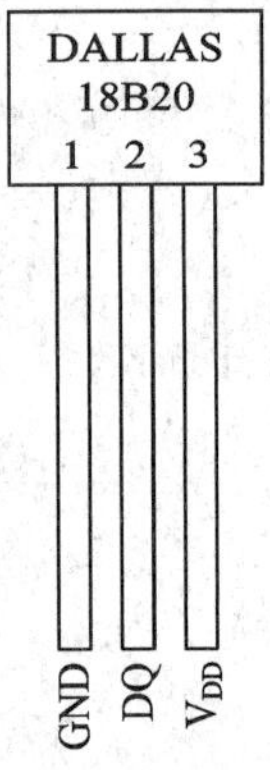

图 7.2　DS18B20 引脚

表 7.1　DS18B20 引脚功能

序号	名称	引脚功能描述
1	GND	地信号引脚
2	DQ	数据输入/输出引脚。开漏单总线接口引脚
3	V_{DD}	电源引脚，可选择的 VDD 引脚

2) DS18B20 的时序要求

DS18B20 有严格的通信协议来保证各位数据传输的正确性和完整性。该协议定义了几种信号的时序：复位时序、读时序、写时序。

(1) DS18B20 的复位时序。

DS18B20 的复位时序如图 7.3 所示。

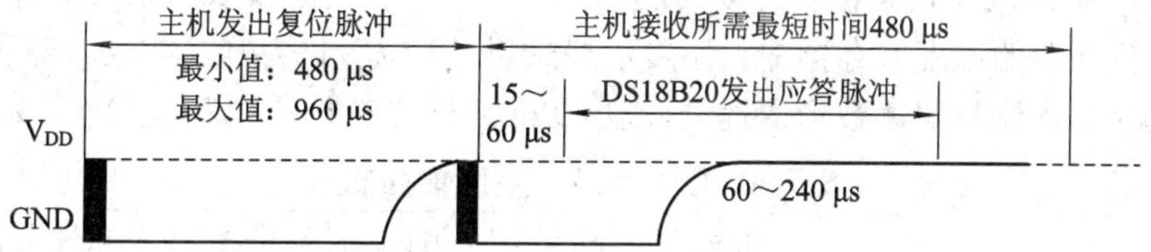

图 7.3　DS18B20 的复位时序

(2) DS18B20 的读时序。

DS18B20 的读时序如图 7.4 所示。

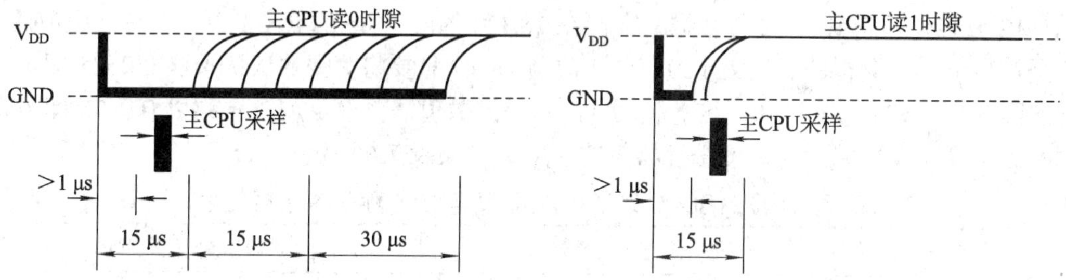

图 7.4　DS18B20 的读时序

(3) DS18B20 的写时序。

DS18B20 的写时序如图 7.5 所示。

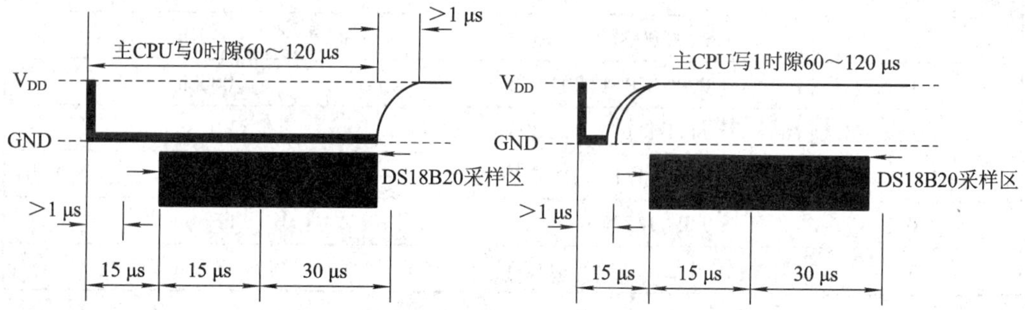

图 7.5　DS18B20 的写时序

3) 主要数据部件

(1) 64位光刻只读存储器。

每只DS18B20都有一个唯一存储在ROM中的64位编码，这个64位序列号是出厂前被刻好的，它可以看作是该DS18B20的地址序列号码。64位序列号码的排列如表7.2所示。开始8位系列码是产品类型标号，接着的48位是该DS18B20自身的序列号，最后8位是前面56位的循环冗余校验码(CRC)，光刻ROM的作用是使每一个DS18B20都各不相同，这样就可以实现一根总线上挂多个DS18B20的目的。

表7.2　DS18B20的64位序列号码排列表

8位CRC	48位序列号	8位系列码

(2) 温度寄存器。

DS18B20中的温度传感器可完成对温度的测量，产生的温度数据以两个字节的形式被存储到高速暂存器的温度寄存器中。温度值格式以12位转化为例，如表7.3所示，用16位符号扩展的二进制补码读数形式提供，以0.0625℃/LSB形式表达，其中S为符号位。

表7.3　DS18B20温度值格式表

	bit 7	bit 6	bit 5	bit 4	bit 3	bit 2	bit 1	bit 0
LS Byte	2^3	2^2	2^1	2	2^{-1}	2^{-2}	2^{-3}	2^{-4}
	bit 15	bit 14	bit 13	bit 12	bit 11	bit 10	bit 9	bit 8
MS Byte	S	S	S	S	S	2^6	2^5	2^4

12位转化后得到的12位数据，存储在18B20的两个8b的RAM中，二进制中前面5位是符号位，如测得的温度大于0，这5位就为0，只要将测得的数值乘以0.0625即可得到实际温度；如温度小于0，这5位为1，测得的数值需要取反加1再乘以0.0625即可得到实际温度。实际温度与温度寄存器值的对应关系如表7.4所示。

表7.4　DS18B20的实际温度表与温度寄存器值对应表

温度℃	数据输出(二进制)	数据输出(十六进制)
+125	0000 0111 1101 0000	07D0h
+85	0000 0101 0101 0000	0550h
+25.0625	0000 0001 1001 0001	0191h
+10.125	0000 0000 1010 0010	00A2h
+0.5	0000 0000 0000 1000	0008h
0	0000 0000 0000 0000	0000h
−0.5	1111 1111 1111 1000	FFF8h
−10.125	1111 1111 0101 1110	FF5Eh
−25.0625	1111 1110 0110 1111	FE6Eh
−55	1111 1100 1001 0000	FC90h

* 上电复位时温度寄存器默认值为+85℃。

(3) 配置寄存器。

配置寄存器结构如表 7.5 所示，其各位的意义分别是：低 5 位一直都是“1”，TM 是测试模式位，用于设置 DS18B20 在工作模式还是测试模式。在 DS18B20 出厂时该位被设置为 0，用户不要去改它，R1 和 R0 用来设置分辨率，如表 7.6 所示(DS18B20 出厂时被设置为 12 位)。

表 7.5　配置寄存器结构

TM	R1	R0	1	1	1	1	1

表 7.6　温度分辨率设置表

R1	R0	分辨率	温度最大转换时间
0	0	9 位	93.75 ms
0	1	10 位	187.5 ms
1	0	11 位	375 ms
1	1	12 位	750 ms

4) 高速暂存寄存器

高速暂存寄存器由 9 个字节组成，分布如表 7.7 所示。当温度转换命令发布后，经转换所得的温度值以二字节补码形式存放在高速暂存寄存器的第 0 个字节和第 1 个字节。第 4 个字节是配置寄存器，第 9 个字节是冗余校验字节。单片机可通过单线接口读到该数据，读取时低位在前高位在后。

表 7.7　DS18B20 高速暂存寄存器分布

寄存器内容	字节地址
温度值低位(LS Byte)	0
温度值高位(MS Byte)	1
高温限值(TH)	2
低温限值(TL)	3
配置寄存器	4
保留	5
保留	6
保留	7
CRC 校验值	8

5) 指令集

根据 DS18B20 的通讯协议，主机(单片机)控制 DS18B20 完成温度转换必须经过三个步骤：每一次读写之前都要对 DS18B20 进行复位操作，复位成功后发送一条 ROM 指令，最后发送 RAM 指令。这样 DS18B20 才能进行预定操作。复位要求主 CPU 将数据线下拉 500 μs，然后释放，当 DS18B20 收到信号后等待 16～60 μs 左右，后发出 60～240 μs 的存在低脉冲，主 CPU 收到此信号表示复位成功。

ROM 指令如表 7.8 所示，RAM 指令如表 7.9 所示。

表 7.8　ROM 指令表

指令	约定代码	功　能
读 ROM	33H	读 DS1820 温度传感器 ROM 中的编码(即 64 位地址)
符合 ROM	55H	发出此命令之后，接着发出 64 位 ROM 编码，访问单总线上与该编码相对应的 DS1820 使之作出响应，为下一步对该 DS1820 的读写作准备
搜索 ROM	OFOH	用于确定挂接在同一总线上 DS1820 的个数和识别 64 位 ROM 地址。为操作各器件作好准备
跳过 ROM	OCCH	忽略 64 位 ROM 地址，直接向 DS1820 发温度变换命令。适用于单片工作
告警搜索命令	OECH	执行后只有温度超过设定值上限或下限的片子才做出响应。

表 7.9　RAM 指令表

指令	约定代码	功　能
温度变换	44H	启动 DS1820 进行温度转换，12 位转换时最长为 750 ms(9 位为 93.75 ms)。结果存入内部 9 字节 RAM 中
读暂存器	OBEH	读内部 RAM 中 9 字节的内容
写暂存器	4EH	发出向内部 RAM 的 3、4 字节写上、下限温度数据命令，紧跟该命令之后，是传送两字节的数据
复制暂存器	48H	将 RAM 中第 3、4 字节的内容复制到 EEPROM 中
重调 EEPROM	0B8H	将 EEPROM 中内容恢复到 RAM 中的第 3、4 字节
读供电方式	0B4H	读 DS1820 的供电模式。寄生供电时 DS1820 发送“0”，外接电源供电 DS1820 发送“1”

阶段小结

本模块中的任务综合应用了前面的知识，涉及 MCS-51 系列单片机多方面的知识以及设计大型应用程序的能力。

本模块重点内容如下：

1. MCS-51 系列单片机知识的综合应用。
2. 模块化的软件开发方式。
3. DS18B20 的基本知识。

附录A　单片机学习板介绍

单片机课程是一门实践性很强的专业技术课程，初学者只有通过大量的编程、实验、调试、设计、制作等一系列实践环节的训练，才能掌握单片机软件及硬件设计和调试的技巧，才能更灵活地运用单片机的指令系统和各种开发调试工具，设计出高效、可靠的单片机应用系统。

单片机学习板是学习者进行单片机学习的很好载体。该单片机学习板为51兼容单片机的基本实验系统，利用它可以满足单片机课程中的常规实验。自己制作单片机学习板一方面可以锻炼动手能力，另一方面可以学习单片机系统的构成及组装工艺。下面介绍所用单片机学习板的外形，所用元件及所包含的功能模块。

1. 单片机学习板外形

2. 功能模块

该单片机学习板由以下功能模块组成：单片机最小系统(单片机、时钟电路和复位电路)、ISP(在系统编程)电路及PC机串口通信电路、八个LED发光二极管状态指示电路、驱动蜂鸣器发声电路、两个三位一体的共阴极LED数码显示电路、4路独立按键电路、4×4矩阵键盘电路、I^2C通信实验电路、DS18B20温度测量电路及外接实验板供电电路。

(1) 单片机最小系统。

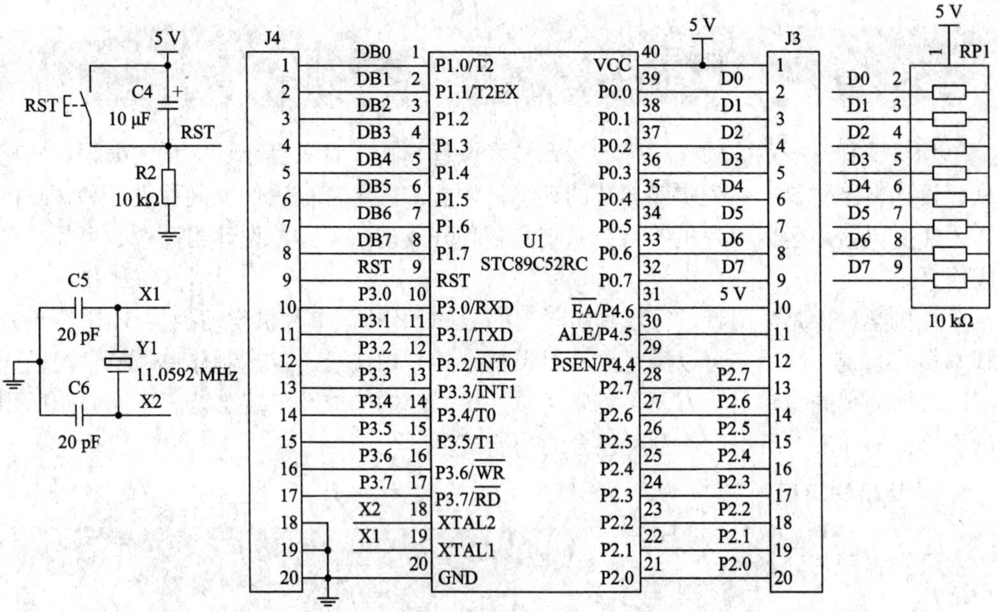

(2) 电源电路。

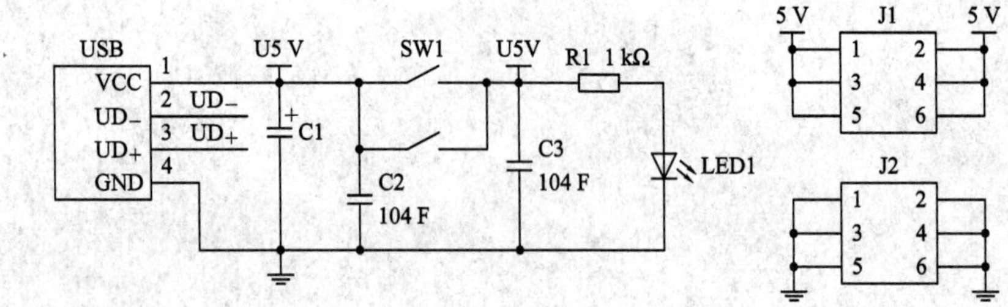

(3) 通信与程序下载电路。

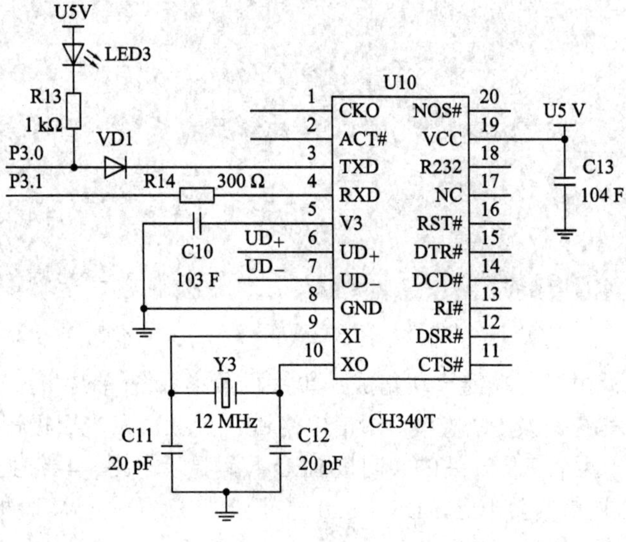

(4) 八个 LED 发光二极管状态指示电路。

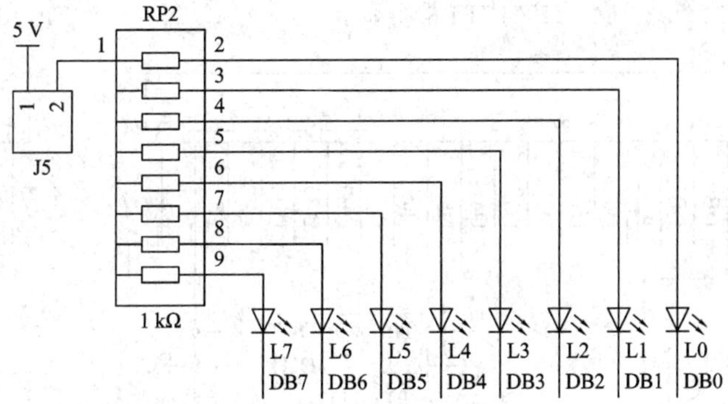

(5) 共阴极型 LED 数码显示电路。

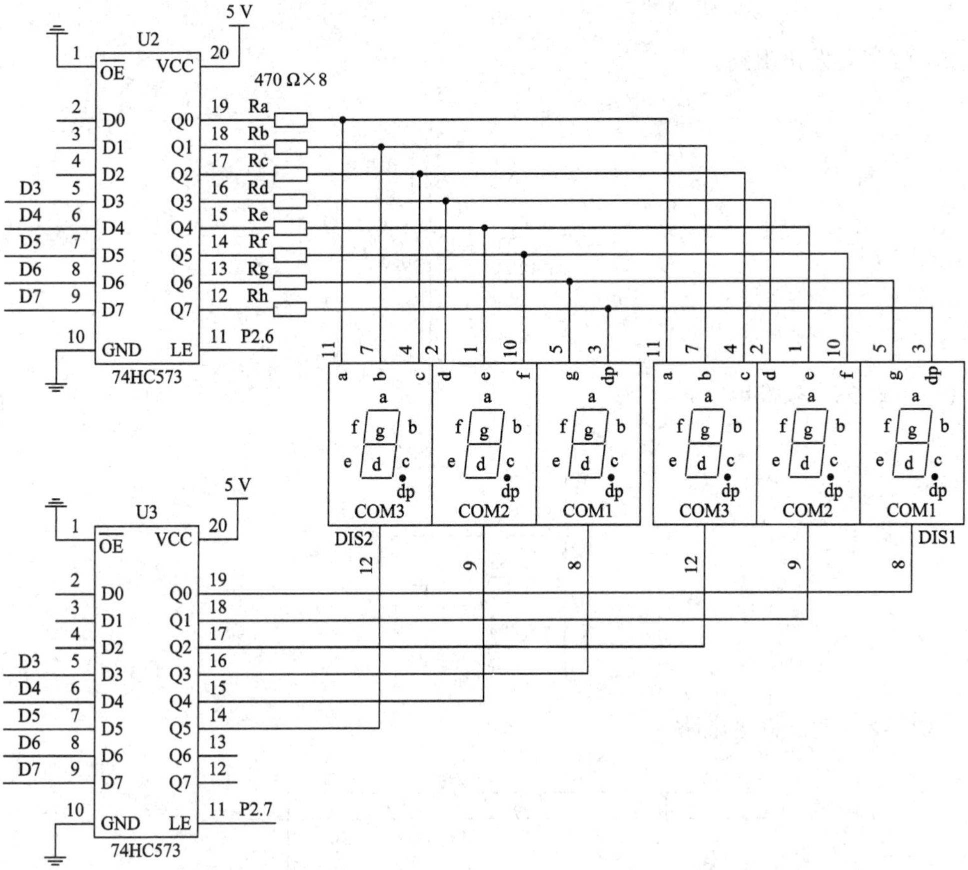

(6) LCD1602 液晶显示电路。

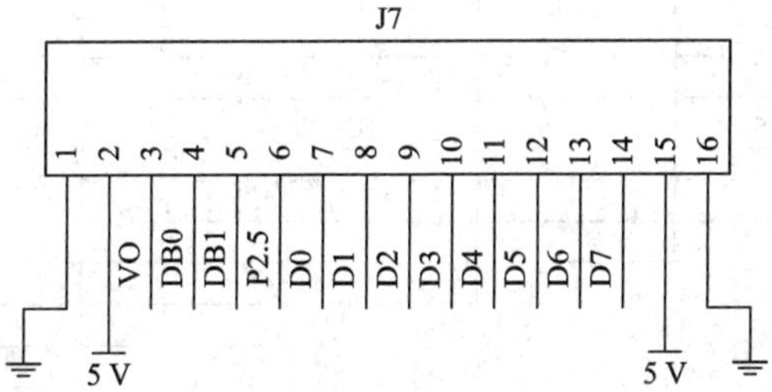

(7) LCD12864 液晶显示电路。

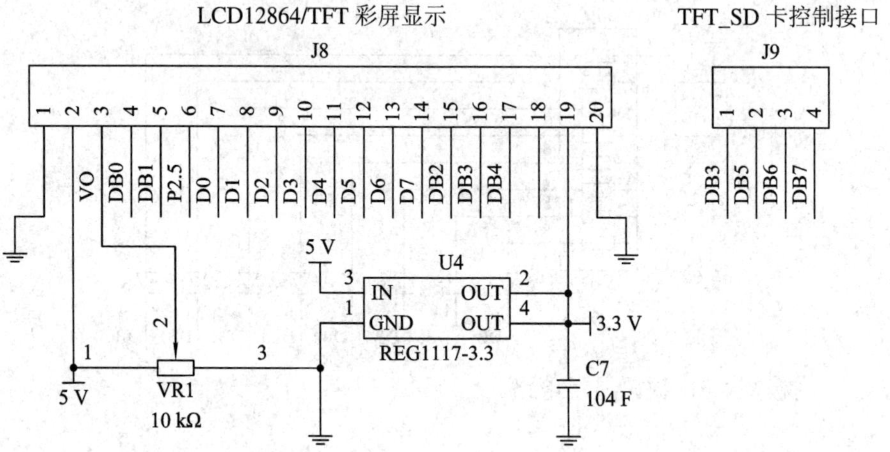

(8) 蜂鸣器发声电路。

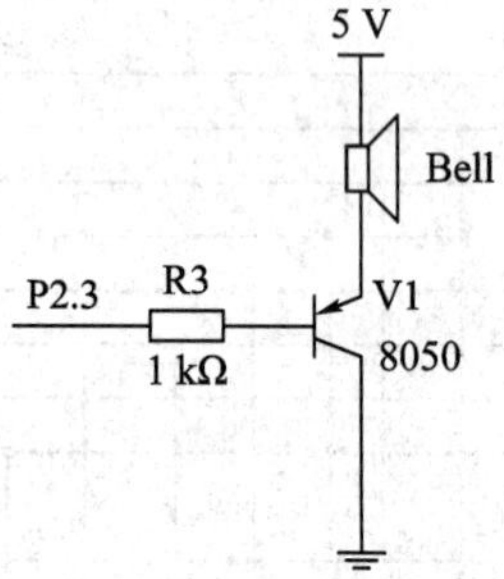

(9) 4 路独立按键电路。

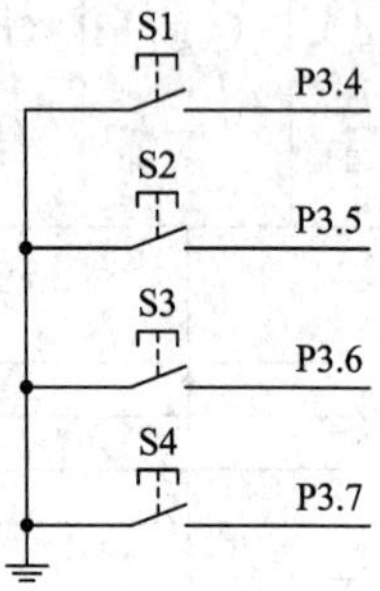

(10) 4×4 矩阵键盘电路。

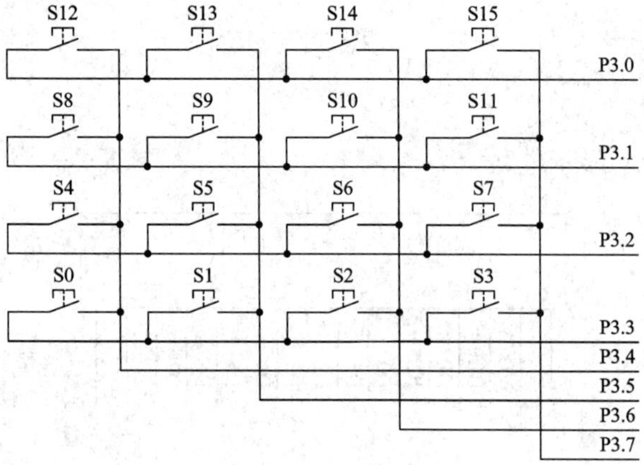

(11) E^2PROM 电路。

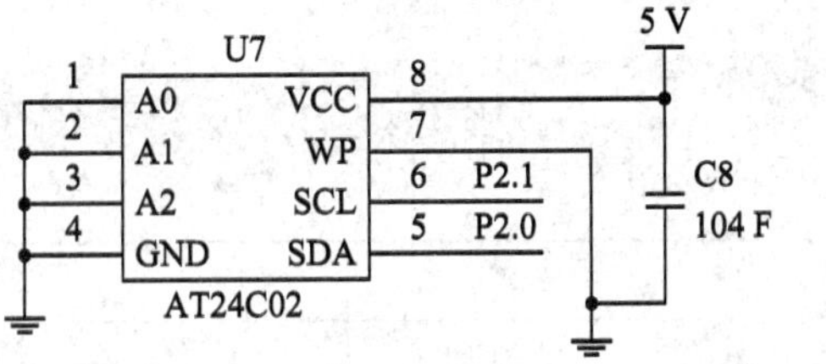

(12) 实时时钟。

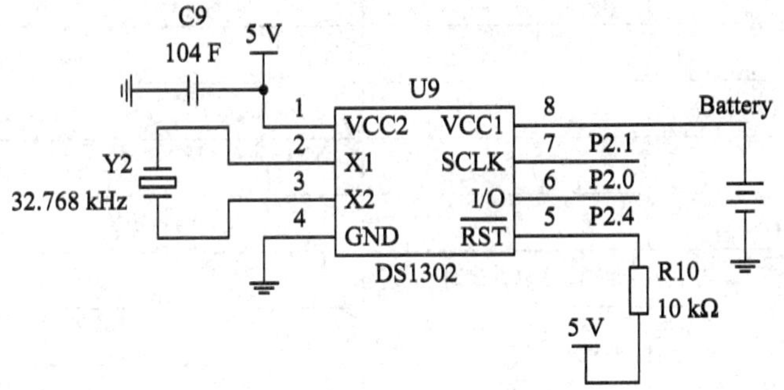

(13) DS18B20 温度测量电路。

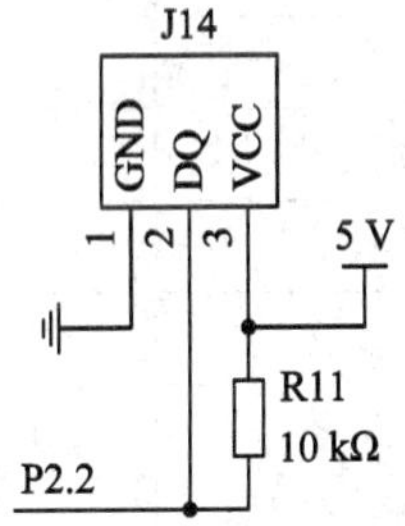

(14) A/D,D/A 转换电路。

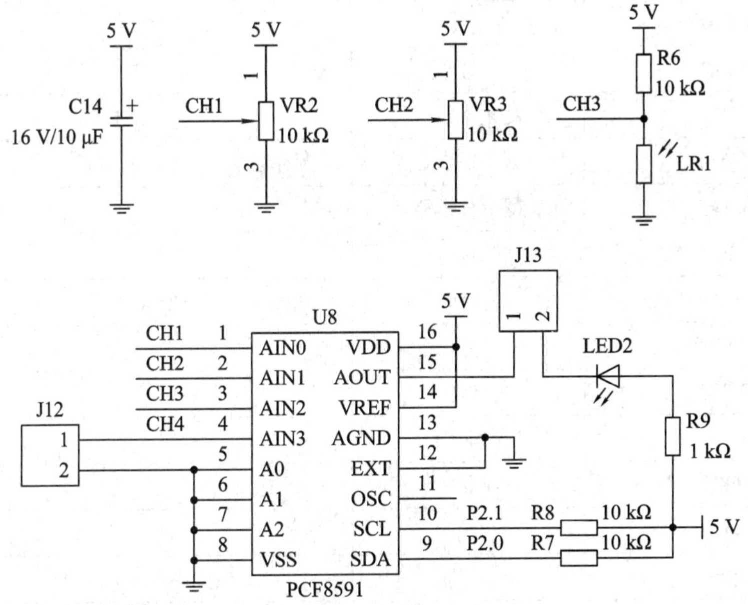

附录 B　Proteus 元件库中常用元件英文对照表

元件名称	中文名	说　明
74LS00	与非门	
74LS04	非门	
74LS08	与门	
ALTERNATOR	交流发电机	
AND	与门	
ANTENNA	天线	
BATTERY	电池/电池组	
BELL	铃、钟	
BUS	总线	
BUZZER	蜂鸣器	
CAP	电容	
CLOCK	时钟信号源	
CRYSTAL	晶振	
D-FLIPFLOP	D 触发器	
DIODE	二极管	
FUSE	保险丝	
GROUND	地	
INDUCTOR	电感	
LAMP	灯	
LED	发光二极管	
LM016L	2 行 16 列液晶	可显示 2 行 16 列英文字符
LOGIC ANALYSER	逻辑分析器	
LOGICPROBE	逻辑探针	
MASTERSWITCH	按钮	手动闭合，立即自动打开
MICROPHONE	麦克风	
MOTOR	马达	
NAND	与非门	
NOR	或非门	
NOT	非门	
OR	或门	

续表

元件名称	中文名	说　　明
PNP	三极管	
POT	滑线变阻器	
POWER	电源	
RES	电阻	
SWITCH	按钮	手动按一下一个状态
SWITCH-SPDT	二选通一按钮	
VOLTMETER	伏特计	
VOLTMETER-MILLI	mV 伏特计	
VTERM	串行口终端	

参考文献

[1] 杜树春. 基于 Proteus 和 Keil C51 的单片机设计与仿真. 北京：电子工业出版社，2012.
[2] 王静霙. 单片机应用技术(C 语言版). 北京：电子工业出版社，2010.
[3] 范红刚. 杜林娟. 51 单片机自学笔记. 北京：北京航空航天大学出版社，2013.
[4] 郭天祥. 新概念 51 单片机 C 语言教程. 北京：电子工业出版社，2011.
[5] 张毅刚，彭喜元，彭宇. 单片机原理及应用. 2 版. 北京：高等教育出版社，2010.
[6] 杨天怡，黄勤. 单片机原理及应用. 北京：清华大学出版社，2010.
[7] 龙脉工作室. 单片机 C 语言应用开发技术大全. 北京：人民邮电出版社，2008.